Edizioni PensareDiverso
Cenacolo Jung Pauli

Bruno Del Medico
A könyvet Elisabetta Del Medico illusztrálta

A kvantum összefonódásának minden színe.

Platón barlangjának mítoszától kezdve Carl Jung szinkronosságán át David Bohm holografikus univerzumáig. A kvantumfizika elutasítja a materializmust, és feltárja az univerzum szellemi összetevőjét.

Összegzés.

Összegzés. 5
Bevezetés. A könyv tartalma.. 10

Első rész. Az intuíciók.. 13

Megmagyarázhatatlan jelenségek. 14

Rokon ikrek kvantum módban. *15*
Ross és Norris McWhirter ikrek. *18*
Thelma Furness vikomtné. *19*

Anyagi, csak fizikai anyag. 23

A "monizmus" elmélete és a materialista redukcionizmus. *24*
"Determinizmus" és "ok-okozati összefüggés". *25*
Az idő folytonossága és iránya. *27*
A „nem lokalitás" fogalma. *28*
Objektív valóság. *29*
Illuzórikus tünetek? *30*
Igen, de a Gödel-féle teljességi tétel... .... *30*
Elme és agy. *31*

A "Platón barlang" mítosza. 34

Hogyan készül egy szék? *35*
Platón és a tudáskeresés. *37*
Platóni filozófia. *39*
Platón barlangjának mítosza. *40*

Platóntól a „vitalizmus" elméletéig. 45
Hans Drieschtől Carl Jungig. 47
A létezés különböző fokozatai, Ernst Schumacher. 48
Találmányokat és sikereket sugalló álmok 56
Platóntól Berkeley-ig. 60
Berkeley és a kidőlt fa. 61
Az univerzum azért létezik, mert mi nézzük. 65
A szem evolúciós ellentmondásai. 67

Amikor a dolgok nem azok, aminek látszanak. 69

A két elnök különös esete. 70
A szkeptikusok magyarázatai. 73

Amikor az öt érzék csal. 75

Objektivitás és szubjektivitás. 78
A "forma pszichológiája". 80

Véletlenségek, kollektív tudatalatti, szinkron. 89

Erősebb, mint a legerősebb számítógépek. 90
Csak egyszerű ingerekkel működik? 92

Carl Gustav Jung 95

Ellentétek és szakítás Sigmund Freuddal. 96
Az ösztön (libido) és a szimbólumok energiája. 99
A szimbólum Jung szerint. 101
Archetípusok, eszmék, fogalmak. 103
A negyedik elem kizárása. 104
Az archetípusok mint "primitív képek". 107
A kollektív tudatalatti. 109

Az individuáció jungi folyamata. 113

Első lépés. Az Árnyék archetípusa. 114
Második szakasz: az Anima vagy az Animus archetípusa. 115
Harmadik szakasz: a "bölcs öregember" archetípusa. 117
Negyedik szakasz: az Én archetípusa. 117
Jung és alkímia: individuáció és "Opus alchemicum". 118

Carl Jung sszinkronicitások 121

A szinkronicitás születése. 125

Fülöp és házassága. 129
Máté és a 31-es szám gyakorisága. 134

A szám, a rend archetípusa.......................................139

Számok és "szinkronitás" Carl Jungtól.......................................140
A pitagoreusok Tetraktysai.......................................143
Az aranymetszet.......................................143
A kilencedik szimfónia átka.......................................146
"27 Kulübü".......................................148
Wolfgang Pauli és a 137-es szám.......................................150
A 108-as szám a keleti kultúrában.......................................152
A 666-os szám.......................................153

A halál determinizmusa.......................................154

Isteni igazságszolgáltatás Drynor Townshipben.......................................155
Létezik isteni igazságosság?.......................................159
Véletlen események és "természetfeletti jelek".......................................160
Hihetünk a feltámadásban?.......................................164
Az entrópia probléma.......................................166
Visszatérés az élethez.......................................167
Reinkarnáció a keleti vallásokban.......................................170
A feltámadás az Újszövetségben.......................................171

Dualizmus. Entrópia és jungi szinkronicitás.............174

Dualizmus.......................................176
Az "entropikus" egyén.......................................178
Az entrópia nem az, aminek látszik.......................................179
A szinkronitás mint intelligens evolúciós projekt.......................................183
Kulturális szinkronicitások.......................................185

Az antropikus elv. 187

Az ember szerepe a világegyetemben.......................................188
Az antropikus elv.......................................188
Brandon Carter.......................................191
A "gyenge" antropikus elv.......................................192
A négy alapvető kölcsönhatás (gravitációs, elektromágneses, gyenge mag és erős mag) és a szubatomi részecskék (proton, neutron, elektron) lehetséges értékei potenciálisan végtelenek. Az általunk ténylegesen mért értékek azonban lehetővé teszik számunkra, hogy interaktív hálózatot hozzunk létre, amely életet tartalmazó univerzumot hoz létre. A végtelen konfigurációk között csak egy konfiguráció van, egy nagyon pontos. Stephen Hawking ezt írja "From Black Holes to the Universe" című könyvében:.......................................194
Az „erős" antropikus elv.......................................194
John David Barrow és Frank Tipler.......................................195
A „végleges" antropocentrikus elv.......................................197

A „részvételi" antropocentrikus elv ... 197
"A lelkiismeret misszionáriusai" ... 197
Az antropikus elv és az idő ... 198
Frank Tipler Omega-pontja, ... 200
Az univerzum spirituális központjában. ... 201

Második rész. Tudományos megerősítések. ... **203**

De mi a fizikai anyag? ... 204

Bizonyítékot keres. ... 205
A fizika filozófiája és miszticizmusa. ... 206
Milinda király szekere. ... 210
Descartes elválása. ... 213
Miért léteznek dolgok a semmi helyett? ... 214
Minden az ősrobbanással kezdődik. ... 216
Az atom klasszikus ábrázolása. ... 220
Kvantumfizika. ... 222
A kvantált atom. ... 225
Az "elektron kvantumugrása". ... 229
A "hullám-részecske" dualizmus. ... 233

A kettős rés kísérlet. ... 235

Thomas Young ... 246
A kettős rés kísérlet evolúciója. ... 247
A kettős rés kísérlet modern változata ... 248
A kísérlet leírása egyetlen foton indítása alapján ... 248
Lehetséges a jelenlét két különböző helyen? ... 257
A szubatomi részecskék prekognitív képességei. ... 259

Az atomok és legfrissebb ábrázolásaik. ... 263

„Orbit" és „Orbital Cloud" ... 263
Az atom dinamikus értelmezése. ... 265
Vannak "dolgok", vagy vannak események? ... 268
Lokális és nem lokalitás. ... 270

Kvantumösszefonódás ... 272

A kvantum-szuperpozíció elve ... 274
A szubatomi részecskék korrelációja. ... 276
Két részecske szuperpozíciója. ... 279
Nem lokalitás és extraszenzoros jelenségek. ... 286
Egybefonódó univerzum. ... 289

Az összefonódás kísérleti megerősítései. ... 293

"Isten nem játszik kockával a világegyetemmel" *295*
Az EPR paradoxon *298*
Schrödinger macskaparadoxona. *301*
John Stewart Bell egyenlőtlensége *303*
Kísérletek, amelyek megerősítik a nem lokalitást. *308*

Harmadik rész. A kilátások. **313**

Minden „egy” 314

David Bohm *315*
A kvantumpotenciál *322*
A megfigyelő szerepe. *327*
Nincs töredezettség. *329*

"Implicit rendezés" és "Explicit rendezés". 335

Egy óriási kozmikus hologram *345*

A holografikus univerzum 350

Karl Pribram *353*
Létezik a valóság vagy nem? *357*

Hová megyünk. 358

A lélek tanulmányozása a fizika részévé válik *359*
Henry Stapp. Kvantumelmélet és szabad akarat. *361*
Az Univerzális Szellem energiája *366*

Bibliográfia 370

Bevezetés. A könyv tartalma.

A könyv három részre oszlik. Az első részben (Az intuíciók) a szerző az érzékelhető világ hamis valóságának legrelevánsabb hipotéziseivel foglalkozik. Az anyagon túllépő tudatszint létezését a nagy gondolkodók tervezték. Ezt az ötletet megtaláljuk Platón "A barlang mítosza" -jában, Berkeley "Nem materialista elmélete", valamint a "Forma pszichológiája" (Gestaltpsychologie) c. A leghitelesebb forrás a "kollektív tudatalatti" és Carl Jung "Szinkronelmélet" című műveiben található.

A második részben (Megerősítések) a szerző elemi, de részletes módon írja le a kvantumfizika útját, Thomas Young két réses gátjának kísérletétől kezdve az állapotok egymásra helyezkedésének és a kvantumkorreláció jelenségeinek. Ezekkel a kiváltságos kulcsokkal érthető meg a kvantum összefonódása. A harmadik részben (Perspektívák) a szerző David Bohm által az "implicit univerzum és explicit univerzum" kvantumpotenciáljáról és a kozmosz holografikus látásmódjáról kidolgozott elméleteket írja le. Mindent abszolút egyszerűséggel, matematikai képletek használata nélkül és sok illusztráció segítségével magyaráznak.

Születésétől fogva az emberiség meg akarta vizsgálni a dolgok eredetét és összetételét, felfedezni azok működését és intim célját.

Az általánosan alkalmazott módszer az objektumok kisebb és kisebb részekre bontása, majd minden lehetséges módszerrel elemzi őket, a vizuális vizsgálattól a kémiai reakciókig. Ez ma is megtörténik. Például, ha egy tudós fel akarja fedezni a gránitkocka kémiai és fizikai szerkezetét, akkor kisebb és kisebb darabokra bontja, amíg az egyes atomokra nem oszlik.

Ha azonban a tudós maga is meg akarja vizsgálni az atomot alkotó egyes részecskéket, hihetetlen meglepetés érte. A gránitkocka jégkockaként viselkedik. A tudós látja, hogy az anyag folyékony, elpárolog, eltűnik az ujjai között. Az anyag energiává válik, amely rezeg.

Az egyes részecskék mindenféle testiség nélkül ingadozó hullámokká alakulnak át.

Szubatomi szinten az anyag már nem anyag, hanem valami mássá válik. Az elemi részecskék megtévesztenek minket.

Pettyeknek tűnnek, ha valaki megfigyeli őket, de rezgő hullámként viselkednek, ha nem veszik őket figyelembe.

Az atomok gyakorlatilag csak vákuumot tartalmaznak.

A felszínen úgy gondoljuk, hogy megérinthetjük, mérlegelhetjük, manipulálhatjuk és mérhetjük az anyagot. De az anyag legbensőségesebb összetételében üresség, energia, információ, hullám vagy rezgés hullámává válik. Ami számunkra anyaginak tűnik, lényegében már nem anyag.

Ezen a ponton egyértelmű, hogy már nem beszélhetünk egyetlen valóságról. A megfigyelés szintjétől függően, a rendkívül kicsitől a végtelenül nagyig sok realitás létezik, amelyek mindegyike különbözik, de teljesen igaz.

Vagy talán a felsőbb valóságnak számos aspektusa van, még mindig ismeretlen. Minden filozófia és vallás mindig feltételezte az anyagon túllépő "szellem zónáját"; senki azonban soha nem tudta bizonyítani a létezését. Ma a kvantumfizika hatalmas ablakot nyit a láthatáron, amelyet a múlt századig el sem tudtunk képzelni. A megerősítések a sikeresen elvégzett kísérletekből származnak, különösen azok, amelyek a kvantumos összefonódás jelenségével kapcsolatosak.

Ma már tudjuk, hogy létezik a valóság olyan szintje, amelyre már nem vonatkoznak a newtoni fizika korlátai. Az anyag fizikája már nem elegendő az univerzum leírására.

A kvantumfizika egy olyan szint létezését mutatja be, amelyben az energia és az információ átveszi az anyagot. Ez az úgynevezett "nem helyi" szint. Meghatározhatnánk pszichés vagy spirituális szintet. Ezen a szinten az egyetemes intelligencia kölcsönhatásba lép az emberiséggel. Az intelligens univerzummal folytatott kommunikáció útjai áthaladnak a kollektív tudattalanban, amelyet Carl Jung elméletileg fogalmazott meg.

A jungi szinkronitás egy kulturális evolúciós projektben kalauzol el bennünket. Ez egy olyan projekt, amellyel kezdünk tisztában lenni.

Első rész. Az intuíciók.

Megmagyarázhatatlan jelenségek.

A repüléstechnika néhány elismert szövege szerint a hornet (Vespa crabro) testének szárnyainak felületéhez viszonyított alakja és súlya miatt nem tud repülni. De a hornet még nem tanult, ezért tovább repül.

(Igor Ivanovics Szikorsky, orosz repülési úttörő)

A Guinness Rekordok Könyve sok furcsaságot tartalmaz. E szokatlan információ között van egy egészen különleges. Ez a késleltetési idő besorolása a különböző időpontokban született ikerpárokhoz viszonyítva. A Guiness felsorolja azokat az ikerpárokat, amelyek között a legnagyobb időeltolódás született.

Ellentétben azzal, amit elképzelnénk, ez az intervallum nem órákból vagy napokból áll, hanem még hónapokból is. Például 2000-ben Sandra Beveridge West Lothianból, egy skót megyéből 28 nap különbséggel ikreket szült. Peggy Lynn, egy pennsylvaniai hölgy még jobban teljesített. 1995-ben Peggy ikreknek adott életet, akik 84 nap különbséggel születtek. A jelenlegi rekord azonban Maria Jones-Ellioté, aki 2013-ban szülte meg Amyt Írországban, és csak 87 nap után adott életet ikertestvérének, Katie-nek.

Az orvosok szerint ezek nagyon ritkák. Ezek az esetek csak akkor fordulnak elő, ha az ikrek különálló méhlepénytasakokban nőnek.

Rokon ikrek kvantum módban.

Van egy érdekes szempont, ami meggyőzött, hogy megemlítsem a késleltetett ikerszülések rekordját. Arról van szó, hogy két szerző tollából született meg a "The Guinness Book of Recods" című könyv. Ross és Norris McWhirter volt a nevük, és ők is ikrek voltak. Ez a két iker amellett, hogy a könyv szerzői, egy lehetetlen esemény főszereplői voltak.

A Guinness jelenleg a harmadik legkelendőbb könyv a világon a Biblia és a Korán után. Ez a könyv egy teljesen kötetlen módon, egy 1951. május 4-én lezajlott vadászút során született ötlet gyakorlati kidolgozását mutatja be.

A vadászat egyik résztvevője Sir Hugh Beaver, a dublini Guinness Breweries ügyvezető igazgatója volt.

Sir Beavernek nem sikerült eltalálnia néhány „aranymadár" (Pluvialis apricaria) néven ismert madarat. A madarak gyorsabbak voltak, mint a puskája, és nagy sebességgel menekültek, amint megérezték a vadász jelenlétét.

Ez a kellemetlenség vitát váltott ki Sir Beaver és a többi vadász között, hogy megállapítsák, melyik madár a leggyorsabb.

A következő napokban Sir Beaver, akit láthatóan nem volt túl elfoglalva az adminisztrátor szerepével, tovább töprengett a problémán. Végül arra a következtetésre jutott, hogy sokakat, hozzá hasonlóan, nem csak az érdekelne, hogy melyik madár a leggyorsabb, hanem bármilyen más kiválóság is a különböző teljesítményekben. Ezért úgy döntött, hogy létrehoz egy könyvet, amelyben mindenki hozzáférhet az ilyen típusú információkhoz.

A könyv tartalma különböző tevékenységeket folytató főemlősök gyűjteménye volt. Következésképpen Sir Beaver az atlétikai szektor két szakemberétől, Ross és Norris McWhirter testvérektől kért segítséget, és őket bízta meg a könyv megírásával.

A könyv 1955. augusztus 27-én jelent meg először a két testvér aláírásával. A címe "The Guinness Book of Recods" volt. A könyvnek azonnal megvolt az a hatalmas sikere, amely ma is tart. (1. ábra). Nyilvánvalóan a szerzők nagyon ismertté váltak, így életük eseményei nagyon jól dokumentáltak és tanúi.

1. ábra – Norris (balra) és Ross McWhirter (jobbra) ikrek. Ők a "The Guinness Book of Recods" első kiadásának szerzői. Ők ketten voltak a főszereplői egy rendkívüli szenzoros kommunikáció hihetetlen esetének.

Ross és Norris McWhirter ikrek.

Ross és Norris 1925. augusztus 12-én született William McWhirter, a Sunda Pictorial szerkesztője és Margaret Williamson gyermekeként. 1950-ben mindketten sportújságírók lettek. Egy barátjuk, Christopher Chataway futó a Guinness sörgyárban dolgozott. Amikor Christopher megtudta, hogy Hugh Beaver adminisztrátor hozzáértő embereket keres a főemlősökről szóló könyv elkészítéséhez, az ikreket ajánlotta. Mindketten azonnal megkapták a feladatot a könyv megírására.

Az 1960-as években Ross a Konzervatív Párt politikai aktivistája lett. A nehéz idők ellenére számos korlátozó törvényt támogatott, amelyet Nagy-Britannia hozott az ír lakosság ellen.

Még 50 000 GBP jutalmat is hirdetett mindenkinek, aki hasznos információval szolgált az IRA (Ír Köztársasági Hadsereg) sejtjének letartóztatásához. Abban az időben az IRA sok támadást hajtott végre Londonban. Az IRA közvetlen ellenségnek tekintette Ross McWhirtert.

1975. november 27-én az IRA két tagja megölte Rosst. Ők ketten várták, amikor hazatért. Amikor megérkezett, két lövést adtak le rá egy revolverrel. Délután 6.45 volt.

Ugyanabban az időben, amikor Rosst megölték, ikertestvére, Norris körülbelül 30 mérföldre tartózkodott néhány emberrel beszélgetve.

Ugyanebben a pillanatban Norris hevesen zihált, és a halántékához szorította a kezét. Úgy tűnt, felpattan a feje.

A jelenlévők ámulatára majdnem elájult. Délután 6.45 volt.

A jelenlévők bizonyságot tettek a tényről. A vallomást a tudós Guy Lyon Playfair dokumentálja "Twin Telepathy" című könyvében:

„1975. november 27-én kora este Ross McWhirter írót fejen és mellkason lőtték két fegyveres, amikor Ross észak-londoni otthonának küszöbén állt. Kórházba szállították, de röviddel megérkezése után meghalt. Egy szemtanú, aki az ikertestvérével, Norris McWhirterrel volt együtt, ezt a vallomást tette nekem: "Norris drámai reakciót váltott ki, mintha láthatatlan golyó találta volna el."

Nem ez az egyetlen eset egy iker esetében, aki nagy távolságra lévén reagál a másik ikertestvért érintő eseményekre. "

This is not the only case of a twin who, being at a great distance, reacts to events involving the other twin.

Thelma Furness vikomtné.

Thelma Morgan, nata in Svizzera il 23 agosto del 1904, era figlia di Harry Hays Morgan, un diplomatico americano che svolse il ruolo di console USA a Buenos Aires e a Bruxelles. Thelma e la sorella gemella Gloria nacquero da Laura Delphine Kilpatrick. (Fig.2).

Laura Delphine , attraverso la nonna materna, era una discendente della casa reale spagnola di Navarra.

Dunque, le sorelle gemelle avevano tutti i requisiti per frequentare la migliore società dell'epoca. Thelma divenne l'amante del principe del Galles. Succesivamente il principe divenne re Edoardo VIII.

In effetti, Thelma ha preceduto Wallis Simpson nel cuore di Edoardo. Successivamente però, per amore di Wallis Simpson, Edoardo rinunciò al trono e divenne duca di Windsor.

Durante il suo rapporto con il principe Edoardo, nel 1929, Thelma sposò un nobile, il visconte Marmaduke Furness. Il matrimonio durò poco ma le consentì a Thelma di fregiarsi per tutta la vita del titolo di "viscontessa Furness". Nel corso del breve matrimonio Thelma dette alla luce William Anthony.

Thelma ikertestvére, Gloria feleségül vette Reginald Claypoole Vanderbilt.

Változatos és eseménydús életük ellenére a két nővér megőrizte erős lelki kötelékét.

Ez a kötelék erősen megnyilvánult, amikor Thelma, aki William Anthonyval terhes volt, idő előtt megszülte gyermekét. Thelma ekkor az Egyesült Királyságban, Melton Mowbrayben tartózkodott.

Ekkor nővére, Gloria az óceán túlsó partján, New Yorkban tartózkodott, így egyáltalán nem tudott a koraszülésről.

Azonban azzal egy időben, ami Thelmával történt, Gloria is erős hasi fájdalmat tapasztalt, mintha neki magának kellett volna gyermeket szülnie.

Gloria azonnal segítséget kapott. Fájdalmai okát azonban soha nem lehetett megállapítani.

Csak később tudták Gloria fájdalmait összekapcsolni Thelma születésével, amely ugyanabban az időben történt.

Gloria titokzatosan úgy osztozott Thelma nehézségeiben, mintha egy lett volna a nővérével. A szakszervezet nemcsak pszichikai, hanem fizikai is volt.

Az általam említett két eset nagyon jól ismert. Ezekre az esetekre bőséges és megbízható bizonyíték áll rendelkezésre. Ezek az esetek megerősítik, hogy egyes ikerpárok a közös születéssel létrejött titokzatos kötelék révén képesek megosztani fizikai érzéseiket oly módon, hogy az ellentmond a fizika minden elemi törvényének. Ez még nyilvánvalóbb, ha figyelembe vesszük az ikrek közötti távolságot, amikor a tények megtörténnek.

Ezen esetek ismertsége és tanúságai megnehezítik annak vitatását, hogy ezek kitalált történetek. Ezek az epizódok olyan jól dokumentáltak, hogy a CICAP (Olasz áltudományok követeléseinek ellenőrzésére szolgáló olasz bizottság) weboldalán is szerepelnek.

Ez az egyesület azt a küldetést tűzte ki maga elé, hogy vitatja és hitelteleníts e az extraszenzoros jelenségekkel kapcsolatos bármely állítást. A CICAP azonban katalogizálja az „érzéki egybeesésekként" leírt eseteket, és „határozottan szenzációs esetekként" határozza meg őket.

Valójában ezeknek az ikreknek a történetei nagy megfelelést mutatnak a szubatomi részecskék néhány tipikus aspektusával. A kvantumfizika kimutatta, hogy két egymással korrelált, azaz meghatározott körülmények által egyesített részecske (jellemzően közös eseményből születtek) képessé válik arra, hogy bármilyen távolságban „tudatosan" kapcsolatban maradjanak, mintha egyetlen részecske lennének. Erről a könyv második részében fogunk beszélni.

2. ábra - Thelma Morgan, Furness vikomtné (jobbra) ikertestvérével, Gloriával. Míg az Egyesült Királyságban élő Thelma koraszüléssel küzdött, a New York-i nővére, Gloria ugyanezeket a fájdalmakat érezte.

Anyagi, csak fizikai anyag.

"A materialisták és az őrültek soha nem kételkednek."
(Gilbert Keith Chesterton)

A jelenlegi tudomány szerint vannak dolgok, amik "lehetnek", mások pedig "nem lehetnek".

Az első mindazok a dolgok, amelyeket a laboratóriumban le lehet mérni, mérni és reprodukálni. Ezek közé tartoznak az anyaggal kapcsolatos hatások is, mint például a mágnesesség és a gravitációs erő.

A materializmus szerint minden más eset, kezdve az extraszenzoros jelenségekkel, illúzió vagy babona eredménye. E jelenségek szószólói csalók, vagy legjobb esetben mentális zavarokban szenvednek, és orvosi kezelésnek kell alávetni őket. E tézis alátámasztására abszurd magyarázatokat keresnek, amelyek a nevetségesség határát súrolják. Mindenesetre eleve tagadják e jelenségek létezését.

Azt kell mondanunk, hogy a jelenlegi tudomány ezt a hozzáállást látszólag szilárd alapokon, azaz ismert fizikai törvényeken nyugtatja. Ezeket a törvényeket néhány évszázada megalkották és megszilárdították. Ezek azok a törvényszerűségek, amelyeket mi magunk is ellenőrizhetünk, ha megtévesztő érzékszerveinkkel figyeljük a körülöttünk lévő világot. Megpróbálom röviden összefoglalni a materialista elméleteket.

A "monizmus" elmélete és a materialista redukcionizmus.

A monizmus fogalma nagyon ősi, a Kr.e. V. századra nyúlik vissza, konkrétan Parmenides filozófiájába. A "monizmus" kifejezést Christian Wolff német filozófus használta 1734-ben. A tudós a "Rational psychology" című munkájában meghatározza a "monistát", aki "egyetlen fajta szubsztanciát ismer el".

A monizmust megkülönböztetik a dualizmustól vagy pluralizmustól, amely szerint az egész két vagy több fajta szubsztanciára vezethető vissza. Néhány tipikus dualizmus:
- psziché / anyag
- elme/test.

A materialista tudomány az egész valóságot egyfajta „anyagra”, a szilárd anyagra redukálja. Ugyanakkor a materializmus kizár minden pszichés vagy spirituális jelenlétet. Csak minden, ami fizikai az igazi. Az elme, a gondolat, a tudat csak az agyban lezajló kémiai folyamatok maradéka.

Egyébként pontosítjuk, hogy nemcsak materialista monizmus létezik; például van egy idealista "monizmus" is. Ez a „mentalizmus”, és éppen az ellenkezőjét állítja: csak a mentális aspektus az igazi.

Mindkét álláspont helytelen a legújabb kvantumfizikai felfedezések fényében, amint azt a könyv későbbi részében látni fogjuk. Valójában mindketten tagadják, hogy létezhet olyan univerzum, amelyben az anyag és a psziché harmonikusan együttműködik egy nagyszerű kreatív projektben.

"Determinizmus" és "ok-okozati összefüggés".

Ezen elvek szerint az univerzum egy gép, amely úgy működik, mint egy óra. Minden megalapozott, minden következmény. Minden esemény, egy tárgy változása funkcionális a helyzetéhez, a kezdeti sebességéhez és a körülötte lévő anyagi erőkhöz.

A mag felszívja a tápanyagokat a talajból, és csírát hoz létre. A mag bizonyos erővel felfelé tolja a csírát. Ha elegendő az erő, a magcsíra megtöri a talaj kérgét és kikel, ellenkező esetben a föld alatt elpusztul.

Amikor a mag csírája kibújik a földből, a gyökerek ereje felfelé nyomja. Ekkor versenyezhet a környező növényekkel a napfény és az eső elnyelésében. Minden úgy működik, mint egy óra, a növény egy sor mechanizmussal nő, amiről a növény egyáltalán nem tud.

Ha eldobok egy követ, akkor a súlya és az eldobott erő által meghatározott utat követi. Ha a kő eltalál egy tárgyat, akkor az eltalált tárgynak a birtokolt energiával arányos tolóerőt ad. Soha nem fordul elő, hogy egy kő önállóan mozogjon magától. Egyetlen tárgy sem mozog, hacsak nem stimulálja egy másik tárgy.

Ezért minden cselekvést egy másik cselekvés okoz. Minden egyes cselekvés az azt okozó cselekvés erejét örökli, és erőt oszt el a következő cselekvésekre.

Ez nagyon hasznos a jelenlegi tudomány számára, mert lehetővé teszi az univerzumban lévő egyes objektumok helyzetének bármikori meghatározását, valamint a gépek és ipari berendezések viselkedésének előrejelzését. A gépek, ha megkapják a megfelelő energiákat, akár ezredmilliméterig is precíz funkciókat hajthatnak végre a kívánt eredmény elérése érdekében.

René Descartes tudat-anyag dualizmusra bontotta a valóságot, ezzel megelőlegezve a determinizmus fogalmát, amely kizárja az elme létezésének szükségességét. Az elme kizárásának koncepcióját az anyag egyedisége érdekében később Isaac Newton dolgozta ki. Pierre Laplace is felveszi ezt a koncepciót az égi mechanikáról szóló könyvében. (Mécanique céleste, 1805).

Ez volt az első könyv, amely nem említette Istent a teremtés okaként. Maga Napóleon császár is csodálkozott, és megkérdezte Laplace-t: "Miért nem említetted Istent a munkádban?"

Laplace azt válaszolta: „Ez egy hipotézis, amire nincs szükségem".

Az ok-okozati összefüggés abszolút tagadja annak lehetőségét, hogy létezik egy kreatív projekt, amelyben az ember részt vesz. Az emberi intelligencia az anyag haszontalan mellékterméke. Minden fizikai anyag jól működik, anélkül, hogy szükség lenne bármiféle intelligencia közreműködésére

Az idő folytonossága és iránya.

A tudomány állítása szerint minden eseményt egy másik esemény okoz. Másrészt minden esemény provokál másokat. Ez magában foglalja azt az elképzelést, hogy az univerzum minden változása és dinamikája folyamatosan, minden szünet nélkül történik egy körhintaban, amely az ősrobbanással kezdődött és soha nem ér véget. Ráadásul mindez a folyamatos fejlődés csak egy irányban megy végbe, az idő nyila szerint, amely csak előre halad.

Időiránynak nevezzük azt a jelenséget, amikor egy fizikai rendszer egy kezdeti állapotból egy következő állapotba fejlődhet egy adott idő alatt, de soha nem térhet vissza a kezdeti állapotba.

Az általunk észlelt valóságot makroszkopikus szintű valóságnak nevezzük. Ezen a szinten az entrópia törvényének vagyunk kitéve. Ez a törvény azt mondja, hogy a rendellenesség idővel csak növekedhet. Tehát ha összetör egy poharat, minden egyes darabot minden bizonnyal tovább tud törni.

Felejtsd el azonban annak lehetőségét, hogy a különböző darabok újra összekapcsolódnak, és újra egészséges üveget alkotnak.

Érdekes módon láthatjuk, hogy ez csak makroszkopikus szinten igaz. Ehelyett mikroszkopikus szinten szinte minden fizikai folyamat szimmetrikus. Vagyis az őket leíró egyenletek azt mutatják, hogy időben előre és visszafelé is nagyon jól működnének.

Furcsa módon az ok-okozati összefüggés elve szerint a tudomány képes pontosan megjósolni a minket körülvevő univerzum viselkedését. A tudomány ugyanakkor tagadja, hogy előre tudhatnánk, mi fog ezután történni személyes életünkben. Ezért a tudomány elutasítja az előérzeti jelenségek létezését. Vagyis a tudomány azt állítja, hogy meg tudja jósolni az univerzum jövőjét, de tagadja annak lehetőségét, hogy az egyetlen egyed jövőjét megjósolja.

A „nem lokalitás" fogalma.

Minden jelenség és hatásuk lokalizált, vagyis a tér egy meghatározott részén fordulnak elő. Továbbá pontosan mérhető sebességgel és idővel terjednek.

Két objektum közötti távoli cselekvés az őket összekötő "fizikai erő" közvetítése nélkül lehetetlen. Szükséges, hogy "valami" egyesítse a két tárgyat azáltal, hogy egy bizonyos időben átlépi az őket elválasztó teret. Ez az erő a távolság növekedésével csökken.

Az anyagi tárgyak sebességkorlátozása megközelítőleg 300 000 kilométer per másodperc. Ezt a sebességet semmi sem haladhatja meg. Ez meghatározza például, hogy az űrműholdak és a bolygó felszíne közötti kommunikáció akár sokat is késhet.

Ha kitörés történik a Nap felszínén, azt csak nyolc perc múlva láthatjuk. Ez az az idő, amíg a robbanásból származó fény eljut a Földre. Tehát, ha véletlenül a Napot nézi, tudja, hogy ez a nyolc perccel ezelőtti Nap. Közben felrobbanhatott a nap, de csak nyolc perc múlva tudjuk meg.

Ez a funkció megakadályozza, hogy egy adott helyen végrehajtott művelet egy másik helyen kortárs hatást fejtsen ki.

Tehát, hogy egy térbeli példát vegyünk, feltételezhetjük, hogy ha egy őrült aszteroida kiszökik az Oort-felhőből, és egyenesen a Föld felé tart, akkor legalább néhány évünk lesz védekezési stratégiák kidolgozására.

Ebben az értelemben a tudomány lelkesen fogadta Einstein megerősítését, mely szerint a lokalitás fogalma a relativitáselmélet keretében is érvényes marad.

Szerencsére a fénysebesség határa megakadályozza, hogy az Oort-felhőből kiszabadult aszteroida azonnal eltalálja bolygónkat.

Makroszkópikus szinten, vagyis a világegyetem dimenzióiban az ismert fizikai törvények megakadályozzák, hogy ez megtörténjen. A mindennapi életünk is makroszkopikus szinten zajlik. A "helyi törvény" garantálja, hogy ha egy családi vita kapcsán a házastárs ránk dob egy tányért, legyen időnk költözni.

Amint látni fogjuk, szubatomi szinten azonban a „nem lokalitás törvénye" van érvényben. Ezen a szinten a pot azonnal eltalálna minket, akármilyen távolságban is vagyunk.

Objektív valóság.

Az anyagi világ abszolút független az emberi gondolkodástól, vagyis a tudattól. A tudatnak nincs súlya vagy tömege, ezért nem tud távolról elmozdulni egy tárgyat, ahogyan azt egy biliárdgolyó tenné. A tudat egyetlen feldolgozása sem módosíthatja az anyagot vagy befolyásolhatja azt.

Mégis, vannak szubatomi szintű helyzetek, amelyekben a megfigyelő akaratával és így lelkiismeretével határozza meg a valóságot. Megfigyelési módszerével a megfigyelő megállapíthatja egy szubatomi objektum természetét, azaz megállapíthatja, hogy az objektum hullám vagy részecske. Nem csak ez, a megfigyelő meghatározhatja az objektum viselkedését. Ezért szubatomi szinten más objektív valóság van. Ezt a szempontot a kettős rés kísérletnek szentelt fejezetben ellenőrizzük.

Illuzórikus tünetek?

A materializmus hívei szerint is minden, ami nem anyagi, a fizikai anyag nem kívánt terméke.

A tudat, a gondolat, az érzések, a szerelem vagy a szánalom az anyag járulékos, "hamis" megnyilvánulásai, jelenlétük vagy hiányuk nem befolyásolja a valós jelenségek magyarázatát. A jelenségek csak akkor létezhetnek, ha fizikai kapcsolatban állnak magával az anyaggal. A spiritualitás és minden mentális feldolgozás az agy anyagában lezajló kémiai folyamatok salakanyagai.

Igen, de a Gödel-féle teljességi tétel...

Ennyi tudományos biztonságot maga a tudomány azonnal megkérdőjelez. Kurt Friedrich Gödel osztrák honosított amerikai matematikus, logikus és filozófus, aki leginkább a matematikai elméletek befejezetlenségével foglalkozó munkáiról ismert.

A nevét viselő elmélet alapvetően egy dolgot mond. Minden algoritmikus rendszer, amelyet egy matematikai elv tesztelésére használnak, hiányosnak vagy ellentmondásosnak bizonyul, mivel menthetetlenül tartalmazni fog egy olyan részt, amelyet nem lehet bizonyítani.

Ez akkor történik, ha az algoritmus kellően kidolgozott.

A fizikai törvények is matematikaiak. Ezért a fizikai törvények olyan matematikai algoritmusokon alapulnak, amelyek óhatatlanul tartalmaznak egy logikailag nem demonstrálható részt.

Ezek az algoritmusok azonban működnek.

Ez azt jelenti, hogy amikor egy matematikus kidolgoz egy algoritmust, kilép a logikai rendszerből, hogy megragadjon egy olyan matematikai igazságot, amely túlmutat azon a kontextuson, amelyben a logikai eljárás és a bizonyítás érvényesül.

Amikor egy matematikus kidolgoz egy algoritmust, már létező fogalmakat használ, amelyeket nem lehet „csapdába ejteni" a képletben. A valóságot ösztönösen érzékelik és használják anélkül, hogy "rendszeressé" tudnánk tenni.

Ezért, ha a fizika törvényei irányítják az anyag viselkedését, fel kell ismerni, hogy eleve létező elemeket tartalmaznak, amelyek túlmutatnak az anyagi világon.

Ezt az elképzelést "matematikai platonizmusnak" nevezik, mivel Platón már megérezte, hogy az anyagi világ viselkedése olyan matematikai szimbólumoknak van alávetve, amelyek nem a logikai eljáráshoz, hanem az archetipikus világhoz tartoznak.

Elme és agy.

Az univerzum nem más, mint egy halom anyag, vagy van saját tudata, ahogy a legősibb kultúrák mindig is állítják?

Tudatunk az agyi kémia melléktermékе, vagy az egyetemes tudatból fakad?

A legtöbb kultúra elmélete szerint az "egyetemes tudat" az a forrás, amelyből minden teremtés származik. Minden él és minden egy.

Ezt a misztikusnak minősíthető felfogást az elmúlt évszázadok tudományos kultúrája tagadta és vitatta. Ez egy olyan kultúra, amely nemesen fejlődött a felvilágosodás korában, de aztán a materializmusban megromlott.

Jelenleg a tudományos körök többsége úgy véli, hogy az elme csak az agy alkotása. Az ember csak egy gép lenne, amely másodlagos hatásként megszerezte a gondolatok és érzések feldolgozásának képességét. Ha olyan gépeink vannak, amelyek képesek mélyen elemezni az agyat, akkor biztosan tudhatnánk, milyen kémiai reakciók származnak abból az érzésből, hogy van lélek, szeretjük anyánkat vagy hiszünk az örök élet létezésében.

A materializmus reménye, hogy egyszer ki lehet fejleszteni egy "agytisztítót", amely gátolja ezeknek a bosszantó kémiai reakcióknak a kialakulását, megszabadítva az emberiséget ezektől a babonáktól!

Ezért a tudomány az élet jelenségét alulról indulva tekinti. Az elsődleges alap az anyag. Az anyag molekulákká és sejtekké aggregálódik, amelyek egy véletlenül spontán módon született DNS irányítása alatt fejlődnek és másznak fel az evolúciós létrán.

A véletlenszerűen generált DNS pedig véletlenszerűen generálja az agyat. Az agyban elektrokémiai ingerek generálják azokat a hajlamokat, amelyek a test gépezetét működtetik. Melléktermékként az agy álmokat, érzéseket, érzelmeket, kreativitást és mindazt, amit elmetevékenységnek nevezünk, generál.

Ellenkezőleg, az összes nagy spirituális hagyomány a felülről induló élet jelenségét tekinti, nem pedig alulról. Először is létezik egy egyetemes tudat, amelyből minden származik, mindenekelőtt az élet.

Az egyetemes tudat továbbra is jelen van az élet minden formájában. Minden életforma rendelkezik az egyetemes tudat egy részével. Az egyetemes tudatból ered minden teremtés, beleértve az anyagot is.

Még az anyagi tárgyak is egyetemes tudatot tartalmaznak. Emiatt a fizikai anyag harmonikusan meg tud szerveződni, egy olyan projekt szerint, amely bizonyosan nem szerepel a „fizikai anyagban”.

A "Platón barlang" mítosza.

Meg tudunk bocsátani egy gyermeknek, ha fél a sötéttől. Az élet igazi tragédiája az, amikor egy felnőtt ember fél a fénytől.
(Plató)

Hogyan készül egy szék?

Mindig is létezett egy kulturális áramlat, amely a filozófiától a spiritualitáson át a modern tudományig átszelte a gondolkodás különböző tudományágait, és támogatta annak a valóságnak az illuzórikusságát, amelyben élünk.

A görög filozófus, "Parmenice" "A természetről" című versében a szerző azt állítja, hogy a fizikai világ sokfélesége és változásai illuzórikusak. Amint látni fogjuk, Platón a „Platón Köztársaságban" a barlang híres mítoszát javasolja. Később George Berkeley azt fogja érvelni, hogy az az érzésünk, hogy a dolgok valóban léteznek, de a valóságban a dolgok csak mentális reprezentációk. Berkeley szerint nincsenek anyagi tárgyak, csak eszmegyűjtemények.

Néhány évtizeddel ezelőttig ezeket "különös vagy fantasztikus elméleteknek" tekintették. Ma a kvantumfizika bebizonyította, hogy ezek tudományos méltósággal felruházott igaz gondolatok.

Valójában a "dolgokat" makroszkopikus szinten vizsgáljuk, és szilárdnak tekintjük őket. Ha azonban a "dolgokat" végtelenül kicsiben vizsgáljuk, a "dolgok" teljesen másnak tűnnek.

A szék kétségtelenül szilárd tárgynak tűnik számunkra. Maga a szék, az őt alkotó atomok és szubatomi részecskék szintjén vizsgálva, egy hatalmas űrben szétszórt rezgések halmazává válik.

Minden anyag, szubatomi összetételében vizsgálva, rendelkezik ezekkel a jellemzőkkel.

A dolgok olyanok, aminek látszanak, csak azért, mert érzékszerveink így látják őket.

3. ábra – Platón (Athén, ie 428/427 – Athén, ie 348/347), ókori görög filozófus. A "Timeo"-ban a természet világa és az eszmevilág kapcsolatát tárgyalja.

A mi "játékházunkon" kívül minden nagyon más.

Egyes meglepő kísérletek szerint mindaz, amit "valóságként" észlelünk, beleértve a saját testünket is, a tudatunk és az érzékszerveink által észlelt természeti ingerek közötti kölcsönhatások eredménye lehet.

A gyakorlatban a minket körülvevő valóság vízióját teljesen a lelkiismeretünk dolgozza ki. Erről a valóságról, arról, hogy milyen is valójában, nagyon keveset tudunk.

Mi tehát valójában a valóság? Ha arra hivatkozunk, amit megérinthetünk, szagolhatunk, ízlelhetünk vagy látunk, akkor rossz úton járunk. Mindezek az „érzések" csak kémiai, elektromos vagy egyéb jelek. Érzékszerveink érzékelik ezeket a jeleket, és elküldik az agynak. Ezután az agy kevéssé ismert eljárások szerint alkot képet.

Ha egy fára nézünk magunk előtt, látásunk érzékeli annak alakját, és az agyba küldi. A fa képe az agyban épül fel. Az agy a fa formájának tulajdonítja a színeket, illatokat, textúrákat és egyéb jellemzőket. Az agy által előidézett kidolgozáson túl nem tudjuk, hogyan készül a fa, nem tudjuk, milyenek a színei, és azt sem, hogy a valóságban színezett-e..

Platón és a tudáskeresés.

Platón ókori görög filozófus volt. Tanítójával, Szókratészszel és tanítványával, Arisztotelészsel együtt lefektette a nyugati filozófiai gondolkodás alapjait. (3. ábra). Athénban született arisztokrata szülőktől: apja, Aristone ősei között volt Athén utolsó királya, Codro, anyja, Perictione pedig állítólag a törvényhozó Solon leszármazottja.

Apja az Arisztoklész nevet adta neki, ami megegyezett a tornatanárával. Később Arisztoklész Platón becenevet adta neki, mind a válla szélessége miatt, mind annak elkerülése érdekében, hogy a tanítvány ugyanazt a nevet kapja, mint a mester.

Az athéni Apollodórosz tanúsága szerint Platón a 88. görög olimpia elején, azaz ie 428 május végén született.

Platónnak két testvére volt, Adimanto és Glaucon, akiket említ a "Köztársaság" című művében. Volt egy nővére is, Potone néven.

Platón három katonai expedícióban vett részt a peloponnészoszi háború alatt Tanagrába, Korinthoszba és Deliumba.

Miután találkozott Szókratészszel, Platón elpusztította minden költői kompozícióját, és teljesen a filozófiának szentelte magát.

A Szókratészszel való találkozás alapvető volt Platón személyisége szempontjából. Platón szenvedett, mert az athéni demokratikus kormány istenkáromlással és a fiatalok megrontásával vádolta Szókratészt.

Szókratészt Kr.e. 399-ben halálra ítélték.

Szókratész eltűnése után tanítványai, köztük Platón, elhagyták Athént, hogy Megarába menjenek.

395-től Platón kezdte megírni az első „párbeszédeket". Ezekben az írásokban a Szókratész alakja által képviselt kulturális problémával és igazságtalan elítélésével foglalkozik.

387-ben Platón visszatért Athénba; és vásárolt egy parkot az Akadémiának szentelve. Ebben a parkban iskolát alapított, amelyet "Akadémiának" nevezett el.

Az Akadémia egy sajátos tanítási módszert, az úgynevezett dialektikát valósította meg. A tanítás vitákon keresztül zajlott, amelyekben maguk a diákok is részt vettek, Platón vagy az idősebb diákok irányításával. Az Akadémián időnként Athénon átutazó jeles személyiségek tartottak konferenciákat. Platón időszámításunk előtt 347-ben halt meg.

Platóni filozófia.

Platón szerint az emberi lény két részből áll. Az első rész egy testből áll. A test elválaszthatatlanul kapcsolódik az anyagból készült dolgok világához. Ezért az emberi test ugyanazt a sorsot követi, mint minden, ami ehhez a világhoz tartozik, például a növények és az állatok.

Az emberi lény második része a lélek, amely „tudatból és értelemből" áll. Ez a rész nem anyagból áll, ezért halhatatlan, mert nem végződhet fizikai bomlásban.

Platón megerősíti, hogy létezik egy pszichikai hely, az "Eszmék Világa". Ez a világ ugyanúgy létezik, mint az anyagi dolgok világa. Az "Ötletek Világa" a lélek kedvenc létezési helye. Az ember ész segítségével ismerheti meg ezt a helyet.

A lelkek az "Ötletek Világában" (Πλατωνικό υπερουράνιο) léteznek, és arra várnak, hogy egy testben letelepedjenek. Ebben a várakozásban érlelődik a lelkek az „Eszmék" tökéletes ismeretére. Amikor azonban a lelkek leszállnak egy testbe, elfelejtik ezt a tudást, vagy inkább csak halvány emléküket őrzik meg róla. Ezért az emberi életben kialakuló tanulás minden formája nem új információszerzés, hanem a már ismert, de elfelejtett dolgok felidézésének folyamata.

Platón filozófiájának fogalmi alapja a különféle „Párbeszédekben" finomhangolódik. Ezekben a munkákban Platón tagadja, hogy a tudásra való törekvés lehetetlen, amint azt olyan "herisztikus" filozófusok állítják, mint Euthydemus és Dionysidores. E filozófusok tézisei a következőkben foglalhatók össze:

- Tegyük fel, hogy nem tudja, mit keres. Ha megtalálná, nem ismerné fel keresése célpontjaként.
- Ha már tudod, mit keresel, a keresésed értelmetlen.

Platón ezeknek a feltételezéseknek ellentmond filozófiájával:

- A kutatás tárgya csak részben ismeretlen, mert minden ember lelke születése előtt ismeri az eredeti Eszméket, de aztán elfelejti azokat. Következésképpen az ember kutatásának célja egy olyan tudás, amely már feledésbe merült is benne.

Platón barlangjának mítosza.

Platón számára az "ideák" tökéletesek és változhatatlanok, és a testektől függetlenül léteznek, ezért nem származhatnak érzékszervekből (látás, hallás, szaglás stb.). Az öt érzékszerv a test tökéletlen eszköze. Ennek a fogalomnak a magyarázatára a barlang mítoszát használja. A barlang a férfiak börtönének helye, akik kénytelenek egy megtévesztő valóságot nézni, nevezetesen a hátsó falon tükröződő árnyakat. Az igazi képek a barlangon kívül, a nap fényében, vagyis az értelem és a tudás fényében találhatók. Ezeket a fényeket nem lehet az öt érzékszervvel érzékelni; sajnos a foglyok nincsenek tudatában létezésüknek.

Platón ezt a mítoszt javasolja „Köztársaság” című művének VII. Ezt Szókratész és Glaucon tanítvány párbeszédén keresztül magyarázza. A párbeszéd valahogy így hangzik:

(Szókratész). "Barátom, képzelj el egy ilyen helyzetet. Képzeld el, hogy néhány férfi egy barlang formájú földalatti házban lakik. A férfiak születésük óta itt vannak bezárva. Ezek a férfiak láncokkal vannak megkötve. Nem tudják mozgatni a testüket. .

Mögöttük égő tűz fénye ragyog."

Glaucon így válaszolt: "Milyen furcsa ez a kép és milyen furcsa foglyok!"

Szókratész így folytatta:

"Persze, a foglyok furcsán néznek ki. Gondolod, hogy életükben mást is láttak, mint a barlang alján lévő tűz árnyékát? Szóval, ha beszélhetnének, valószínűleg a vita tárgya lenne a a barlang alján megjelenő árnyak."

"Kétségtelen."

"Ezért a foglyok azt hinnék, hogy ezeknek a tárgyaknak az árnyéka az egyetlen létező valóság."

– Teljesen igaz.

"Nos, ha valaki kiszabadítaná azokat a foglyokat a láncaikból, mi történhetne? Ha egy fogoly hirtelen képes lenne felállni és körülnézni, kimenni és a fényre nézni, mi történne?

Valószínűleg a vakító fény miatt a fogoly nem láthatná a körülötte lévő világot.

Nem gondolja, hogy az a fogoly értetlenül állna? A fogoly valószínűleg arra a következtetésre jutna, hogy az árnyékok jobbak, mint a fény, amely most elvakítja. nem gondolod?"

A barlang mítosza tökéletes analógiát képvisel a foglyok állapota és a mi állapotunk között. A mítosz szimbolikáját elemezve néhány párhuzamot állapíthatunk meg:

- A foglyok minket képviselnek, abban az értelemben, hogy mi is hasonló helyzetben élünk.
- A barlang belseje a mi empirikus világunk, vagyis tapasztalataink mindennapi világa.
- A láncok, amelyek bebörtönöznek minket, az öt érzékszerv. Az érzékszervek abszolút tökéletlen eszközök, amelyek arra kényszerítenek bennünket, hogy lássunk egy hamis valóságot.
- A barlang alján megjelenő árnyak álmok, félelmek, fantáziák és illúziók. Ezek a helyzet általános hamisságára épülnek.
- Megszabadulni a láncoktól, hogy képes legyen meglátni a valóságot és a nap fényét, azt jelenti, hogy megszabadulunk az érzékek kondicionálásától.

Ez az erőltetett kondicionálás nem filozófiai, hanem fizikai. Csak a lehetséges frekvenciák szűk határain belül hallunk és látunk, ízlelhetünk az édes és a sós határain belül. Ezért csak korlátozott információval rendelkezhetünk az objektumokról. A tárgyak szilárdságát és melegségét nagyon durván tudjuk értékelni. Ugyanakkor semmit sem érthetünk az anyagot alkotó molekulák és atomok elemi összetételéből.

A világról alkotott felfogásunkat meg kell szabadítani a láncoktól. Az elengedés nem lehet fizikai, mert nem tudjuk rákényszeríteni az öt érzékszervet, hogy másképp működjön. Végül is hálásnak kell lennünk az öt érzékszervnek működésükért, mert képesek vagyunk kapcsolatba lépni azzal a makroszkopikus valósággal, amelyben élünk.

Ezért a felszabadulásnak mentálisnak, racionálisnak kell lennie. Fel kell építenünk magunkban azt a tudatot, hogy létezik valóság, és az „odakint, a barlangon kívül" van. Az érzékszervek nem engedik, hogy meglássuk ezt a valóságot. Ez a valóság azonban ésszel megtapasztalható.

A tudat szintjén elismerhetjük, hogy az érzékszervek által tagadott igazságok, mint például a spiritualitás, a lélek, az eszmék pszichikai dimenziója és a kozmosz rendező intelligenciája, „ott, a barlangon kívül" van. Ezek az elképzelések erőteljesen megnyilvánulhatnak tudatunkban.

Ez akkor is megtörténhet, ha a mindennapi tapasztalatban a fizikai érzékszerveink láncolva maradunk.

A foglyok soha nem láttak semmit, csak az árnyékukat; ezért azt gondolják, hogy az árnyak valóság. Egy fogoly azonban megszökik és körülnéz. Látja a tárgyakat, és megérti, hogy valóságosabbak, mint az árnyékok. Kijön a barlangból, és elkápráztatja a nap. Érzi, hogy a barlangon kívül minden igazabb. Kíváncsi, honnan jön a fény, és rájön, hogy a fény mindennek értelmet ad. A fény a tudást és a jó és szép gondolatát képviseli.

Platón azonban nem tulajdonít teljesen negatív értéket az árnyékoknak. A barlangból kivezető út közvetlenül az árnyékban kezdődik. Az árnyékok valódi tárgyakhoz kapcsolódnak. Platón szerint mindenekelőtt az „Eszmék" vannak. Az "ötletek"-ből származnak az értelmes világ tárgyai. Az „ötletek" a „pszichikai archetípusok", azaz az „eredeti primitív modellek". Ezekre a modellekre mintázták azokat a tárgyakat, amelyek a rabok számára árnyékként jelennek meg.

4. ábra – Néhány személyiség, aki a materializmussal ellentétes elméleteket fogalmazott meg (fotó az internetről).

Platón összes filozófiája sok hasonlóságot mutat az „archetípusok elméletével” és a „kollektív tudatalatti elméletével”, amelyet sok évszázaddal később Carl Jung dolgozott ki.

Platóntól a „vitalizmus” elméletéig.

A "vitalizmus" elmélete a 18. és 19. század között alakult ki, a neoplatonikus eszmék és a reneszánsz filozófia nyomán. E gondolatmenet szerint Platón „eszméit” ki kell terjeszteni az egész természetre, és minden egyes organizmus és minden létező alkotó részévé kell válni. Ezért az egész kozmoszt egy intelligens princípium, a világ lelke mozgatja. (latinul „Anima Mundi”).

Ez a filozófiai kifejezés a természet vitalitását jelzi a maga teljességében, egyetlen nagy élő szervezethez hasonlónak tekintve. Ezért ez a kozmosz egyesítő elve. Tőle formálódnak az egyes organizmusok: bár mindegyik a saját egyedi sajátosságai szerint tagolódik és differenciálódik, a közös egyetemes lélek mégis összekapcsolja egymással.σύμφωνα με τις δικές του ατομικές ιδιαιτερότητες, εντούτοις συνδέονται μεταξύ τους από την κοινή συμπαντική Ψυχή.

Gottfried von Leibniz az életet és a gondolkodási képességet az anyagnak, az inert anyagnak tulajdonította.

Ez természetesen éles ellentétben állt a materialista determinizmussal, amely soha nem fogadta el a természet mélységes egységének lehetőségét.

A vitalizmus nagy szószólója a 20. században Henri-Louis Bergson (1859-1941), francia filozófus, 1927-ben irodalmi Nobel-díjas volt.

Írásaiban, a materialista determinizmussal ellentétesen, Bergson megerősíti, hogy a biológiai élet nem önmagukat újratermelő kémiai vegyületek véletlenszerű halmozódásából áll, hanem egy örökkévaló és szüntelen alkotás.

Bergson azt állítja, hogy mindennek az alapja egy életerős impulzus, amely az anyagot egyre bonyolultabb alkotások felé tolja. Ez a lendület különböző irányokba és különböző intenzitással bővül. Ezzel magyarázza az állatvilágtól elkülönült növényvilág létezését. Bergson felfogásában a mechanizmus és a determinizmus materialista téziseinek már nincs értelme.

A Bergson által felvázolt evolúció abból a feltevésből indul ki, hogy semmi sem rögzített vagy meghatározott, hanem minden előre elrendelt mozgásban van. Az evolúció egy olyan utat követ, amelynek csak egy eredete van.

Bergson egy kreatív evolúciót képvisel.

Ebben az összefüggésben az anyag egy kreatív impulzus csúcspontja. Így Bergson szerint az anyag a szellem megnyilvánulása.

Bergson elítéli azokat a kísérleteket is, amelyek egy élőlény egyes részeinek elemzésével próbálják feltárni az élet titkát. Ebben az értelemben osztja Mefisztó kijelentését a Faustban:

> „Egy élőlényt megérteni és leírni sokan megölik, és testét részekre osztják. Ekkor már csak inert töredékek maradnak a kezedben, amelyekből – sajnos – nincs utalás az életre.

Soha nem lehet megérteni az élet titkát úgy, hogy egy élőlényt darabokra szedünk. Valójában a materialisták szeretnék ezt megtenni, egy gyerek utánozva, aki szétszedi a játékot, hogy megértse, hogyan működik. Meg lehet csinálni játékokkal, mert a működésének rejtélye valamilyen mechanikus rugóban vagy valamilyen fogaskerékben rejlik; ezért a rejtély a játék belsejében található. Az élet misztériuma viszont nem a biológiai lény belsejében rejlik: kívülről jön, a világ lelkének része.

Hans Drieschtől Carl Jungig.

A "vitalitás" elmélet területén különösen érdekelt Hans Driesch (1867-1941) német filozófus és biológus, az embriológia kutatásának úttörője. 1891 és 1900 között tengeri sünök kutatását végzett az Állatkertben. Nápoly állomása.

Eleinte mechanisztikus elméletek alapján próbálta megmagyarázni az embriók fejlődését.

Hamarosan azonban rá kellett jönnie ezen elméletek elégtelenségére.

Végül Driesch He feltételezte az élőlényeken kívülről érkező nem-anyagi típus létfontosságú elvét.

Arisztotelész tanulmányaira támaszkodva Driesch ezt az elvet „entelechiának a görög „ἐντελέχεια" szóból nevezte el. Ez a kifejezés olyan valóságot jelöl, amely magában foglalja azt a végső célt, amely felé hajlamos fejlődni. Egy fajra vagy akár egyetlen egyedre vonatkoztatva az entelechia egy „hely" létezését feltételezi, ahol ez az információ található.

Ez az egyén testiségén kívüli "hely". Az egyének azonban információkat meríthetnek erről a "helyről".

Driesch elméletei különösen lenyűgözőek voltak Carl Jung számára. A svájci pszichológus 1952-ben megjelent

munkájában, "A szinkronicitás mint a nem alkalmi kapcsolatok elve", amellyel hivatalosan is bejelentette a világnak a szinkronitás elméletét, elismeri, hogy Driesch írásainak olvasása 1925 óta hatott rá.
Jung elmélkedései a szinkronitásról már 1916-ban elkezdődtek, de az elmélet első explicit megfogalmazásai 1925 körül születtek, ami egybeesik Driesch elméleteivel.

A létezés különböző fokozatai, Ernst Schumacher.

Hanspeter Padrutt "A korszakos tél. Jelenlegi megfontolások" című kötetében egy sajátos, Ernst Friedrich Schumacher által a múlt században megfogalmazott, a létezés különböző fokaira vonatkozó osztályozást ismerteti és kommentálja (5. ábra).
Ernst Schumacher befolyásos német filozófus és közgazdász volt, Bonnban született 1911-ben (4. ábra). A második világháború előtt Angliába emigrált, nehogy a nácizmus alatt éljen: ennek ellenére a háború kitörésekor "ellenséges idegennek" tekintették, és az Egyesült Királyságban egy elszigetelt farmra internálták. Ebben az időszakban találkozott a híres közgazdász John Keynes-szel. Keynes nagyra értékelte néhány művét, és megkapta a kiadását. Ily módon Schumacher hozzájárulhatott a brit kormány gazdasági és pénzügyi fellendüléséhez. Ennek eredményeként Schumacher jó pozíciót szerzett az Oxfordi Egyetemen.

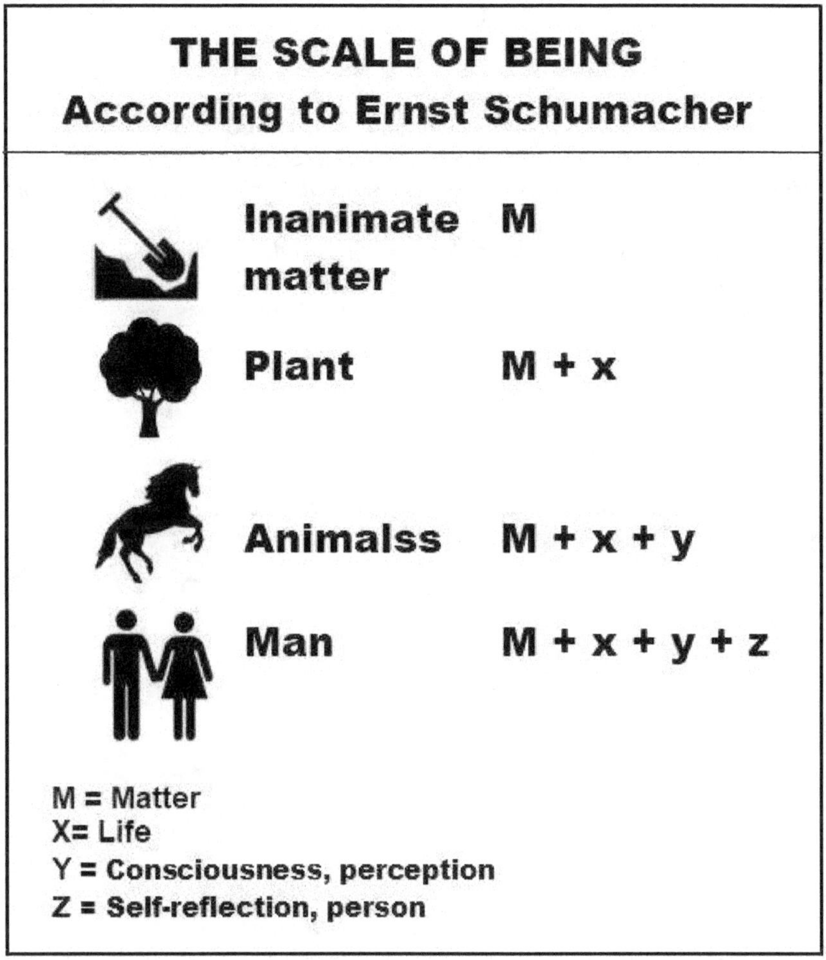
THE SCALE OF BEING
According to Ernst Schumacher
Inanimate matter
M
Plant
M + x
Animalss
M + x + y
Man
M + x + y + z
M = Matter
X= Life
Y = Consciousness, perception
Z = Self-reflection, person

A létezés létrája.
Ernst Schumacher szerint.

5. ábra – Ernst Schumacher, egy befolyásos német filozófus és közgazdász szerint a valóság minden szintje egy magasabb szint létezését jelenti.
Minden felső szint magában foglalja az összes alsó szintet. Ugyanakkor a magasabb szint magasabb tulajdonságokat ad az alacsonyabb szintekhez.
A skála legalsó végén élettelen szilárd anyagot találunk.
A létrán felfelé haladva növényekkel és állatokkal találkozik.
Schumacher az embert helyezi a legmagasabb szintre.

Ernst Schumacher érdeklődni kezdett a szénbányászat problémái iránt, ismertté vált a nyugati gazdaságokkal szembeni kritikáiról és a humánusabb ipari technológiák átvételére vonatkozó javaslatairól.

1977-ben megjelentette "Útmutató a zavarodottaknak". Ebben az esszében a tudományos materializmust bírálja, és a létismeret természetének és szerveződésének feltárásába nyúl. Ebben a kis "világi életútmutatóban" Schumacher lemond a klasszikus tudomány paradigmáiról.

Schumacher arra kéri az olvasót, hogy hivatkozzon önmagára, és szerezze vissza élete és létezésének értelmét.

A közgazdaságtan és a filozófia mellett nagy szenvedélye a kertészkedés volt, melynek szenvedéllyel szentelte magát. 1977-ben halt meg, miközben Svájcban utazott.

Filozófiai kutatásainak egy részét átültette egy magyarázó sémába. Ez közgazdász képzettségét mutatja. Valójában Schumacher szokatlan módon fejezi ki a tudat és tudás különböző szintjeiről alkotott elképzelését, amely inkább a matematikai képletekre, mintsem a filozófiai fogalmakra emlékeztet. Ez a módszer kétségtelenül nagy egyértelműséget ad a fogalmaknak.

William James pszichológus és filozófus (a Pszichológiai Kutatások Társaságának elnöke 1894 és 1895 között) a következő kijelentéseiről ismert:

"Amit tudunk, az csak egy csepp a tudatlanság nagy óceánjában."

Ez a megfigyelés két évszázados, de még mindig igaz és aktuális, különösen ma. 1835-ben Auguste Comte, a pozitivizmus atyjának tartott francia filozófus határozottan kijelentette, hogy soha semmilyen módon nem vizsgálhatjuk a csillagok kémiai összetételét. Ma ez a szokásos módon történik.

Tudományos területen ma többet, mint tegnap, teljesen világos, hogy nagyon keveset tudunk. Csak néhány évtizeddel ezelőtt azt hitték, hogy az atomok képezik az anyag legkisebb részét, és az anyag nem osztható tovább. Ehelyett ma továbbra is új részecskéket fedeznek fel a gyorsítókban, és a kvantumfizika komoly kétségeket ébreszt a részecskéket illetően, és odáig megy, hogy azt feltételezik, hogy egyáltalán nem léteznek, hanem csak rezgő energiából állnak.

Az emberi tudás horizontja egyre messzebbre nyúlik: a relativitáselmélet éppen felborította bizonyosságainkat az idő és a tér rögzítettségével kapcsolatban. Ma azt vizsgáljuk, hogy az az univerzum, amelyről azt hittük, hogy olyan jól ismerjük, összetételének legalább 90%-ában ismeretlen számunkra.

Valójában az univerzum 90%-át "sötét anyag" alkotja. A mai napig nem tudjuk, mi a sötét anyag.

Minden nap meghódítunk egy kis tudásteret, hogy aztán rájöjjünk, hogy ez a tér egy nyitott ablak új, hatalmas és ismeretlen területekre. Napjainkban a tudomány több száz, ha nem ezer ablakot nyit a panorámákon, amelyeknek csak a létezése biztos, a tartalma pedig teljesen ismeretlen.

Tudjuk, hogy anyagból vagyunk. Molekulák aggregátumai vagyunk, amelyek viszont atomok aggregátumaiból állnak, amelyek viszont elemi részecskék aggregátumaiból állnak. Hol van azonban az élet szikrája, hol lakik? Hol található ezeknek az anyaghalmazoknak a szervezete? Testünk egy jármű, egy rendkívül hatékony gép; de a sofőr hol van?

Véletlen volt az egész? Egy csodálatos baleset véletlenszerűen összesítette az anyagokat testünk formájába. Ezt követően történt-e még egy csoda, amely öntudatot adott az inert anyag halmazának?

1981-ben két neves csillagász, Fred Hoyle és Chandra Wickramasinghe ki akarta számolni, hogy mekkora valószínűséggel születik meg véletlenül az élet. Arra a következtetésre jutottak, hogy fennáll annak a valószínűsége, hogy egy hurrikánnak egy fémhulladék-lerakónál leadja erejét és mozgatja a szél forgatagában, repülésre kész Jumbo Jet-et hoz létre. Tökéletes. De még ha ez csodával határos módon meg is történt, hol találom azt a pilótát, aki képes repülés közben felszállni?

A materialisták minden erőfeszítése ellenére nyilvánvaló, hogy az anyag önmagában nem léphet túl egy bizonyos határt. Az univerzum tökéletessége mögött intelligenciának kell lennie, egy felsőbbrendű tudatnak, amely mindent irányít.

Az emberiség arra vár, hogy a tudomány végre célul tűzze ki a materializmus feladását és a nem anyagi szint keresését. Ez a szint egy időtől és tértől független „Univerzális Tudat", egy „Energia és Információs Mező" lenne.

A tudomány feladata az lesz, hogy azonosítsa, hol van a „Projekt", az „Útmutató füzet".

Arról a helyről beszélünk, ahol az univerzum minden bölcsessége lakozik. Lelkiismeretünk öntudatlanul egyetemes bölcsességből merít. Ez most megtörténik.

Egyéni tudatunk egy nagyobb tudat része, amelyből információt és bölcsességet merít.

A szívem valószínűleg nem tudja, hogy ez egy nagyobb egész része, vagyis a testem része. Hasonlóképpen, én is része vagyok egy nagyobb egésznek, anélkül, hogy tudnám. A nagyobb egész azonban, amelynek része vagyok, ismer engem, és törődik velem.

Ebben az értelemben Schumacher különböző szakaszokat javasol a tervében, amelyekben az univerzum egy része egy nagyobb egész része, anélkül, hogy tudná; a nagyobb egész viszont magában foglalja a skálán lejjebb lévő részeket, és hozzáad még valamit (5. ábra).

A legalacsonyabb szint (M) az inert anyag szintje, amely a mérlegen lemérhető és méreteiben mérhető. Ez a szint független, de beletartozik a magasabb szintbe, a növényvilágba. A zöldségszint tartalmazza az „M" betűt, de hozzáadja az „x"-et, ami az életet jelenti.

Ezért, ha az ásványi szint csak M (anyag), akkor a következő, a növényi szint M+x, azaz anyag + élet. De ez a szint egy magasabb szint, a harmadik szint része.

A harmadik, az állatvilággal kapcsolatos szint tartalmazza az alsóbbrendűt (M+x), de hozzáadja az "y-t", azaz a tudatosságot és az észlelési képességet. Tehát a harmadik szint M+x+y lesz.

Az egész harmadik szint a negyedik szint része, vagyis az emberrel kapcsolatos szint. A negyedik szint hozzáadja a „z"-t, vagyis az „Én" öntudatát. Ezért a „létfokozatokban" az ember M+x+y+z.

Schumacher itt megállítja a minősítését. De ha természetesen minden lépés egy magasabb fokozathoz tartozik, akkor a negyedik, az ember szintjének is magasabb szinttel kell rendelkeznie.

Van-e magasabb szint az emberi lénynél?

Miért ne? Miért ne lehetne magasabb szint, benne M, x, y, z, de még "valami több" is?

A legtermészetesebb válasz: igen, ez a szint létezik. Létezik az ötödik szint, a "kozmikus tudat" szintje, amely egy újabb értéket ad hozzá.

Mivel nem tudjuk, hogyan határozzuk meg ezt az értéket, "végtelennek" nevezzük. Szimbóluma ∞.

A skála ötödik szintje $M+x+y+z+\infty$ lenne.

A létfokozatok skála, így elkészülve, az embert egy egyetemes Tudat részévé teszi, amely magában foglalja az egész univerzumot: az anyagot, az életet, a tudatot, az öntudatot, a végtelen energiát és az információt.

Ily módon önmagunk anyagtalan része, személyes pilótánk egyesül a nagy univerzális pilótával, akitől kapja a repülési engedélyt. Személyes lelkiismeretünk folytonos párbeszédben áll az egyetemes tudattal. Ha ez így lenne, végre tudnánk, honnan erednek mély megérzéseink, a priori tudásunk, legnemesebb érzéseink.

Ezért tudnánk, honnan származik az a részünk, amely abszolút idegen az állatiságtól. Kilépnénk abból a tisztán állati állapotból, amelybe a materializmus bele akar kényszeríteni minket.

Igaz, az emberiség történelme során az ember intuitív módon mindig hitt valami magasabb dologban. Az ember ezt a magasabb valóságot a végtelen istenségek végtelen neveivel nevezte el.

Minden bizonnyal létezik egy kozmikus intelligencia, amely felülmúlja értelmünket. Ez az Intelligencia folyamatosan befolyásol bennünket.

Úgy tűnik, hogy az embernek veleszületett szüksége van arra, hogy valami nagyobbban higgyen. Hiszen még az a meggyőződés is, hogy nincs ennél nagyobb, még mindig hit, hit cselekedete.

Találmányokat és sikereket sugalló álmok.

Azt az állítást, hogy az egyes egyének vagy akár az emberiség fejlődése szempontjából hasznos üzenetek az Egyetemes Tudatosságból származnak, a művészetek és a tudományok számos híres alakja megerősíti. Ezek a karakterek azt állítják, hogy alkotásaikhoz álmukban kapták az ihletet. A történet tele van hajnalban megoldott problémákkal. Például Friedrich Kekulé német kémikus, akinek nevéhez fűződik a benzol és az aromás vegyületek szerkezetének meghatározása, egy kígyóról álmodott, amely a saját farkába harapott, és amikor felébredt, megértette, hogy a benzolmolekula hatszögletű.

Mengyelejev periódusos rendszere.

Orosz tudományos körökben azt állítják, hogy Dmitrij Ivanovics Mengyelejev egy álomnak köszönhetően határozta meg az Elemek táblázatának összetételét. A híres vegyész (1834–1907) a korában ismert 65 kémiai elemet racionálisan kívánta rendszerezni. Megérezte, hogy a szervezeti mintának az atomsúlyhoz kell kapcsolódnia, de a pontos összefüggést nem tudta meghatározni. Az orosz kémikus, B.M. Kedrov, Mengyelejev kijelentette:

> "Álmomban egy sík felületet láttam, ahol minden elem a kívánt sorrendben volt elhelyezve. Ébredés után azonnal lerajzoltam egy papírlapra azt az elrendezést."

Így született meg a ma is ismert periódusos rendszer. Mengyelejev észrevette, hogy az álomban látott elrendezés annyira pontos, hogy kiderült, hogy bizonyos elemeket korábban pontatlanul mértek.

A Google keresője.

Larry Page, a Google társalapítója azt mondja, hogy a Google-jellemzőkkel rendelkező keresőmotor ötlete egy "élénk" álom során merült fel benne. Miután beszélt erről barátjával, Sergey Brinnel, közösen létrehozták a Backrub-ot, a mai Google elődjét.

Paul McCartney és a "Yesterday".

Paul McCartney elmondja életrajzírójának, Barry Milesnek, hogy 1965-ben egy reggel arra ébredt, hogy a fejében muzsika szól. Felkelt, és eljátszotta a zongorán azt a dallamot, amelyből „Tegnap" lesz. Ma ez az álomban született dal a legtöbbet felvett dalként szerepel a Guinness könyvben.

A jelek átvitele az agyban.

Az 1900-as évek elején a tudósok tévesen azt hitték, hogy az agyban a jelátvitel elektromos. Ehelyett Otto Loewi álma sugallta a helyes elméletet. Loewi a Grazi Egyetem oktatója volt Ausztriában, de a náci rezsim idején az Egyesült Államokba költözött. Itt tanított a New York-i Egyetemen, abban a városban, ahol 1961-ben meghalt. Tanulmányai a vegetatív idegrendszerre ható anyagok farmakológiájára összpontosítottak, mind a szimpatikus, mind a paraszimpatikus idegrendszerre. Felfedezte, hogy az idegek és az izmok működésében aktív mediátorok kémiaiak, nem elektromosak.

Loewi egy álom után jutott erre a felfedezésre. Felébredt, és felírt néhány jegyzetet egy papírra. Ébredéskor rájött, hogy ő írta meg az orvostudomány történetét megváltoztató elmélet alapjait: az információ kémiai úton, aktív kémiai közvetítőkön keresztül történik. Ennek a felfedezésnek köszönhetően 1936-ban Otto Loewi elnyerte a fiziológiai Nobel-díjat.

Niels Bohr és az atom

Edwina Portocarrero néhány munkatársával a Massachusettsi Technológiai Intézetben (MIT) írt cikkében a következőket olvashatjuk:

> «Niels Bohr (1885–1962) álma alapján fejlesztette ki az atommodellt. Álmában Bohr a napon ült, miközben az összes bolygó körbe-körbe keringett, sziszegett, és úgy mozgott, mint a húrokon.

Valójában a jelenlegi atomi modell egy központi magból és egy sor elektronból áll, amelyek körülötte keringenek. Portocarrero cikkét pontosan az álmoknak szentelték, és a „Leckék a párnán: nem folytonos interfész az álmok felidézésére és reprodukálására" címet viselték.

Mary Shelley és Frankenstein

1816 májusában írók egy csoportja szállt meg egy genfi szállodában. Az írók között volt Lord Byron, szeretője, Claire Clairmont nővérével, Mary Shelley-vel és más irodalombarátok. A nap esős volt, és úgy döntöttek, hogy szellemtörténetek olvasásával győzik le az unalmat. Byron ezután azt javasolja, hogy alkossanak maguk egy szellemtörténetet: mindenki elfogadta. Mary Shelleynek fogalma sem volt, hol kezdje, de az éjszaka folyamán álmában látta azt a pillanatot, amikor az őrült tudós megalkotta Frankensteint. Másnap reggel nekilátott a dermesztő folytatás megírásának, és a könyv olyan sikeres volt, amennyire ismerjük. Milyen lenne ma a horror irodalom Frankenstein nélkül?

Elias Howe varrógépe

A varrógép feltalálása Elias Howe (1819–1867) nevéhez fűződik, akinek az volt az érdeme, hogy jelentősen javított néhány meglévő tervet, és szabadalmaztatta továbbfejlesztett változatát. Howe sokáig elakadt a projektjénél: valójában Howe nem tudta, hova helyezze a tű fokát.

Emiatt a probléma miatt a munka leállt, és majdnem elszegényedett. Eredeti ötlete az volt, hogy kövesse a hagyományt, és a tű felső végére helyezze a tű fokát. Ennek során azonban mindig összekuszálódott a cérna. Soha nem gondolt arra, hogy a tű hegyéhez közel helyezze a tűszemet.

1845-ben Howe furcsa álmot látott. Néhány kannibál elfogta, és lándzsáikkal átszúrták. Gyakorlott szeme észrevette, hogy a lándzsák hegyes végük közelében lyuk van. Ezt követően ezt az ötletet alkalmazta találmányában, és megszületett a varrógép.

Wolfgang Pauli álmai

Wolfgang Pauli Nobel-díjas fizikus többször is azt állította, hogy álmaiban kapott inspirációt, ami hasznos volt tudományos elméleteinek megfogalmazásához.

Az egyik álom, amelyre Pauli élete végéig emlékezett, az volt, amit "világórának" nevezett. Pauli álmában két koncentrikus kereket látott, amelyek nem harmonikus irányba forogtak. Sajnos a kerekeket egy lehetetlen központi tengely kötötte össze. Mialatt Pauli álmot látott, pszichológiai elemzésen esett át Jung stúdiójában, és megértette, hogy a kép olyan üzenetet tartalmaz, amelyet át kell ültetni a tudományos kutatásába. Pauli számára a két kerék a pszichét és az anyagot jelentette, amelyeket egy tudományos elméletben egységesíteni kellett. Sajnos, annak ellenére, hogy ezt a célt élethosszig tartó küldetésként követte, Pauli nem találta meg a módját a tudományos materializmus és a spiritualitás összeegyeztetésének. Valójában a modern tudomány elutasít minden olyan utalást a pszichére vagy szellemre, mintha az lepra lenne.

Platóntól Berkeley-ig.

A barlang mítoszában Platón azt sugallja, hogy minden dolog, ahogy mi látjuk, nem más, mint egy óriási illúzió, de nem megy el odáig, hogy kifejezetten kijelentse, hogy a dolgok nem léteznek. Ez a koncepció azonban többször is megfogalmazódik az emberi gondolkodásban, és George Berkeley filozófiájának gerincévé válik (6. ábra). Berkeley ír teológus és anglikán püspök volt. John Locke-kal és David Hume-mal Berkeley a három nagy brit empirista egyike volt. Berkeley szerint az emberi tudás egyetlen tárgya az ideák.

Amit mi dologként határozunk meg, az nem más, mint eszmék halmaza. Például az alma nem más, mint egy bizonyos szín, egy bizonyos íz, egy bizonyos illat, egy bizonyos forma, egy bizonyos állag kombinációja.

Az összes tárgy, amelyről azt hisszük, hogy létezik (mert az érzékek elhitetik velünk, hogy léteznek), valójában egyáltalán nem létezik: nincs konzisztenciájuk, nincs testük, csak ötletek, amelyeket érzékszervek által az agyba juttatva. úgy konfigurálják, hogy az anyagiság hamis benyomását tulajdonítják nekik.

Egyáltalán nem ismerünk tárgyakat: csak azokat a tárgyideákat ismerjük, amelyeket az érzékszervek továbbítanak az agyunknak. Úgy élünk, mint egy álomban, mint a platóni barlang foglyai, akik megfigyelik az árnyakat, és azt hiszik, hogy valóságosak. Nem létező feltételezett tárgyakkal kapcsolatos tér-idő észleléseink vannak.

Berkeley és a kidőlt fa.

Hasznos újra felvetni egy ősi kérdést: ha egy fa kidől az erdőben, és nincs körülötte senki, akkor az zajt ad? Ezt a kérdést George Berkeley tette fel.

Berkeley az írországi Kilkennyben született 1685. március 12-én, és 1753. január 14-én halt meg Oxfordban. 1707-ben szerzett diplomát, egyetemi tanulmányait matematika, logika, klasszikus irodalom, teológia és filozófia szakon a dublini Trinity College-ban. Azonnal elmélyítette tudását kora nagy gondolkodóiról Locke, Gassendi, Newton, Descartes, Hobbes és mások műveinek elolvasásával, így formát és irányt adva gondolkodása fejlődésének, hogy képes legyen kimondani a bíborost. filozófiájának alapelve: az immaterializmus..

6. ábra – George Berkeley ír filozófus, teológus és anglikán püspök volt. Azt állítja, hogy az emberi tudás egyetlen tárgya az ideák; a dolgok önmagukban nem léteznek, csak ötletek halmaza.

1728-ban feleségül vette Anne Forstert, John Forsternek, az ír alsóház elnökének legidősebb lányát. Mivel jelentős örökségben részesült, buzgó vallásos lelkülete arra késztette, hogy feleségével együtt el akarjon indulni Amerika új földjeire, ahol missziós tevékenységet szándékozik végezni egy vallási főiskola megalapításával a Bermuda-szigeteken. Miközben arra várt, hogy megkapja az ígért pénzeszközöket, Berkeley Amerikába költözött, és Rhode Islanden telepedett le, ahol Henry, első gyermeke megszületett. Sajnos a filozófus kénytelen volt feladni a kezdeményezést. Sajnos a királynő nem tartotta be kezdeti finanszírozási ígéretét. Írországba visszatérve Cloyne püspökévé nevezték ki (az ír egyház számára).

Berkley filozófiai gondolkodásának középpontjában az idealizmus áll, amelyet határozottan ellenez az 1600-as évek vége és az 1800-as évek eleje között kirajzolódó „felvilágosodással”. Berkeley elutasítja a szkepticizmussá és ateizmussá fajuló materializmust. Erről a témáról komponálta az Alcifrone-t, a korabeli szabadgondolkodók elleni polemikus párbeszédet.

Berkeley azzal érvelt, hogy a tárgyak csak úgy léteznek, ahogy észlelik őket. Ezért ha egy fa kidől egy erdőben, ahol senki sem látja a kidőlést, az nem ad zajt.

Józan ész szempontjából kifogásolhatjuk, hogy nyilván a kidőlő fa zajt kelt, mert a fás rostok törése, más fák ágaival való ütközés okozza a hanghullámokra jellemző légmozgásokat.

Nyilvánvalóan azonban maga a tudomány lépett közbe azzal, hogy kedvező véleményt nyilvánított Berkeley-nek. Valójában az egyik legrégebbi és legrangosabb tudományos népszerűsítő magazin, a "Scientific American", amelyet Rufus Porter alapított 1845-ben, 1884-ben vette a teret a témában. Egy jól dokumentált cikkével racionálisan bebizonyította, hogy a kidőlő fa nem tesz semmit. zaj, ha nincs, aki meghallja a zuhanás hangját.

A gyakorlatban – állítja a magazin – igaz, hogy a fa kidőlése rezgéseket kelt a levegőben, de ezeket csak olyan hallórendszerrel lehet észlelni, amely a fül belső részein keresztül képes hangokká fordítani. Ezért a zaj érzékelésére képes hallórendszer hiányában ez nem létezik. Kifogástalan magyarázat.

Ily módon megoldjuk azt a kérdést, amelyet néha tévesen a zen filozófiának tulajdonítanak: ha a fa kidől, amikor senki sem hallja, akkor nem ad zajt.

Visszatérve Berkeley-hez, tézisének megerősítésére megalkotta az "Esse est percipi" (Lét jelentése: valaki észlel téged) mondást. A tárgy egész lénye abban áll, hogy észleljük, és semmi másban. Ez az immateriális elméletének összefoglalása, amely szerint a dolgok nem mások, mint eszmék sorozata, és csak akkor jönnek létre, ha észlelik őket.

Ez nem különösebben meglepő kinyilatkoztatás egy kvantumfizikus számára. Mint látni fogjuk, az elemi részecskék szintjén ezek megváltoztatják a viselkedésüket, akár van, aki megfigyeli őket, akár nem, sőt a megfigyelésüktől függően megváltoztathatják a megjelenési formát is.

Évszázados ironikus kuncogás után Berkeley elméletei kezdenek szilárd összhangba kerülni a valósággal.

A kidőlő fával egyforma technológiai dilemma: ha felkapcsolunk egy villanykörtét egy üres szobában, ahol senki sem tudja megfigyelni, kibocsát-e fényt? Általában az ember igennel válaszol; kivéve, hogy a fény nem más, mint az idegrendszer észlelése, ezért ha a szobában nincs fény érzékelésére képes rendszer, azaz szem, nincs fény. A fény akkor kezd létezni, amikor valaki látja: nincs saját léte, csak egy vizuális rendszer kidolgozása. Valójában a kapcsoló bezárásával egy energiaforma áramlik és átalakul egy másik energiaformává, amelyet azonban nem ismerünk. Csak akkor veszi fel a fény megjelenését, ha valaki megfigyeli.

Hasonlóan azt mondanánk: milyen íze van annak a csábító ételnek, amit felszolgáltak? Senki. Az étel akkor kezd ízleni, amikor ízleni kezdi. Önmagában az íz olyan minőség, amely teljesen független az elfogyasztott ételtől.

Ezen a ponton ésszerűnek tűnik feltenni magunknak a kérdést, hogy vajon mi alkalmazkodunk-e a valósághoz, vagy inkább a valóság alkalmazkodik hozzánk.

Az univerzum azért létezik, mert mi nézzük.

Térjünk vissza a fény témájához. Ha igaz, hogy egy zárt helyiségben az izzó nem bocsát ki fényt, mert senki nem látja, ugyanúgy azt mondhatjuk, hogy ha nem lennénk ott, hogy az univerzumot nézzük, az univerzum sötét lenne. A csillagok nem ragyognának, maga a nap sem bocsátana ki fényt, ha nem lenne, aki rájuk nézzen.

Ahhoz, hogy az univerzum olyan legyen, amilyennek látszik, valakinek ott kell lennie, hogy lássa. A csillagok által kibocsátott fotonokat fénnyé alakítani képes szemek nélkül az univerzum sötét lenne.

A Biblia második versében (1Mózes 1, 2) a szerző a teremtésről szóló beszámolót ezekkel a szavakkal kezdi:

"És monda Isten: Legyen világosság, és lett világosság. És látta Isten, hogy a világosság jó, és elválasztotta a világosságot a sötétségtől..."

Isten látta, hogy a fény jó. Miután megalkotta, meglátta, elismerte, hogy ez jó dolog. A fény akkor válik jó dologgá, ha Isten látja. Nem csak arról van szó, hogy amikor Isten megteremti az embert, akkor "Isten képére és hasonlatosságára" teremti őt. Ily módon az ember is láthatja a fényt, így a teremtés „jó dolog" marad, mivel lényegét tekintve csodálják.

Az ezzel kapcsolatos fő kifogásnak az evolúció elméletéből kell származnia, amely szerint minden élőlény egyetlen ősi szervezetből származik, amelyből az összes jelenlegi biológiai sokféleség fejlődik. Minden élőlény számára a legmegfelelőbb szervek alakultak volna ki, amelyek garantálják fennmaradását. Minden szerv (kezek, lábak, farok, tollak, fülek, bőr stb.) a már meglévő szervek fokozatos fejlesztésének eredménye, vagy mindenesetre az ősi ősök által kifejlesztett.

Ezért az uszony lábszárrá alakulhat át, hogy kísérje a halak átjutását a szárazföldi állatokhoz: azaz egy adott állapotban kifejlesztett szerv, amely hasznos az adott állapotban való túléléshez, egy másik szervvé fejlődhet, hogy más körülmények között hasznos legyen. Ez az elmélet szinte minden szervre nézve hiteles, a szemre azonban nem.

A szem evolúciós ellentmondásai.

Ha van egy probléma, ami a darwinistákat kísérti, az pontosan a szem evolúciója. Maga Darwin „A fajok eredete" című művében valójában ezt állítja:

> "Az a feltételezés, hogy a szem minden utánozhatatlan mechanizmusával a természetes kiválasztódás útján jöhetett létre, határozottan abszurdnak tűnik."

Az első látszólag hatékony kísérlet a szem fokozatos fejlődésének magyarázatára 1994-ből származik: Nilsson és Pelger híres munkája: "A szem fejlődéséhez szükséges idő pesszimista becslése". E tudósok szerint a szem egy kezdeti fényérzékeny sejtrétegből fejlődött volna ki, aminek köszönhetően az ősszervezet képes lett volna a fényforrás felé irányítani magát. Ez mindenesetre megerősíti, hogy a látás igénye már az első szervezet velejárója volt.

Ezt követően az evolúciós folyamatok okozták volna, hogy ezek a fényérzékeny sejtek egyfajta félgömb alakú kútba zárultak volna; amikor a pilótafülke elég mély lett, a szélein megjelent egy zsugorodni képes membrán. Végül a már átlátszó anyaggal megtöltött üregben sűrűbb, lencseként funkcionáló terület alakult volna ki.

Sajnos az ezekben a részekben leírt evolúciós lánc korántsem fokozatos és folyamatos evolúció, és nem felel meg annak, amilyennek ugyanannak a jellemzőnek az egymást követő minimális módosításainak kellene lennie, mivel más, teljesen független szerves struktúrák hozzáadásával jár.

Szükség van egy „proto-primitív pupillára” és „a primitív szem protolencséjére”.

Valójában a szem nem egyetlen ősorganizmus evolúcióját reprezentálja, hanem különböző és kifinomult részek, például lencse, szabályozó izmok, érzékszervi sejtek és beidegzések hozzáadását igényli. A retina nélküli lencse, valamint a lencse nélküli retina nem működik. A retina és a lencse azonban nem részei ugyanannak az evolúciós folyamatnak, mivel eltérő szöveti minőséggel rendelkeznek, ami eltérő eredetet jelent mind az embriogén fejlődésben, mind az evolúcióban.

Ez kétségtelenül megerősíti, hogy a szem egyetlen integrált függvényben a különböző részek evolúciós konvergenciájának terméke: tehát ha véletlenszerűségről akarunk beszélni, az n-edik hatványra emelt véletlenszerűség lenne.

Összefoglalva, elképzelhetetlen, hogy egy olyan speciális eszköz, mint a szem, véletlenszerű fejleményekből keletkezhetett, kezdetben minden konkrét evolúciós előnyök nélkül, amelyek aztán csodálatos módon integrálódtak a vizuális funkcióba.

A retinától mentes, kristályosősszem kialakulását csak akkor tudjuk elképzelni, ha azt egy jövőbeli funkció felé tett kötelező lépésként fogjuk fel, vagyis egy olyan projekt részeként, amely már előre látta, mi lesz a felhasználása a későbbi korokban. Természetesen nem egy vak evolúció, hanem egy egyetemes intelligencia által irányított és támogatott projekt.

Amikor a dolgok nem azok, aminek látszanak.

Az emberi lény része egy egésznek, amit "univerzumnak" nevezünk, egy időben és térben korlátozott rész. Önmagát, gondolatait és érzéseit a többitől különálló valamiként éli meg, a tudat egyfajta optikai illúziójában.

Ez az illúzió egyfajta börtön, amely személyes vágyainkra és a hozzánk legközelebb álló néhány ember iránti vonzalomra korlátoz bennünket. A mi feladatunk az, hogy kiszabadítsuk magunkat ebből a börtönből azáltal, hogy a koncentrikus központokban kiterjesztjük együttérzésünket, hogy az összes élőlényt és az egész természetet a maga szépségében öleljük át.

(Albert Einstein, fizikus, Nobel-díj)

A két elnök különös esete.

Az utóbbi időben nagyon divatos a pletyka sajtóban keresni azokat a furcsa véletleneket, amelyek egyesítik a hírességeket. Különösen a tények, események és körülmények keresése folyik Kate Middleton és Charlene of Monaco kapcsán.

Számos egybeesés van, de nem tűnnek különösebben jelentősnek. Például sokat kiemelik, hogy Kate és Charlene sem kék vérű. Mindkét nő januárban született, Kate 9-én, Charlene pedig 25-én. Ami a dátumokat illeti, Kate és Charlene 2011-ben házasodtak össze.

Személyesebb szemmel nézve a két nemesasszony mindketten sportolók, és szeretnek mindenféle versenyen részt venni, különféle szakágakban kipróbálni magukat. Továbbá mindkettőjüknek két meglehetősen „nehéz" anyóssal kell megküzdeniük, Lady Dianával Kate-ért és Grace Kelly-vel Charlene-ért.

Az Egyesült Államok két leghíresebb elnökét összekötő véletlenek elbeszélése minden bizonnyal érdekesebb. Beszéljünk John Fitgerald Kennedyről (7. ábra) és Abraham Lincolnról (8. ábra). A leglényegesebb egybeesések haláluk modalitásával kapcsolatosak. Valójában mindkét elnököt nagyon hasonló körülmények között ölték meg, Lincolnt 1865. április 14-én, Kennedyt pedig 1963. november 22-én. Íme néhány a legismertebb egybeesés a gyilkosságukkal kapcsolatban:

- Mindketten meghaltak pénteken, fejbe adott lövésben.

- Mindkettőjük mellett ott volt a felesége, akit nem ütöttek meg.
- Kennedy életét vesztette, miközben egy Ford Lincoln Continental limuzinban ült; Lincoln részt vesz a "Our American Cousins" című filmben a washingtoni Ford Színházban.
- A támadáskor Lincolnt és Kennedyt is egy pár kísérte: mindkét esetben az elnök mellett tartózkodó férfi megsérült.
- Mindkét bérgyilkosnak (John Wilkes Booth Lincolnnál és Lee Harvey Oswaldnál Kennedynél) három neve volt, összesen tizenöt betűből.
- Mindkét gyilkos tisztázatlan körülmények között halt meg, mielőtt bíróság elé állították volna. Haláluk nagyjából „ugyanabban a napszakban" következett be, amikor áldozataik meghaltak. Mindketten belehaltak a lőtt sérülésekbe.

Aztán vannak véletlenek a magánélettel vagy a politikai karrierrel kapcsolatban.

- Mindkettőjük vezetékneve hét betűből állt, és ugyanazon a néven keresztelték meg őket, mint a nagyszüleik. Ráadásul mindketten másodszülöttek voltak a saját családjukban.
- Mindketten harcoltak a háborúban; Lincoln a Black Hawk háborúban és Kennedy a második világháborúban.

7. ábra: Egy hihetetlen véletlenek sorozata köti össze az Egyesült Államok két leghíresebb elnökét, Abraham Lincolnt és John Fitgerald Kennedyt, mindketten támadások áldozatai.

Ha ez nem lenne elég, aki akarja, több száz más egybeesést találhat, amelyek összekötik a két elnök életét, ha felkeresi az oldalt (angolul): https://www.near-death.com/

A szkeptikusok magyarázatai.

Míg a világ fele az ehhez hasonló esetek tanulmányozására törekszik, hogy több egybeesést adjon a listához, a másik fele arra törekszik, hogy bebizonyítsa, hogy a bemutatott egybeesések egy része hamis. Sokan pontatlan érvekkel tagadják az egészet.

Aztán van néhány általános kifogás, amely minden alkalomra jó, például az, hogy nem olyan nehéz találni egybeesést két véletlenszerűen kiválasztott tény között, ha minden részletet megvizsgálunk.

A nagy számok törvénye szerint, ha két híres ember életét és munkásságát részletesen értékeljük, nem nehéz összeállítani a véletlenek listáját. Ha például Masaniellóra és Lamarmora tábornokra hivatkoznánk, akkor valószínű, hogy mindkettő szereti a nápolyi pizzát, és mindkettő 44 láb méretet viselt, de nem tudom, milyen más igazán jelentős egybeeséseket lehetett találni.

8. ábra – Abraham Lincoln, egy merénylet áldozata 1865. április 14-én. Életének és halálának számos körülménye hihetetlenül egybeesik John Kennedy elnök hasonló körülményeivel..

,.

Amikor az öt érzék csal.

De miért ellenzi a tudomány ekkora ellenállást a paranormális jelenségekkel szemben? Valójában a nyugati tudomány életének több évszázadát nem hitte el. Manapság kezdenek repedések megjelenni ebben a gránitbiztosságban, és sok tudós hagyja magát elragadni az opportunizmustól. Valóban, nehéz lemondani a kényelmekről, a konszolidált pozíciókról, a materializmus igenlésére épülő karrierről.

Sőt, mi magunk is, akik a tudomány hajója siklik a víz, annyira rabjai vagyunk ezeknek a pozícióknak, hogy természetesnek vesszük őket, annak ellenére, hogy nap mint nap meg kell küzdenünk a paranormális vagy az extraszenzoros észlelésekkel. Ma már megszoktuk, hogy csak abban higgyünk, ami tapintható, mérlegelhető és mérhető, így még a bizonyítékok sem tudják kiirtani mentalitásunkból a materializmus dogmáit.

A szorongás arra késztet, hogy csak a kézzelfoghatónak tulajdonítsunk jelentőséget. Elfelejtjük, hogy a legtöbb esetben a legfontosabb dolgokat nem lehet kézben tartani, hogy pénzzé alakítsuk.

Jó közérzetünk fő forrása a gondolatok, a pozitív hangulatok, az érzések és minden olyan, a szellemmel vagy pszichével kapcsolatos tevékenység, amely képes mély értelmet és motivációt adni létünknek, vagy éppen ellenkezőleg, azt haszontalannak és mentesnek tűnik. jövő.

A körülöttünk zajló tényeket az határozza meg, hogyan értelmezzük őket, optimizmusunk vagy pesszimizmusunk, a remény vagy a kétségbeesés töltetünk. Nincs körülöttünk objektív valóság, a dolgok nem mozdulatlanok, hanem értelmezési kulcsunk szerint változnak, vagyis lelkiismeretünk és észünk szűrőjén keresztül.

Ebben az értelemben az, amit az öt érzékszervvel érzékelünk, vagyis az érzéki valóság, az mindig extraszenzoros feldolgozás eredménye.

Folyamatosan tapasztalunk azonban olyan extraszenzoros képességeket, amelyek nem mérhetők és mérlegelhetők, de határozottan léteznek. Olyan érzésekről beszélünk, mint a bátorság, egy optimista jövőkép, annak tudata, hogy az élet hullámvölgyekből áll. Minden mélypont után természetesen mindig jön egy magas. Az önmagunkba és a felebarátunkba vetett bizalom, a szánalom és a kedvesség, a segítségnyújtás és a segítségnyújtás képessége – mindezek szilárdabbá teszik meggyőződésünket. Bármilyen szél fúj, ahogy akar, anélkül, hogy valaha is gyökerestül téphetné ezeket a hiedelmeket.

Amit öt érzékszervünkkel észlelünk viharos és nyugodt időszakokban, az mindig közvetített igazság. Ez nemcsak pszichológiai, hanem gyakorlati szinten is érvényes. A számunkra oly tökéletesnek tűnő érzékszerveink a maximális megtakarítást szolgálják. Csupán arra szolgálnak, hogy megadják nekünk azt a segítséget, amely szükséges ahhoz, hogy a környezetben károsodás nélkül mozogjunk, működjünk.

Például a hallásunk képes felvenni a nagyon alacsony (körülbelül 30 Hertz frekvenciájú) hangokat egészen a nagyon magas hangokig, körülbelül 10-15 000 Hertz frekvenciájú hangokig. Ezen a tartományon kívül azonban végtelen sokféle hang létezik. Sajnos a fülünk nem érzékeli ezeket a hangokat. Például az ultrahang, amelyet sok házi kedvencünk hall. Miért csak 30 és 15 000 Hertz közötti frekvenciákat hallunk, a magasabb vagy alacsonyabb frekvenciákat nem? Egyszerű, mert nem lennének hasznosak a túlélésünk szempontjából.

Az alacsonyabb hangfrekvenciák a közeledő lavina dübörgését, a magasabb hangfrekvenciák pedig egy kígyó sziszegését jelezhetik. Semmi másra nincs szükségünk a túléléshez.

A hallás korlátai által korlátozva egy művészet, például a zene minden isteniségét ebbe a frekvenciatartományba helyezzük, és nem is sejtjük, milyen szimfóniákat hallhatnánk, ha szélesebb lenne a tartomány. Számunkra minden zene a fülünk által érzékelt nyomorúságos szűkségre korlátozódik, 30 és 15 000 hertz között. Nem is gondolunk hihetetlenül kidolgozottabb és megnyerőbb harmóniák létezéséről. Számunkra nem létezhet más zene, mint amit a fülünk hall.

Nem ismerjük a növekvő fa koncertjét, a nyíló virág menüettejét, vagy egy szikla sötét szimfóniáját, amely évekig nyög, amint elszakad a hegyoldaltól.

Ezeket a hiányosságokat azzal pótoljuk, hogy a forgatott dokumentumfilmekbe hamis, halláskörünknek megfelelő hangsávokat ragasztunk. Természetesen ezek nem az igazi hangok.

Aztán amikor varázslókról és sámánokról mesélnek, akiknek sikerül ezekben a világokban utazniuk, és hallgatni ezeket a hangokat, a természet rejtett hangjait, nem hiszünk el azoknak, akik elmondják, és őrültnek ítéljük őket.

Érzékszerveink nem azért vannak kialakítva, hogy közelebb vigyenek minket az univerzumhoz, hanem sokkal prózaibban, hogy megakadályozzák, hogy séta közben a lábujjainkat valamelyik sarokban ütögessük. Hasznosak, hogy megakadályozzák, hogy evés közben túl forró ételt vegyünk

a szánkba. Az érzékszerveink és az intuícióink segítenek elkerülni néhány kis lény mérgét, amely túl színes vagy túlságosan tüskés tüskék borítják.
Érzékszerveink továbbra is a neandervölgyi emberéi, míg mostanra jóval túlléptünk a „Sapiens sapiens" szakaszon, addig mi „Homo ciberneticus" vagyunk. Új érzékszerveket kell kifejlesztenünk, alkalmazkodva az új evolúciós szakaszunkhoz.

Objektivitás és szubjektivitás.

Amiben hiszünk, az meghatározza életünk minőségét.
Választhatunk az objektivitás és a szubjektivitás között.
Az objektivitás szükségszerűen azt jelenti, hogy nem tudunk beavatkozni a minket körülvevő dolgokba. A dolgok így állnak, akár tetszik, akár nem. Objektív szemszögből nézve minden rajtunk kívül formálódik és történik, és nem ad esélyt a menekülésre. Mi mechanikus játékok vagyunk. Folyamatosan ismételjük a beprogramozott feladatot, menetelve és játékkatonákként verjük a tamburát nap- és esőben is, miközben a nap elkerülhetetlenül elhalványítja a színeinket, az eső pedig rozsdásítja a felszereléseinket.
Ellenkezőleg, a szubjektivitás képessé tesz bennünket arra, hogy a dolgokat közvetítve megértsük és elfogadjuk. A szubjektivitás egy háló, amelyet szövünk, és amelyen keresztül szűrjük a valóságot. A szubjektivitás hatékony és hatékony eszközöket biztosít az élet által kínált dolgok ellen vagy támogatására.
Szubjektív nézőpontból szembesülni az élettel azt jelenti, hogy megszabadulunk a tömeges sors kényszerei alól, és egy

személyes, közvetített sorsot építünk, amelyet mindenki számára más-más lehetőség színesít.

A szubjektíven megélt élet már nem mérhető és mérlegelhető laboratóriumban, mert a standard mértékek már nem érvényesek; mindegyik meghatározza a saját értékeit, amelyek ezért elkerülik a külső megfigyelők ellenőrzését. Laboratóriumban már nem igazolhatók, de mindenki számára valódiak a szívében, a vérében, a hasában, a bőrén és mindenekelőtt a lelkében.

A szeretet, a hűség, a nagylelkűség, a barátság, az önmagunkba és másokba vetett bizalom mind nem objektív valóság, amelyre életünket mintázzuk.

Ezért van egy valóság, amely messze túlmutat az öt érzékszervön, és lehetővé teszi számunkra, hogy elhagyjuk a gépek dimenzióit, hogy emberré váljunk, ami mi is vagyunk.

A szubjektivitás győzelme a materializmus legyőzését és az öt érzékszerv leépülését jelenti, amelyek már nem az abszolút igazság mutatói, hanem egyszerű segédeszközök, amelyek hasznosak létünknek az értelmes univerzumba helyezéséhez. Ebben a newtoni fizikában a három klasszikus dimenzió plusz idő alapján az öt érzékszerv valóban példamutató módon segít bennünket. Ha azonban figyelembe vesszük az anyagtól mentes pszichikus univerzumok létezését, ahol a gondolkodással és a lélekkel kapcsolatos különböző felfogások érvényesülnek, akkor rájövünk, hogy az öt érzékszerv már nem segít, ellenkezőleg, gyakran megtéveszt bennünket.

Az elmúlt évszázadokban a materializmus az öt érzékszervre bízta azt a feladatot, hogy abszolút reprezentálja az összes lehetséges emberi tapasztalatot. Valójában maga a materialista tudomány is nehézségekbe ütközött az anyaggal kapcsolatos jelenségekkel, például a mágnességgel és az elektromossággal szemben.

Az egyik legmegtévesztőbb érzékszerv, amikor más célokra akarjuk használni, mint amire kifejlesztették, vagyis a túlélésre, a látás. A látás a tárgyakat és az élőlényeket formákként dolgozza fel, amelyeket memorizálunk, hogy a későbbi találkozások során felismerjük őket. Ez nem egy precíz memorizálás, mert akkor is képesek vagyunk felismerni az ember arcát, ha az arcvonásai sok tíz év után sokat változtak. Ezzel szemben nagy nehezen emlékszünk arra, hogy milyen táj volt a háttérben, vagy milyen autók és emberek haladtak el a mögötte lévő úton. Mégis, a szemünk is látta ezeket a részleteket.

A "forma pszichológiája".

A 19. és 20. század között a kísérleti pszichológia sok energiát fordított annak vizsgálatára, hogy milyen mechanizmusokon keresztül viszonyulunk a külső valósághoz.

A kutatás alapja általában abból a megfontolásból indult ki, hogy mindaz, amit érzékszervekkel észlelünk, nem kap ugyanolyan fontosságot a kidolgozásunk során. Egy beszélgetés hallgatásakor általában kiszűrjük az összes háttérzajt. Egy jelenet megfigyelésekor a lényegi tényre koncentrálunk, miközben figyelmen kívül hagyjuk a kontúrokat.

Vagyis képesek vagyunk a megfigyelt eseményekhez hierarchiát rendelni, azaz megállapítani, hogy mi érdekel minket és mi nem, hogy a megfigyelt képnek csak egy részének megértését erősítsük, a többit figyelmen kívül hagyva.

A körülöttünk zajló eseményekről alkotott felfogásunk soha nem a valóság pontos reprodukciója.

9. ábra – Rubin fentebb bemutatott alakja a megfigyelő szubjektív értelmezése szerint két különböző jelentéssel bírhat.

Ez azt jelenti, hogy a világról alkotott tudásunk soha nem válik integránssá, mert nem rögzítünk hűen mindent, ami a fejünkben történik, hanem csak azt, ami érdekel.

Minden észlelt inger azonnal fel van osztva "érdekesre" vagy nem, így a legtöbbet eldobják és örökre elveszik.

A 9. ábrán javasolt Rubin-kép kétféleképpen értelmezhető. Középen egy csésze alakja, vagy oldalain két emberi profil látható. Egy gyors megfigyelés során érzékszerveink a két jelentés egyikét regisztrálják, de vajon az lesz-e az, amelyik megfelel a valóságnak? Hány más „kétértelmű" keretet érzékelünk a minket körülvevő valóságból származó kilátással?

A kérdés az: ki dönti el, hogy mi érdekel minket, és ki dönti el, hogy mit dobunk el, és mit tartunk meg?

Az emberi észlelés ezen aspektusaira hivatkozva egyes kutatók, mint például Max Wertheimer cseh pszichológus, valamint a németek Wolfgang Köhler és Kurt Koffka egy olyan tanulmánysorozatot indítottak el, amelynek a Form Psychology (Gestaltpsychologie) nevet adták.

Ezek a tanulmányok arra irányultak, hogy megértsék azokat az elveket, amelyek szerint egyes észlelt elemek aggregálódva a háttérben felbukkanó "formát" alkotnak, más elemek figyelmen kívül hagyásával. Ezeket az elemeket, bár jelen vannak az észlelésben, feleslegesnek tekintik, mintha nem is lennének részei az észlelt összességnek. Ha ez a helyzet, akkor nyilvánvaló, hogy az öt érzékszerv nem segít rajtunk, ellenkezőleg, gyakran megtéveszt bennünket.

Koffka azzal érvelt, hogy vannak "dolgok" és "olyan dolgok, amelyek nem dolgok". A „dolgok" a „nem dolgok" forgatókönyvébe kerülnek. A Mona Lisa képe egy olyan táj hátterében rajzolódik ki, amely többnyire csak a művészeti kritikusokat érdekli.

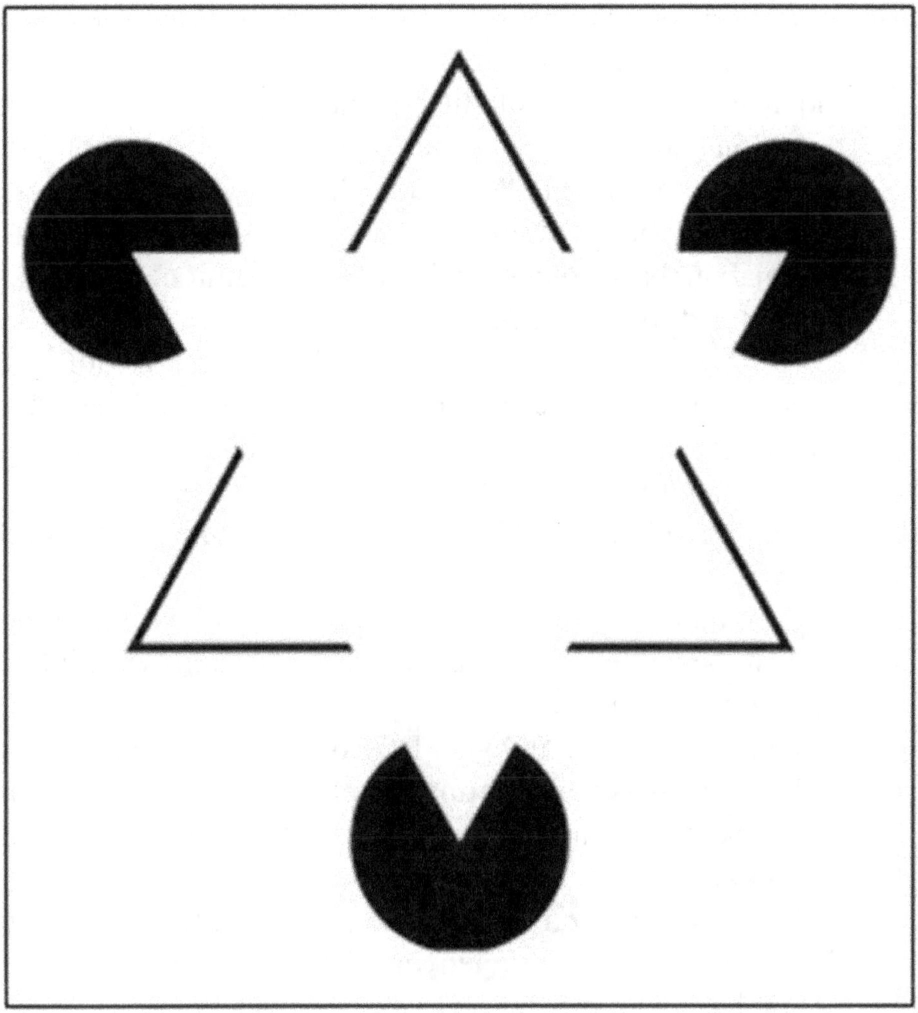

10. ábra - A fent látható Kanizsa ábrán egy fehér háromszög jól látható a közepén. Ez azonban semmilyen módon nincs megrajzolva, és csak a rajz összetettségét figyelembe véve képzelhető el.

Ehelyett a festményt megfigyelők milliói egy bizonyos idő elteltével legfeljebb egy híd (vagy egy torony?) jelenlétére emlékeznek homályosan. Általában senki sem emlékszik pontosan, hány ciprus látható a háttérben.

Valójában megszoktuk, hogy az öt érzékszervünkön keresztül kapcsolódjunk a külvilághoz. Ez arra késztet bennünket, hogy minden valóságot "dologgá" alakítsunk. Valójában, ha szembesülünk valamivel, amit nem értünk, általában azt mondjuk: Mi ez?.

Ahhoz, hogy érzékszerveink elfogadják, a dolgoknak méretüknek és súlyuknak kell lenniük, és megfelelően kell elhelyezni őket a körülöttük lévő többi dologhoz képest. Az asztal mellé helyezett szék nem aggaszt bennünket. Aggódhatunk, ha a szék megjelenik és eltűnik, vagy forog a levegőben.

Ez mindaddig igaz, amíg a jelenetet aprólékosan részletesen elemezve figyeljük, vagyis magunkra kényszerítjük a teljes helyzetelemzést.

Ez általában nem így van. Érzékszerveink sokkal gyorsabbak, és annak is kell lenniük, mivel a jelenetek olyanok, mint a folyók, a másodperc töredékeinek nagyságrendjében változhatnak.

Ezért az érzékszervek soha nem elemzik teljesen az egész helyzetet, hanem csak a lényeges elemeket vonják ki, és ez a legtöbb esetben megtévesztő és önkényes is.

A sokat emlegetett példa a tizenhárom kártya leosztása a "Scalaforty" játékban. Ha egy játékos megkapná mind a tizenhárom azonos színû kártyát, ásztól királyig, az szinte csoda lenne. Valójában 635 milliárdból csak egy esély van arra, hogy egy játékos tizenhárom azonos színû lapot kapjon.

De ha jobban belegondolunk, tizenhárom kártya bármilyen kombinációja csak egyszer fordulhat elő a 635 milliárd alkalomból, így a kártyák bármilyen kiosztása apró csoda.

Az a tény, hogy egy játékosnak tizenhárom azonos színû lapot osztanak ki, jelentõs és megdöbbentõ számunkra, de a valóságban ez teljesen normális jelenség. Csak mi tulajdonítunk rendkívüli értelmet egy olyan ténynek, amely önmagában is teljesen hétköznapi.

A Gestalt-pszichológia számára egy ilyen típusú esemény nem azért szignifikáns, mert statisztikailag ritka, hanem azért, mert erősen kiemelkedik több ezer más kevésbé lineáris kártyaelosztás hátteréből.

A közismert példákat a kanizsai alakok képviselik.

Gaetano Kanizsa, 1913-ban Triesztben született és ugyanabban a városban halt meg 1993-ban, olasz pszichológus és festő. Édesapja magyar zsidó, anyja szlovén katolikus. A középiskola után beiratkozott a Padovai Egyetem filozófiai fakultására, ahol Cesare Musatti bevezette a pszichológiába.

A faji törvények miatt megfosztották olasz állampolgárságától. A Cassibile-i fegyverszünet után Rómába menekült, ahol kutatói állást kapott a CNR Pszichológiai Intézetében.

A 10. ábrán jól látható egy fehér háromszög. Ez azonban semmilyen módon nincs megrajzolva, és csak a rajz összetettségét figyelembe véve képzelhető el. Bár nincs ott, sokkal jobban megragadja a tekintetet, mint más geometriai alakzatok. Nem csak ez van. A képzeletbeli háromszög belseje „fehérebbnek" tűnik számunkra, mint a kép többi részét tartalmazó fehér. A kép megerősíti, hogy érzékszerveink nem létező dolgokat is képesek meglátni.

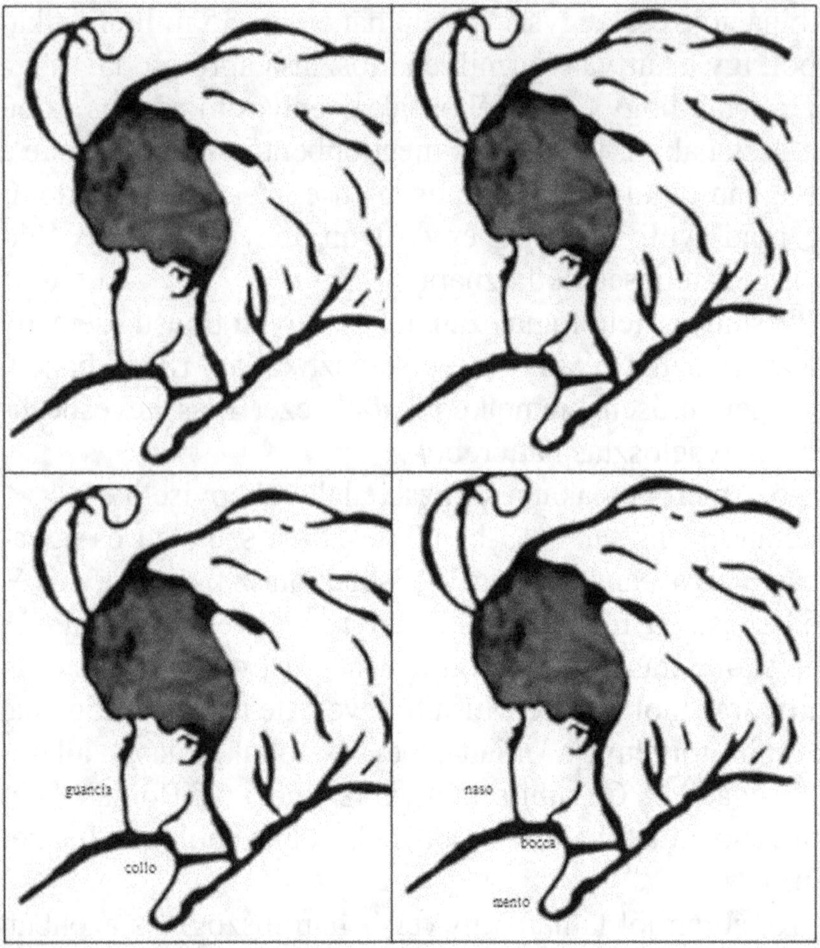

11. ábra - Ez az ábra nehezebben megfejthető, és egy fiatal nő arcát mutatja, vagy egy idős hölgy profilját.

A 11. ábra nehezebben megfejthető, és egy fiatal nő arcát mutatja, vagy egy idős hölgy profilját. Nagyon nehéz mindkét jelentést felfogni anélkül, hogy tudnánk a létezésükről. Érzékszerveink azonban nincsenek bekötve arra, hogy pontosan elemezzék a kapott ingerek állandó bombázását. Ezért az érzékszervek az ábra két jelentése közül az egyiket regisztrálják, figyelmen kívül hagyva a másik létezését. De biztosak vagyunk benne, hogy azt rögzítik, amelyik a legjobban megfelel a valóságnak? Az esetek 50%-ában, ha egy ilyen típusú ábrázolással szembesülünk, érzékszerveink megtévesztenek bennünket. Valószínűleg azt a jelentést fogják regisztrálni, amely a legközelebb áll ahhoz, amit várnánk, vagyis "megfelelnek" a megszerzett kulturális poggyászunknak. Ez azt jelenti, hogy általában minden intellektuális ösztönzést félretesznek a meglévő megőrzése és megerősítése érdekében.

A Gestalt-pszichológia egyik feltételezése, hogy érzékszerveink bizonyos kitüntetett, titokzatos, de szilárdan működő vonalak mentén érzékelik és szervezik az észleléseket.

Koffka tanulmányai az észlelések szervezeti elveit azonosították.

Ezek közül a főbbek a hasonlóság, a szimmetria, a közelség vagy távolság és mások.

Például egy sor gyors hangjelzést a rendszer veszélyjelzésként értelmez; egy juhnyájban lévő két juhászkutya a többi alaktól eltérő párként van kiemelve; a három egymáshoz közel elhelyezkedő fekete foltból álló sorozatot, valamint három másikat egymáshoz közel, de az elsőktől kissé távolabb, nem hat foltból álló halmazként értelmezik, hanem két három halmazként.

Különösen érdekes az időbeli közelség elve. Hajlamosak vagyunk a kívülről kapott észleléseket, jelzéseket is az őket egyesítő időbeli kapcsolat szerint rendszerezni. Egy másik fontos kritérium az „érzék". Vannak olyan érzékelések, amelyek jelzőfényként szöknek a szemünkbe az éjszakában, időbeli eloszlásuk és az „érzék", az intellektuális inger miatt, amelyet ezek az észlelések inspirálnak bennünk.

De itt egy másik területre lépünk, a jelentős véletlenek területére.

Véletlenségek, kollektív tudatalatti, szinkron.

"Amit magunkról tudunk, az csak egy része,
és talán egy nagyon kis része annak, amilyenek vagyunk a
tudtunk nélkül."
(Luigi Pirandello, olasz drámaíró, író és költő).

Erősebb, mint a legerősebb számítógépek.

Az előző fejezetben láthattuk, hogyan szkennelnek át érzékszerveink hatalmas mennyiségű adatot, amely nem jut el a tudatunkba, ahogy észlelik. Az adatokat olyan eljárások szerint dolgozzuk fel, amelyek képesek kinyerni a tömegből a számunkra leginkább érdekelteket. Ezt követően az érdekes adatokat magas szimbolikus tartalmú sémák szerint tárolják. Ez lehetővé teszi számunkra, hogy felismerjük az arcot sok évvel azután, hogy utoljára láttuk. A gyakorlatban nem úgy jegyezzük meg az arcot, ahogy van, hanem egy arcformát, néhány utalást, amelyek évek múltán visszavezethetők az eredetire.

Mintha egy adott szoftver, amely a tudatunkban lakozik, úgy manipulálta volna a meztelen valóságot, ahogy az érzékszervek számára megjelenik, abszolút rugalmas formákká vagy fogalmakká alakítva, amelyek szükség szerint adaptálhatók és újrafelhasználhatók. Ez lehetővé teszi, hogy minden olyan tárgyat "szék" kategóriába soroljunk, amely egy vagy több lábbal és a hát alsó részének elhelyezésére alkalmas vízszintes felülettel rendelkezik.

A szagfelismerés rendkívül hatékony funkció. Évtizedek után képesek vagyunk felismerni egyet, és azonnal rekonstruálni azt a jelenetet, amelyben először észleltük. Például a partra vetett hínár illata azonnal visszahoz minket az iskolai kirándulásra, amin fiúként egy tengerparti városkába mentünk.

Az arcfelismerés személyes szoftverünk egyik kiemelt funkciója. Bármilyen furcsa tájjal nézünk is szembe, azonnal képesek vagyunk azonosítani egy képzeletbeli arc alakját a tárgyak és elemek elrendezésében. Könnyen felismerünk arcokat a felhőképződményekben, vagy a sziklás sarokban, vagy akár az ősi falak nedves foltjaiban.

A gyakorlatban minden közvetlenül az érzékszervekből érkező ingert a tudatunkban rejlő szoftver feldolgozza, és átalakítja, hogy későbbi helyzetekben is használható legyen; ezért ez egy tanulási és memorizálási szoftver, amelynek fő jellemzője, hogy hatékony helyreállítási algoritmussal van felszerelve.

A számítástechnika kezdeti időszakában minden diák, aki kisméretű programokat akart írni, szembesült az adatok tárolásának és visszakeresésének problémájával. Például egy nemzet fővárosának jelzésére alkalmas kis program megírására a diák készített egy kéthasábos fájlt, amely a nemzet és a főváros párjait tartalmazza (Olaszország - Róma, Franciaország - Párizs, Spanyolország - Madrid stb.) .

Ha megadta a számítógépnek egy ország nevét, például Spanyolországot, a gép addig görgette a fájlt, amíg meg nem találta a Spanyolországot tartalmazó párt, és kinyomtatta a képernyőre az eredményt: Madrid.

Ezt szekvenciális hozzáférésnek hívták, és addig működött, amíg csak néhány ezer adatpár nem volt, utána a rendszer túl lassú lett ahhoz, hogy valóban hasznos legyen.

Ma a több milliárd adat megvizsgálására alkalmas keresőmotorok korszakát éljük. Természetesen a keresés már nem szekvenciális. A keresőmotorok nagyon kifinomult algoritmusokkal rendelkeznek, amelyek ezredmásodperces nagyságrendű időkben képesek információt nyerni.

Beírhatja a „quantum entanglement” szót a Google keresősorába, és látni fogja, hogy 0,36 másodperc múlva körülbelül 9 700 000 találatot jelez (2018 májusában keresve).

Nos, jóval azelőtt, hogy az ember kifejlesztette volna ezeket az algoritmusokat, valami hasonló, ha nem kifinomultabb már jelen volt az emberi elmében. Mentális algoritmusaink képesek ezredmásodpercek alatt kinyerni a mindennapi életünk számára hasznos információkat azáltal, hogy az évek során érzékszerveink által megszerzett több milliárd milliárd megabájtos tömegből merítenek. De nem csak azt jelzik, hogy hány referencia létezik, hanem azonnal kiválasztják a számunkra leghasznosabbat.

Ez egy csodálatosan és elképesztően hatékony szervezet. Lehetséges, hogy ez nem más, mint a különféle evolúciós próbálkozások, kudarcok és újrakísérletek gyümölcse, ahogyan azt a materialista tézisek szeretnék érvelni? A kétségek jogosak.

Csak egyszerű ingerekkel működik?

Ezen a ponton fel kell tennünk magunknak a kérdést, hogy szoftverünk csak úgy működik-e, ahogyan eddig láttuk, tudtunk nélkül feldolgozva az érzékszervekből kapott ingereket, elvetve vagy titokzatos kritériumok szerint kiválasztva az érdekes formákat ennek a tömegnek a megtartására és kezelésére. adatokat a részünkről történő beavatkozás nélkül. Vagy ha nem tudjuk feltételezni aktív szerepvállalásunk lehetőségét.

Egy feltételezésből kell kiindulnunk. Ha szoftverünk képes megkülönböztetni, mi lehet hasznos és mi nem, akkor szükségszerűen nemcsak intelligenciával, hanem prediktív megkülönböztető képességgel is fel kell ruháznia. Vagyis tudnia kell, mi lesz a hasznunkra a jövőben, ezért olyan jövőképe kell legyen létünkről, amely túlmutat a múlt és a jelen tapasztalatain, de kiterjed a jövőre is, azokra a körülményekre és alkalmakra, a jövőben fog felmerülni. Ezért szoftverünknek ismernie kell a jövőnket, hogy az aktuális információkat hasznosan feldolgozhassa.

Ha ez igaz, és minden bizonnyal így van, akkor elhagyhatjuk a szoftver fogalmát, mert a szoftver nem más, mint bizonyos műveletek elvégzésére épített program. Bármilyen intelligens is egy szoftver, soha nem lesz intelligensebb, mint a programozó, aki létrehozta.

A múlt és a jövő megismerésére képes szoftver túlmutat az emberi képességeken. Ami a lelkiismeretünkben működik, az nem egy intelligens szoftver, és nem is olyan szoftver, amelyet a fajok evolúciós viszontagságai során véletlenül fejlesztettek ki. Ez egy Intelligencia, vagy inkább egy előre létező Bölcsesség, amelyet Univerzális Intelligenciaként határozhatunk meg.

Az egyetemes intelligencia ismeri múltunkat, jelenünket és jövőnket, mert más dimenzióban létezik, mint amilyenben élni szoktunk, és a newtoni fizika (gravitáció, idő stb.) szabályai alá tartozó anyagból áll.

Az Egyetemes Intelligencia szintjének tisztán pszichésnek kell lennie; ez egy energiából és információból álló szint, amelyben az anyag hiányzik.

Lehetséges, hogy létezik ilyen szint? Természetesen igen, amint azt a következő fejezetekben látni fogjuk. A kvantumfizika feltárta és kísérletileg megerősítette ennek a szintnek a létezését.

A kvantumfizika természetesen semmilyen módon nem erősítette meg az univerzális intelligencia létezését, de szeretjük elképzelni, hogy létezik, különben a jelenségek egész sorát semmiképpen nem lehetne megmagyarázni, beleértve az alakzatok intelligens tárolásáról már elmondottakat. érzékszerveink nyers észleléseiből átdolgozva.

Ennek az Intelligenciának az a sajátossága, hogy képes egyfajta interaktivitást kialakítani a lelkiismeretünkkel. A túlélésünk szempontjából hasznos formák megalkotásának és memorizálásának gyakorlatilag automatikus szerepe mellett az Intelligencia életutasításokat és útmutatásokat konstruál. Továbbá az Univerzális Intelligencia olyan javaslatokat épít fel, amelyek a változtatásra, korrekcióra irányulnak, gyakran egyszerűen a valósághoz való viszonyunk javítására. Ezek a javaslatok olyan kommunikációs formák, amelyeket Carl Jung svájci pszichológus évtizedek óta tanulmányozott. Jelentős egybeeséseknek, vagy szinkronicitásoknak nevezte őket.

Érzékeléseink szervezésének elvei, amelyeket az úgynevezett egyetemes intelligencia irányít, nem csak a pillanatról pillanatra észlelt valóságra vonatkoznak, amelyet különálló jelenségek egymásutánjaként értelmeznek, hanem a tények, jelenségek és véletlenek észlelésére is, amelyek általában úgy tűnnek. mentes minden kapcsolattól vagy kapcsolattól közöttük. Néha ezek a felfogások. teljesen spontán módon, tudatunkban jelennek meg Logikai összefüggéseket és intuíciókat látunk felbukkanni, amelyek értelmet adnak ezeknek a véletleneknek, és megértésünk szempontjából jelentőssé teszik őket.

Elmondhatjuk, hogy az Intelligencia szinkronitásokat épít ki számunkra, és képessé tesz bennünket az ott elrejtett üzenet intuitálására. Ez akkor lehetséges, ha értékeljük az eshetőséget és a szinkronicitások jelenlétét, elkerülve a véletlenszerű események figyelembevételét.

A tulajdonosa halálakor megálló óra jelentős egybeesés, a két esemény egyidejűsége szempontjából; ez nem így történt volna, ha két nappal később vagy korábban áll meg az óra. Ugyanígy jelentős véletlennek számít egy múltbeli ismerőssel való találkozás, miután előző éjjel álmodott róla.

Carl Gustav Jung

Carl Gustav Jung a pszichológiai és pszichoanalitikus gondolkodás egyik fő értelmiségi alakja, pszichiáter, pszichoanalitikus, antropológus és svájci filozófus volt (12. ábra).

1875. július 26-án született a svájci Kesswilben Paul Achilles Jung protestáns lelkész és teológus, valamint Emilie Preiswerk gyermekeként. Orvosi diplomát szerzett, és 1900-ban a zürichi pszichiátriai kórházban dolgozott.

Kezdetben közel állt Sigmund Freud gondolatához, egyetértett a pszichés jelenségek értelmezésével. 1907-ben találkoztak Bécsben, és ebből az alkalomból tizenhárom órán át beszélgettek.

Ennek az együttműködésnek az eredményeként Jungot a pszichoanalízis "delfinjének" kezdték nevezni, és várható volt, hogy Freud utódja lesz a pszichoanalitikus mozgalom élén.

Ellentétek és szakítás Sigmund Freuddal.

Ehelyett néhány év elteltével megjelentek a nézeteltéréseik első jelei, amelyekből a pszichoanalízis két fő történelmi irányzata született, amelyeket Freud terápiaként, Jung pedig a psziché megértésének módjaként fogott fel.

Ez a kettős vízió gyorsan meghonosodott, olyannyira, hogy már 1909-ben a Clark Egyetem, miután konferenciaciklust tervezett az Egyesült Államokban, mindkettőjüket meghívta.

A hajós utazás során a két tudós úgy döntött, hogy gyakorolják egymás álmainak elemzését. Jung azonban nem volt megelégedve Freud együttműködésével, mert véleménye szerint Freid megpróbálta eltitkolni magánéletének néhány olyan aspektusát, amelyek nélkülözhetetlenek lettek volna a jobb elemzéshez.

Amikor Jung kifejezte ezt a zavarodottságát, Freud nem tagadta, hanem megerősítette, hogy zárkózottságának oka abban rejlik, hogy nem tudta elárulni saját személyiségének aspektusait. Freud úgy vélte, hogy bizonyos részletek veszélyeztethetik tekintélyét. Ettől a pillanattól kezdve Jung Freud iránti megbecsülése halványulni kezdett, és az elméletei iránti elismerése is.

Ehhez járult a fogalmi differenciálódás meglehetősen gyötrelmes útitervének elmélyítése. Ez az út akkor érte el tetőfokát, amikor 1912-ben Jung úgy döntött, hogy kiadja művét (Libido. Symbols and transformations), amelyben feltárta minden nézeteltérését Freud elméleteivel kapcsolatban.

Ebben a könyvben Jung megmutatja orientációját, amelynek célja az analitikus kutatás kiterjesztése az egyén történetétől az emberiség globalitásáig: valójában Jung szerint az egyéni tudatalatti mellett van egy kollektív tudatalatti is, amely megnyilvánítja jelenlétét és cselekvéseit. az archetípusokon keresztül.

Ebben a látomásban az egyén élete olyan úttá válik, amelyen keresztül a személyes Én megvalósítása megtörténik. Jung ezt a folyamatot „felfedezési folyamatnak" nevezi.

E könyv megjelenése után kapcsolata Freuddal megszakadt. Freud gondolkodását kommentálva Jung azt mondta: "Az agyat a nemi szervek függelékének tekintik."

Ami a két értelmezés tartalmát és azok megkülönböztetését illeti, el kell ismernünk, hogy Jung kezdetben megosztotta Freuddal a mentális betegségekről alkotott ítéletét. E hipotézisek szerint a betegségek megértéséhez szükség van a páciens egyéni történetének és a kizárólag szexuális jellegű tartalmakhoz kapcsolódó „elnyomási folyamatok" ismeretére.

Később azonban Jung megfogalmazta azt a hipotézist, hogy a psziché jelenségei nem pontosan azok, amelyeket Freud leírt. Jung új elmélete szerint ezek a jelenségek a természetben jelenlévő energia megnyilvánulásai voltak, amelyet „ösztönenergiaként" vagy „libidoként" határoz meg.

12. ábra – Carl Gustav Jung. Gondolkodása azt feltételezi, hogy az „egyéni tudatalatti" mellett létezik egy „kollektív tudatalatti", amely archetípusokon keresztül fejezi ki magát. Az egyén életét egy útnak tekintik, amelyet "individuációs folyamatnak" neveznek".

Az ösztön (libido) és a szimbólumok energiája.

Az ösztön energiája egyfajta létfontosságú impulzus, lendület, amely dinamikusan az életet és a fajok megőrzését célozza meg.

Ezért a pszichológiai terápiában nem szükséges csak a biológiai komponenst szem előtt tartani. Ez pesszimista megközelítés lenne. Ezzel szemben a spirituális összetevőt is szem előtt kell tartani. Ez a komponens egészséges feszültséget ad az egyénnek, amely a javulás megvalósítására irányul.

Jung szerint az ösztönenergia hajtóereje immateriális fogalmak és ambíciók felé is terelhető, és ezáltal spirituális evolúciót generálhat. Mentális betegség akkor fordul elő, ha ez az evolúciós folyamat blokkolva van; ilyen körülmények között neurózisok keletkeznek. Az ösztönenergia szimbólumok létrehozásával működik. Ennek köszönhetően a primitív ember azonnali impulzusait a kreativitás felé orientálva tudta átadni, ezzel elindítva az átmenetet az állati ösztönszintről a kulturális emberi szintre.

Az ösztön energiájának szimbólumai olyan tartalommal bírnak, amely túlmutat az egyéni tudaton, és hozzájárulhat az emberi természet átalakításához.

E szimbólumok némelyike univerzális, közös és minden egyén közös. Jung archetípusoknak nevezi őket, ez a kifejezés a görögből származik. Az „archetípus" jelentése érthetőbbé tehető, ha „eredeti képek", „modellek", „virtuális képek", „lehetséges reprezentációk"-ként határozzuk meg.

Az archetípusok megfelelnek azoknak a tapasztalatoknak, amelyeket az emberiség evolúciós története során, a tudatosság fejlesztése során szerzett. Ezek az emberiség emlékezete, és egy olyan térbe záródnak, amelyet Jung "kollektív tudatalattinak" nevez.

13. ábra - Wolfgang Pauli, nagyon fiatal diák a bécsi Döblinger Gimnáziumban. Felnőttként találkozott Junggal egy terápiás kezelésen, amely hamarosan szilárd barátságot és negyedszázadig tartó levélváltást eredményezett.

Ez a tudatalatti kollektív, mert nem egyéni, hanem megosztott, elérhető az egész emberiség és minden egyes ember számára.

A kollektív tudatalattiban lakozó archetípusok képesek beavatkozni az egyedülálló egyének életébe azáltal, hogy olyan eseményeket generálnak, amelyeket Jung szinkronitásnak nevez.

Ennek az elméletnek a felépítésében Carl Jung kulturális és erkölcsi támogatását élvezte a híres Nobel-díjas fizikus, Wolfgang Pauli (13. ábra), aki arra ösztönözte őt, hogy következtetéseit egyértelművé tegye annak ellenére, hogy Jung évekig habozott ettől. Pauli rávette Jungot, hogy 1952-ben közösen adjanak ki egy könyvet, amely a szinkronicitás elméletét tartalmazza esszé formájában "A szinkronicitás mint az alkalmi kapcsolatok elve"

A szimbólum Jung szerint.

Az archetípusok szimbolikus jellege azt a következményt hozza létre, hogy az általuk generált szinkronicitásoknak is vannak szimbolikus vonatkozásai.

Ezt a tapasztalat is alátámasztja, és egyes jungi elemzők nem haboznak „élénk, éber álmokként" meghatározni a szinkronitást.

Valójában az álmok teljesen függetlenek akaratunktól, és aligha tudnánk beavatkozni, hogy irányítsuk őket hétköznapi életünkben. Hasonlóképpen, a szinkronicitások egyedülálló események, amelyek felbukkannak az életünkben, hogy zavart és csodálkozást keltsenek. A szinkronicitásokat szimbolikus formájuk miatt mindig a titokzatosság aurája veszi körül.

A furcsa egybeesések, amelyeknek olykor a főszereplői vagyunk, szimbolikus értékkel is bírnak, de megismétlésük a szimbólum megfejtése és az üzenet megértése felé terelhet bennünket. Amikor ez megtörténik, titokzatos eljárásokat követ. Néha megesik: egyszerűen tudatunk a szemünk elé tárja a szimbólum jelentését, bár nem tudjuk rekonstruálni azt az eljárást, amely szerint ez megtörténhetett.

Az elterjedt jelentés szerint a szimbólum valami, ami „valami más helyén" áll. Legtöbbször a szimbólum rejtett jelentése elkerül bennünket. Bár úgy tűnik, hogy "a nyelvünk hegyén" van, körülöttünk zümmög, anélkül, hogy meg tudnánk fogni.

Ebben az értelemben a szimbólum feszültséget generál a megjelenő és a megértést elkerülő között, az ismert és az ismeretlen egy részét tartalmazza. Kihívást jelent a lelkiismeret számára, miközben a lelkiismeret egy megoldatlan probléma, egy megválaszolatlan kérdés, egy gyalog, amelynek nincs helye, nyugtalanságától szenved.

Nem lehetetlen megnyerni a kihívást. Valójában a szinkronicitásoknak az a funkciója, hogy üzeneteket közvetítsenek a kollektív tudatalattinkból, az egyéni tudatalattink segítségével.

Titokzatos üzenet árad a kollektív tudatalattiból, olyan nyelven és szimbólumokkal írva, amelyek az egész emberiség által megtapasztalt evolúcióra épülnek, és ezért a rendkívül korlátozott tapasztalataink által lehetővé tett látásmód számára a lehető legnagyobb mértékben megfejthetetlenek. Tegyük fel, hogy a lelkiismeretünknek nincs akkora szeme, hogy képes legyen elképzelni és megérteni az üzenet teljes jelentését.

Amikor áthalad egyéni tudatalattinkon, az üzenet igyekszik érthetővé tenni magát lelkiismeretünk számára.

Az egyéni tudatalatti közvetítésével a szimbólum olyan megtörtént dolgokba öltözik, amelyekre már nem emlékszünk, vagy amelyeket el akarunk felejteni.
A szimbólum a romok és lerombolt épülettöredékek raktárában turkál, amelyek egy adott időben mégis ismerősek voltak számunkra, és ezeket használja fel arra, hogy a tapasztalatainknak megfelelő módon fejezze ki magát. A rejtélyes természet megőrzése mellett megfejthetőbbé válik.
Ha nem kapcsolódna a kollektív tudatalattihoz, egyéni tudatalattink csak egy szomorú, haszontalan dolog lenne, az eltemetett tapasztalatok temetője.
A kollektív tudatalattinak köszönhetően egyéni tudatalattink értékes eszközzé válik, és átváltozik a felpezsdítő életpillanatok, álmodozások médiumává, amelyek a spirituális fejlődés és egy jobb élet felé terelhetnek bennünket.

Archetípusok, eszmék, fogalmak.

Az archetípus szó az ógörögből származik, és jelentése lehet eredeti, modell, márka. Egyesek szerint ez a "kezdetet" is jelentheti. Először Alexandriai Philón, egy ókori görög filozófus, más néven Philón, a zsidó, aki az egyiptomi Alexandriában élt, és Jézus kortársa volt, később más görög filozófusok, például Halikarnasszoszi Dionysius és Lucian a Samosata.
Az archetípusok témájának kidolgozása azonban beilleszthető a platóni hagyományba, ahol ideákként, vagyis az érzéki valóságok eredeti modelljeként jelennek meg. Néhány

neoplatonista, például Plotinosz, az isteni elmében már létező eszméknek és a teremtett dolgok modelljeinek tekintette őket.

Ezen a hagyományon belül Jung az archetípusokat ősképeknek tekinti, amelyek a kollektív tudatalattit alkotják, vagy akár primitív formáknak, amelyekre a mítoszok és a vallások épülnek.

Az analitikus pszichológiában az archetípusok etikai és érzelmi értéket szereznek a szubjektum számára, és többé-kevésbé tudatosan kondicionálják léte során.

Valójában a Jung által elképzelt archetípusokat sok szerző mitikus struktúrákhoz és népszerű mesékhez hasonlította. Valójában sok jelentésbeli hasonlóságot tárnának fel a mesékkel és mítoszokkal. Ennek megfelelően a mítoszokban és a vallásokban vannak olyan alapvető témák, amelyek archetípusnak tekinthetők. „Pszichológiai típusok" című könyvében Jung kijelenti: „Minden idők és minden faj fő mitológiai motívumai valószínűleg ebből a típusból származnak (hasonlóan az archetípusokhoz)."

A negyedik elem kizárása.

Jung képzett előadó volt, mindenesetre sikerült felkelteni a hallgatóságot, még akkor is, ha nem a tudományos környezetbe megismert emberekből állt. Ellentétben a freudi prózával, dísztelenül és kimért, Jung tudja, hogyan fejezze ki gazdag és kulturált személyiségét a legtechnikásabb vagy rendszerezettebb művekben is. Ebben a fejezetben elsősorban három esszéjére hivatkozom, amelyeket előadások formájában mutattak be. Az első, "A kollektív tudattalan archetípusai" 1934-ben íródott, és 1954-ben felülvizsgálták. A második, "A kollektív tudattalan fogalma" 1936-ban jelent meg.

Az 1952-ben megjelent harmadik mű, "A szinkronicitás mint a nem alkalmi kapcsolatok elve" szinte az elsők összefoglalója, és ez az, amelyben teljes mértékben kifejezi szinkronitáselméletét.

Jung nagyon vonakodott attól, hogy kiadja ezt az esszét, és barátja és tudósítója, Wolfgang Pauli csak 1952-ben vette rá erre.

Ők ketten több mint húsz éve működtek együtt intenzív eszmecsere révén, pontosan ezekben a kérdésekben.

Valójában annak ellenére, hogy Pauli a kvantumfizika egyik alapító atyja, 1945-ben megkapta a fizikai Nobel-díjat, nagyon is osztotta Jung gondolatait. Szerette volna, ha a tudományos környezet képes legyőzni a bizalmatlanságot, a szkepticizmust és a gúnyt, figyelembe véve a tudomány és a psziché közötti párhuzamos út és közös nyelv lehetőségét, ami nagyobb megértést tett volna lehetővé.

Jung és Pauli intellektuális konfrontációja a „negyedik kirekesztett elem” néven ismert kutatást generált. Valójában tanulmányaik célja a kvantumfizika által a klasszikus fizika hármasmodelljének teljességével kapcsolatban felvetett számos kétség eloszlatása volt: idő, tér, ok-okozati összefüggés; Jung és Pauli elképzelte a "kizárt negyedik elemet", amely a szinkronitás nevet kapta.

Paulit lenyűgözte a lehetőség, hogy a hármast a negyedik elemmel egészítsék ki.

Jungot a maga részéről lenyűgözték a szubatomi részecskék első vizsgálatai, amelyek hihetetlen tulajdonságokat kezdtek feltárni. Például ezek a részecskék rezgéssé alakulhatnak át, vagy eltűnhetnek, és újra megjelenhetnek az univerzum távoli pontjain. Az elemi részecskék hatalmas távolságokra képesek kommunikálni titokzatos, nem fizikai kapcsolatokon keresztül. Jung i a születőben lévő kvantumfizikát és Einstein relativitáselméletét a szinkronicitásról és a paranormális jelenségről alkotott pszichológiai elképzeléseinek lehetséges tudományos megerősítésének tekintette. Pauli mélyreható intuícióval (amely szerinte sokat az álmaiból fakad) és kivételes gondolkodási képességgel rendelkezett.

Nagyon fiatalon publikált egy cikket a relativitáselméletről, amelyet az "Enzyklopadie der mathematischen Wissenschaften" adott ki. Amikor Einstein, az elmélet atyja elolvasta, a következőképpen kommentálta:

> "Aki ezt a művet tanulmányozza, nem hinné el, hogy egy mindössze huszonegy éves fiatalember írta. Nem tudom, mit csodálhatnék jobban: az eszmék evolúciójának pszichológiai megértését, a matematikai következtetések pontosságát, a mély intuíció, a munka szisztematikus világos bemutatásának képessége, a tények teljessége vagy kritikai tévedhetetlensége."

Sajnos Jung, mint minden zseni, mindig is hidegséggel és értetlenséggel szembesült legeredetibb ötletei iránt kollégáitól és munkahelyi környezetétől. Az „Emlékek, álmok, elmélkedések" lapjain jól látszik, hogy sajnálja, és talán szenved, hogy még a legközelebbi embereket sem tudta bevonni intuícióiba. Ez a könyv egyfajta napló-vallomás, Aniela Jaffè tollára bízva. Ezért, ahogy érett, Jung ösztönösen olyan magatartást tanúsított, amely vonakodott legfejlettebb elméleteinek nyilvánosságra hozatalától.

Pauli maga győzte le zárkózottságát azzal, hogy meggyőzte egy közös könyv kiadásáról, amelyben két esszé jelent meg; az egyiket maga Pauli írta "Az archetípusok hatása Kepler tudományos elméleteire" címmel, a másodikat pedig, amelyet Jung: "A szinkronicitás mint a nem véletlen kapcsolatok elve".

Az archetípusok mint "primitív képek".

A Paulival közösen megjelent könyv több évtizedes munka szintézisét képviselte. Jung először használta az archetípus kifejezést 1919-ből, egy londoni szimpózium alkalmából.

> „A tudattalanban találunk olyan tulajdonságokat is, amelyeket nem egyénileg szereztünk, hanem öröklöttünk, vagyis olyan tevékenységekhez fűződő késztetésként értett ösztönöket, amelyek tudatos motiváció nélkül, belső kényszerből fakadnak. Ezekhez járulnak még az intuíció veleszületett formái, vagyis az észlelés és megértés archetípusai, (...) Az ösztönök sajátosan emberi viselkedésre vezetik az embert. Hasonlóképpen, az archetípusok az észlelést és az intuíciót kifejezetten emberi szempontokhoz igazítják. Az ösztönök és az intuíció archetípusai alkotják a kollektív tudattalant."

Jung hamarosan kialakította azt a hiedelmet, hogy az archetípusok az egyéni tudaton kívüli eszmék, mindig léteznek és szorosan kapcsolódnak az ősmítoszokhoz. Az 1936-ban írt „A kollektív tudattalan fogalma" című esszéjében ő maga meséli el azt az eseményt, amely meggyőzően magáévá tette a mítoszokkal való kapcsolat tézisét.

„1906 körül furcsa téveszmére bukkantam, egy paranoiás skizofrénben, aki évek óta kórházban volt. A beteg fiatalon szenvedett és gyógyíthatatlan volt. Egy állami iskolában tanult, és hivatalnokként dolgozott. Nem volt különösebb hajlama, és én magam semmit sem tudtam akkoriban a mitológiáról vagy a régészetről. Egyik nap az ablaknál találtam a beteget, amint a fejét vetette, és a nap felé pislogott. Azt mondta, hogy tegyem meg ugyanezt, hogy valami nagyon érdekeset lássak. Amikor megkérdeztem tőle, mit lát, elcsodálkozott, hogy nem látok semmit: „Te biztosan látod a nap péniszét… amikor előre-hátra mozgatom a fejem, a pénisz is mozog. Ebből a mozgásból jön a szél." Ezt a furcsa gondolatot persze nem értettem, de megjegyeztem.

Aztán úgy négy évvel később mitológiai tanulmányaim során a kezembe került a néhai Albrecht Dieterich, az ismert filológus könyve. A könyv erre a fantáziára világított rá. Az 1910-ben megjelent mű a párizsi Nemzeti Könyvtárból származó görög papiruszról szól. Dieterich a szöveg egyik részében egy mithrászi szertartást vélt felfedezni. A szöveg kétségtelenül vallási előírás bizonyos varázslatok működésére vonatkozóan, amelyekben Mithra neve szerepel. (…) A következő jelzések olvashatók a szövegben:

„Lélegezz be a sugarakból, lélegezz be háromszor annyit, amennyit csak tudsz, és érezni fogod, hogy felemelkedik és felfelé sétálsz, és úgy tűnik, hogy a légtér közepén vagy... Látni fogod az istenek útját a korongon keresztül. a nap, amely Isten az én atyám. Ugyanígy látni fogja az úgynevezett pipát is, amely a szánakozó szél eredete. Mert látni fogsz valamit, mint egy cső, amely a nap korongján lóg. Látni fogod ezt a nyugati régiók felé, végtelenül, mint egy szél, amely keletről fúj."

(...) Márpedig teljesen kizárt, hogy a beteg bármit is tudott volna egy négy évvel később megjelent görög papiruszról.

Jung ezt az epizódot az emberi elmében materializálódó archetípusok és az ókori mitológiák szimbólumai közötti szoros kapcsolat első bizonyítékának tekintette.

A kollektív tudatalatti.

A kollektív tudatalatti Jung analitikus pszichológiájának fogalma. A személyes tudatalattival szemben, amely egyéni, a kollektív tudatalattiban minden ember osztozik, és az egész emberiség közös őseitől származik. Ebben az értelemben egy univerzális pszichikai tartályt képvisel, vagyis az egész emberiség közös tudatalattijának egy részét. Tartalmazza az archetípusokat, azaz a minden kultúra minden népére jellemző formákat és szimbólumokat (14. ábra).

Fontos megjegyezni, hogy az archetípusok nem az egyén tapasztalatából származnak, hanem a priori léteznek, hiszen az egész emberiség tapasztalatának örökségét képezik. Egyes tudósok a kollektív tudatalattit különböző rétegződések szerint osztják fel: a legmélyebb a múlt archaikus gyökereiből ered; a középső rétegződés a jelen pillanatának értékeit és társadalmi szokásait tartalmazza, a harmadik réteg pedig az emberiség potenciálját és lehetséges jövőbeli fejlődését.

Jung bemutatja és megvédi elméletét az 1936-ban megjelent „A kollektív tudattalan fogalma" című esszéjében. Bevezeti a fogalmat azzal, hogy a személyes tudatalatti a személyes tapasztalatnak köszönheti létezését, és lényegében olyan tartalmakból áll, amelyek tudatosak voltak, még akkor is, ha később elfelejtették vagy eltávolították őket. Ezzel szemben a kollektív tudatalatti tartalma soha nem volt az egyéni tudatban, és ezért soha nem szerezték meg egyénileg. Ezek a tartalmak létezésüket kizárólag egy primitív öröklődésnek köszönhetik.

Ebből következően a két tudatalatti típust tartalmukra hivatkozva különbözteti meg: az egyéni tudatalatti mindenekelőtt komplexumot tartalmaz, a kollektív tudatalattit viszont lényegében őslélektani archetípusok alkotják.

Jung megvédi az archetípusról alkotott elképzelését, mint egy már létező formát, más kutatókra hivatkozva, mint például Lévy-Bruhl, aki a primitívek pszichológiájával foglalkozó tanulmányaiban az archetípusokat "kollektív reprezentációként" határozza meg. Jung idézi Hubertet és Mausst is, akik összehasonlító vallástanulmányaikban az archetípusokat "a képzelet kategóriáiként" határozzák meg. Idézi Adolf Bastiant is, aki etnológiai tanulmányaiban az archetípusokat "elemi gondolatok" vagy "ősgondolatok"ként határozza meg.

Ezeken a tudományos konvergenciákon megerősítve Jung bemutatja tézisét, amely szerint:

> „A közvetlen tudatunkon kívül, amely teljesen személyes természetű, és amelyet az egyetlen empirikus pszichének tekintünk (még ha a személyes tudatalattit is hozzávesszük függelékként), létezik egy

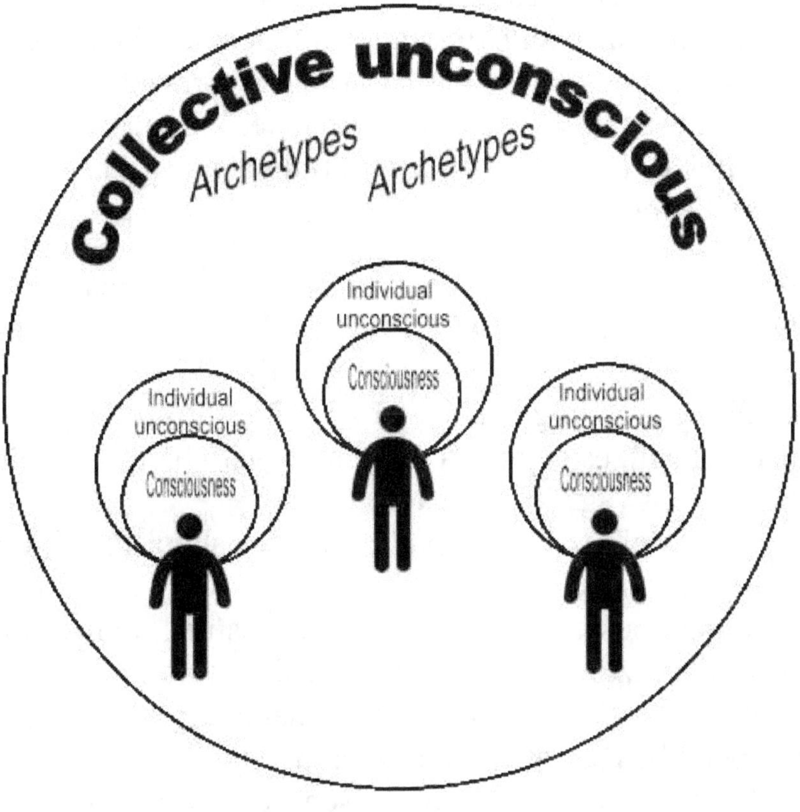

14. ábra – A tudatosság szintjei Carl Jung szerint.
1. A kollektív tudatalatti az egész emberiségre jellemző
2 Az archetípusok a kollektív tudatalattiból származnak.
3 -4 Minden egyénnek egyéni tudatalattija és tudata van.

második pszichés rendszer is. Ez a rendszer kollektív, egyetemes és személytelen, és minden egyénben azonos. Ez a kollektív tudatalatti nem egyénileg fejlődik, hanem öröklődik. Már létező formákból, archetípusokból áll, amelyek csak később tudnak tudatosulni, és bizonyos pszichés tartalmaknak sajátos formát adni."

Jung ezután a kollektív tudatalatti jelentésének szemléltetésével kezdi, és Sigmund Freud és Alfred Adler víziójában a terápiás pszichológiára hivatkozik, amely kizárólag perszonalista jellegű, és tagadja az egyénhez való bármilyen külső hozzájárulást vagy kapcsolatot.

Jung kiemeli az ellentmondást, amely abból fakad, hogy bármennyire is egyéni, Sigmund Freud és Alfred Adler víziója nem pusztán egyéni tényezőkre is utal, mint például a szexuális ösztön vagy az önigazolási késztetés.

Még Freud vagy Adler sem tagadhatná az eleve létező és az emberekben és állatokban egyaránt jelenlévő ösztönök létezését. Az ösztönök természetesen nem személyesek, hanem a psziché egyetemes és öröklött összetevői, és gyakran a tudat felett működnek. Ebben az értelemben az ösztönök nagyon szoros analógiát mutatnak az archetípusokkal.

Következésképpen Jung szerint a kollektív tudatalatti létezésének hipotézise semmivel sem merészebb, mint az ösztönök létezését sugalló hipotézis. Ezen érvelés alapján megvédi magát a kollektív tudatalatti elméletével szemben felhozott miszticizmus vádjától. Ahogyan az ösztönök képesek teljesen misztikus módon befolyásolni az egyének gondolkodását, tudatát és cselekvését, úgy a kollektív tudatalatti archetípusai is képesek erre.

Az individuáció jungi folyamata.

„A kortárs dráma szempontjai" című művének első fejezetében Jung a következőket írja:

„Az archetípusok olyanok, mint a víz által elhagyott medrek, amelyek azonban egy bizonyos idő elteltével újra fogadhatják a vizet. Az archetípus egy hegyszoroshoz hasonlít, amelybe a víz (az élet áramlata) már régóta ömlik. Minél jobban kiásta ezt a medret a víz, minél jobban megtartotta ezt az irányt, annál valószínűbb, hogy előbb-utóbb visszatér oda".

A psziché lényegében egy tudatos részből (tudat) és egy tudattalan részből áll, amelyekben megkülönböztethetjük az egyéni tudatalattit és a kollektív tudatalattit.
A két rész közötti dinamikát (tudatos - tudatalatti) Jung szerint az a motor, amely lehetővé teszi az egyén számára, hogy szembenézzen egy hosszú utazással, amelynek célja saját személyiségének megvalósítása.
A tudatos és a tudatalatti interakciója létrehoz egy folyamatot, amelyet Jung „individuációnak" nevez. Ezen az úton az egyén saját személyiségének tudattalan aspektusaival (úgynevezett archetípusaival) találkozik és szembesül: velük szembenézve tágíthatja saját tudatát.
Az individuáció folyamata a személyiséget alkotó komplexumok integrációjának és egyesülésének útja, azaz az „Ego" és az „én" progresszív megközelítése.
Jung úgy véli, hogy a pszichoanalízis feladata az „Én" és az „Ego" közötti hierarchikus kapcsolat felállítása, pontosan figyelembe véve, hogy az első a teljesség, míg a második csak egy rész.

Ennek a kapcsolatnak lehetővé kell tennie az „Ego" és az „én" közötti harmonikus közeledés újraindulását, ha a közeledést egy neurózis állította meg. (innen a név: felfedezési folyamat).

A megközelítés azon szimbólumok jelentésének megfejtésén keresztül történik, amelyekkel az egyén élete során találkozik. A szimbólumok megtalálhatók mind a belső világban, a libidó variációin keresztül, mind a külső világban, a szinkron epizódjainak köszönhetően. Ezért a szinkronicitások érvényes segédeszközei az individuáció folyamatának fejlesztésében.

Ebben a fényben az individuáció a tudat, a tudatalatti, az én és az én folyamatos együttműködésének gyümölcse. Az individuáció folyamata spirituális utazást jelent a nagyobb öntudat felé. Az úton elért előrehaladást útpontokról lehet felismerni.

Első lépés. Az Árnyék archetípusa.

Az első szakaszt az Árnyék archetípusa jellemzi, vagyis mindazok a szempontok, amelyeket az egyén nem tud, vagy el akar titkolni magáról, valamint mindaz, ami az oktatás és a környezeti hatások miatti kompromisszumok nyomán megszűnt.

Az Árnyék a psziché legkellemetlenebb és legnegatívabb részét képviseli; még a legalacsonyabb ösztönimpulzusokkal is egybeesik, amelyeket általában hajlamosak vagyunk elfojtani. Ugyancsak képviseli azokat a visszásságokat és hajlamokat, amelyekről az egyén hajlamos tagadni, hogy az övé, de amelyek ennek ellenére befolyásolják viselkedését, és a jellem utálatos oldalaival vagy olyan „kísértésekkel" nyilvánulnak meg, amelyeket a tudatos rész igyekszik figyelmen kívül hagyni.

Ez az archetípus megnyilvánulhat álmokban és szimbólumokban démoni figurákkal, szörnyekkel és üldözésekkel, sötétben megélt rémálmokkal.

Az Árnyékkal együtt gyakran emlegetett archetípus a „Persona".

A „személy" (latinul „a színész maszkja") egy archetípus, amely jelzi, hogy az alany milyen szerepet játszik abban a társadalmi kontextusban, amelyben cselekszik. A személy pontosan az a maszk, a fedőidentitás, amely alatt cselekszünk, és aminek köszönhetően olyanok vagyunk, amilyennek mások szeretnének, és aminek hisszük magunkat.

Második szakasz: az Anima vagy az Animus archetípusa.

A második szakaszt az Anima (a férfi) és az Animus (nőstény) archetípusával való találkozás jellemzi. A lélekre emlékeztető név ellenére nem utal semmilyen vallási vagy dogmatikai fogalomra.

Az anima képét a férfiak vetítik a nőkre, míg a nőknél a megfelelő archetípus, az animus, amely a férfiakra vetül.

A Lélek a pszichikai és mentális aspektusokkal való érintkezést képviseli, vagyis az egyén pszichológiájának első megközelítését, szinte beavatási rítust. Ez az ajtó, amely hozzáférést biztosít a transzcendens világhoz.

A nagyszerű kommunikáció archetípusa, mert sok tudattalan képet mutat fel, félreértéseket kelt, illúziókat épít, és ebből következően válságokat is.

Ebben az értelemben a lélekkel való szembenézés sokkal megerőltetőbb, mint az Árnyékkal; olyan területekre való belépést jelent, ahol fennáll a zúzódás veszélye. Minden, amit a Lélek megérint, numinózussá válik, vagyis abszolúttá, veszélyessé, tabutémává, varázslatossá válik.

Az Animus (a nők férfi összetevője) jellemzően gyakorlati és konkrét, racionális és valós szempontokat képvisel. Álmokban a háború, a kovács és hasonló szimbólumok ábrázolják. Tartalma van: reflexivitás, ellenőrzés, elemzés, súlyozás, racionalitás, számítás, döntés, programozás, megkülönböztetés.

Ez a két archetípus átfogó képet ad arról, hogy a psziché mennyire kettős lehet.

Jung szerint minden archetípus tartalmazza az élet egy-egy aspektusát és annak ellentétét, megértve, hogy mindkettőnek megvan a maga értéke és helye. Ezzel szemben Freud gondolkodásának középpontjában a konfliktus és a kettő közül az egyik megszüntetéséért folytatott küzdelem áll.

Jung szerint a psziché kettőssége biztosítja az alávetettséget, amely legyőzi a bántalmazást, és a szeretetet, amely legyőzi a gyűlöletet. A tudatos és a tudattalan között harmonikus együttműködésnek is kell lennie.

A jungi kettősség a nemek sokfélesége tekintetében is érvényben marad, hiszen a pszichében férfi és női energiák vannak, és minden férfinak van női oldala, ahogy minden nőnek is van férfias oldala. Nyilvánvaló, hogy mindegyik rendelkezik egy domináns energiával, de ennek ellenére, bár a háttérben, az ellenkezőjét is befogadja.

Az indiai templomok domborművein a férfias és a nőies férfi és nő ölelkezve jelenik meg; allegorikusan két univerzális figura. A két műfaj kezdeti egysége a vallási vagy mitikus elbeszélésekből is kirajzolódik, ahol azt olvashatjuk, hogy Éva Ádám bordájából, Athéné pedig Zeusz fejéből (vagy borjújából) jött ki.

Harmadik szakasz: a "bölcs öregember" archetípusa.

A harmadik szakasz a "bölcs öreg" archetípusával való találkozásnak felel meg, amely a férfi apai alakjaként fogható fel, tükrözve a Grance Madre archetípusát. Az egyén teljes tapasztalata be van zárva az Öreg Bölcsbe, és ezzel együtt minden érvelési és előrejelzési képessége. Azt az átalakuló célt képviseli, amelyet az előző fázisok archetípusaival való szembesülés után ér el az ember. Ebben az állapotban az ember képessé válik a múlt, a jelen és a jövő értékelésére. A bölcs öregembert tanácsadásra képes filozófusként ábrázolják.

A „Nagy Anya" archetípusa a női pszichológia végső célját képviseli. A jungi pszichológiában a nagy és ambivalens hatalom archetípusa, egyben pusztító és megváltó, aki táplál és felfal. Szakralitásba öltözött, mint amilyen a tudattalan egyik mérgező ereje.

Negyedik szakasz: az Én archetípusa.

Az Én archetípusa az individuáció folyamatának végső oka, vagyis az egyén létezési oka, amely feltárul előtte, és kinyíló virágként megnyílik előtte.

Fényként, négyesként, a dolgok középpontjaként ábrázolják. Szimbóluma lehet a mandala, a buddhista és hindu vallási hagyományban a kozmoszt jelképező figura, amelyet szövetre festenek, vagy templomok falára freskózik.

Az Én magát az egyént képviseli, mindazzal a tapasztalattal és tudással, amelyet az individuáció útján felhalmozott. Amikor az egyén találkozik az Énnel, az azt jelenti, hogy a neurózisok legyőződtek, és a belső harmónia megvalósult.

Ezért az Én a személyiség megvalósításának célja, csúcspontja, csúcsa, amelyben az egyén minden tudatos és tudattalan aspektusa összefolyik és egyesül.

Más klasszikus archetípusok univerzális képeket képviselnek, amelyek egyszerre fejezik ki a pozitivitást vagy a negativitást: víz, szám, hős, mágus, lázadó, uralkodó, ártatlan, Apollo, számos vallási alak stb.

Amikor az archetípusok mitikus, vallási vagy legendás figurákra vonatkoznak, Jung „numiózus hatalmaknak" nevezi őket, egy olyan kifejezést használva, amelyet már Rudolf Otto német teológus és vallástörténész is megalkotott.

Jung és alkímia: individuáció és "Opus alchemicum".

Jung utolsó könyve, amelyet 1956-ban írt, a "Mysterium Coniunctionis" címet viseli, és a homonim archetípussal foglalkozik, amely a Nap és a Hold közötti szent vagy "alkémiai" házasságra utal. Jung számos művében az alkímiára összpontosított, megpróbálva kiemelni az "Opus alchemicum" (Alkémiai munka) mint spirituális küldetés jelentését.

Kutatásai az alkímiai folyamatok és a pszichés szférával kapcsolatos folyamatok közötti analógiák feltárását tűzték ki célul. Különösen azokat a fázisokat elemezte, amelyeken keresztül az alkímiai munka végbemegy, vagyis a bölcsek kövének megszerzésének eljárását. Ez az eljárás néhány szakaszból áll, amelyek eredetileg négyből álltak:

- "Nigredo" vagy feketedés, a föld elemhez köthető.
- "Albedó" vagy fehérítés, amely a víz elemhez kapcsolódik.
- "Citrinitas" vagy sárgás, a levegő elemhez kapcsolódóan.

- "Rubedo" vagy vörösség, amely a tűz elemhez kapcsolódik.

Ez a négy szakasz megfelelne az individuáció pszichés folyamatának.

Különösen az azonosítás első szakasza, vagyis az Árny archetípusával való összehasonlítás találna megfelelést az alkímiai folyamat „nigredo"-nak nevezett fázisában.

A "nigredo" latin kifejezés, jelentése "fekete szín" vagy "fekete". Ez jelzi az Opus "fekete fázisát", a bölcsek köve létrehozásának folyamatának kezdetét. És a rothadás és a bomlás szakasza. Ez a legkényesebb pillanat, amelyet egy fekete varjú jelképez. Ebben a fázisban hagyni kell az összes hozzávalót elhalni, macerálni és hosszú ideig főzni, amíg sötét massza nem keletkezik.

A második szakasz, vagyis az Animával vagy Animusszal való találkozás az „albedó" – latin „fehérséget" jelentő kifejezés – Opus fázisában találna megfeleltetést. Ezt a fázist egy fehér hattyú szimbolizálja, és "Opera al Bianco"-nak hívják. Ez a "nigredo"-ból származó formátlan massza megtisztításából áll, a szennyeződések lemosásából és a következő fázisra való előkészítéséből. Kémiai nyelven desztillációnak felel meg. Átvitt értelemben ezzel a passzussal a lélek megszabadul a testiség kötelékeitől.

A harmadik szakasz, a bölcs öreggel való találkozás megfelelne a Citrinitas nevű alkímiai folyamat fázisának.

A "Citrinitas" az Opus anyagának sárgulásának vagy égésének fázisa. Színe citrinsárga, az akarat és a lendületes lelkiismeret szimbóluma. A kezdeti rothadásból egy desztillált vegyületet kaptunk, amelyet szublimációra szántak.

A negyedik szakasz, az individuáció, vagyis az Én archetípusával való találkozás, az Opus "Rubedo" néven ismert szakaszában talál megfelelést.

A latin rubedo kifejezés "vörösségnek" fordítható. A "vörös fázist" jelképezi, és a kémiai transzmutáció befejeződése, amelynek egybe kell esnie a bölcsek kövének megvalósulásával, amely képes az alapfémeket arannyá alakítani. A „rubedo" a tűz, vagyis a Lélek hatására megy végbe. Jelképei a főnix, a vörös rózsa, a tojás, a koronás király.

A rubedónak más szimbolikus értékei is vannak, ami ahhoz kapcsolódik, hogy az alkímiai hagyományban a piros a fekete és a fehér köztes színe. Ezért az ellentétek összekapcsolódását és a szellem és az anyag vagy a férfias és a női egység egyesülését képviseli. Végül, ahogy a „nigredo" az alkimista fizikai testének, az „albedo" pedig a lelkének felelt meg, a „rubedo" a szellemének, vagyis az emberi lény három alkotóelemének legmagasabb részének felel meg.

Carl Jung sszinkronicitások.

A szív régiójában történik az összefüggések spontán felismerése, amit az elme gyakran csak később ért meg. Ezek a mentális összefüggések elsőre szinte megmagyarázhatatlanok. Ezt követően azonban a jelek abszolút tisztasággal érzékelhetők. Ebben az esetben szinkronicitásoknak, vagy rendkívüli véletleneknek, vagy egyszerűen csodáknak nevezzük.

(Ruediger Schache, Tanácsok szívből)

Jung teljes mértékben kifejti a szinkronitás elméletét „A szinkronicitás mint az akauzális kapcsolatok elve” című esszéjében. Érvelését az ok-okozatiság fogalmának meghatározásával kezdi.

Jung azzal kezdi kifejtését, hogy hangsúlyozza, hogy a természet törvényei mögött az a felfogás, hogy minden eseménynek oka van. Ez azonban nem mindig igaz; a természetben vannak olyan események, amelyek nem kapcsolódnak egymáshoz ok-okozati összefüggésekkel, ezért másként kell értelmezni.

Hiábavaló vállalkozás lenne ezeket az eseményeket a makrofizikai világban keresni, már csak azért is, mert lehetetlen lenne megmagyarázni őket. Képzeljünk el egy biliárdlabdát, amely minden lökés nélkül mozog. A labda nem kapta meg egy másik labda ütközését, a szél lökését, nincs ferde síkon. Egy ilyen tény nem hiteles. akkor sem, ha sok tanú elmondja.

Ez a „determinizmus” fizikai fogalmának megerősítése, amely szerint minden fizikai jelenséget vagy eseményt szükségszerűen egy másik, korábban megtörtént jelenség vagy esemény határoz meg.

Ahhoz, hogy egy jelenséget figyelembe lehessen venni, nem elég egyetlen tanúvallomás, sok kell. Ennek ellenére, még sok tanúvallomás esetén is, a jelenség továbbra is tagadható lesz, ha nincs megismételhetőség, azaz nincs lehetőség normális reprodukálására. Az ismételhetőségnek bármely hasonló körülmény között lehetségesnek kell lennie. Néha azonban még egy ritka jelenség is számításba vehető, mint a biológiában, ahol egy ismeretlen faj egyetlen példánya hitelessé teszi az egész faj létezését.

Jung felteszi magának a kérdést: van-e egyáltalán lehetőség arra, hogy ok nélkül megerősítést kapjunk az eseményekről? Vannak olyan események, amelyeknek nincs meghatározó oka?

Válasza pozitív. Jung a "véletlen" világára utal, amelyben az eseményeket úgy tűnik, hogy nem kapcsolják össze ok-okozati összefüggésekkel más eseményekkel.

Amikor a véletlenről beszélünk, szokás azzal érvelni, hogy még a „véletlenségként" vagy „véletlenként" definiált események is megmagyarázhatók. Ha ezek az események nem tulajdoníthatók oknak, az csak azon múlik, hogy nem ismerjük. .

De – folytatja Jung – az az elv, amely szerint minden eseménynek oka kell, hogy legyen, relatív, vagyis csak a makrofizikai valóság kontextusában alkalmazható, abban, amelyben élünk. Következésképpen, bár elismerjük, hogy az események túlnyomó többségének oka kell, hogy legyen, ez nem zárja ki, hogy egyes eseményeknek nem lehet oka.

Az okokkal kapcsolatos események túlnyomó többsége között megtalálhatók azok a ritka esetek, amikor nincs ok, amikor alapos vizsgálat után elképzelhetetlennek tűnik az ok-okozati összefüggés. Jung mutat egy példát:

> – Tudomásul kell vennem, hogy a villamosjegyemnek ugyanaz a száma, mint a közvetlenül utána vásárolt színházjegynek. Még aznap este kapok egy telefonhívást, amelyben ugyanaz a szám szerepel. Ebből az alkalomból az ok-okozati összefüggés számomra nagyon valószínűtlennek tűnik, és a legvadabb képzelet sem engedi azt gondolni, hogy egy kapcsolat

létezhet, bár minden esetnek önmagában is nyilvánvalóan megvan a maga oka.

Nyilvánvaló, hogy minden egybeesés lehet véletlenül eltalált célpont, de ez az elmélet mindaddig érvényes lehet, amíg nem lép túl egy ésszerű valószínűségi szintet. Ha ezt a küszöböt túllépik, nyilvánvaló, hogy az egybeesések komplexuma megmagyarázhatatlanná válik, és nem lehet semmilyen okra hivatkozni.

Jung elismeri annak lehetőségét, hogy a véletlenek csoportosulása kizárólag a véletlennek köszönhető.

Előfordulhatnak azonban a „furcsa egybeesések" csoportjai, amelyek más és nagyon jelentős értéket kapnak az érintett személy számára. Ezek azok az esetek, amikor az érintettnek sikerül összekapcsolnia a véleteleneket, értelmet adni nekik.

Ezeknek az egybeeséseknek a csoportjainak előfordulása tartalmaz egy numinózus komponenst, ami titokzatos, szent, ami jelentőségteljessé teszi őket, és amikor ez megtörténik, Jung a szinkronicitás nevet adja a csoportnak.

A jelentős egybeesések szemléltetésekor Jung három kategóriába sorolja őket.

Az első előírja, hogy kapcsolat van a szubjektum pszichés állapota és egy kortárs és tárgyi esemény között, amely megfelel a pszichés állapotnak. Példa erre a Jung által elbeszélt epizód: miközben egy páciens azt mesélte neki, hogy egy bogárhoz hasonló bogárról álmodott, egy ilyen típusú rovar becsapódott a dolgozószoba ablakába.

A szignifikáns egybeesések második kategóriája azt írja elő, hogy kapcsolat van az alany pszichés állapota és egy külső esemény között, amely egy másik helyen játszódik, de később ellenőrizhető. Példaként szolgálhat az álmok számtalan tanúsága, amelyek egy személy halálát hirdetik, és amelyről kiderül, hogy az álommal egy időben történt.

A harmadik kategória azt írja elő, hogy kapcsolat van az alany pszichés állapota és egy olyan esemény között, amely még nem következett be, de a jövőben bekövetkezik. Előfordulhat például, hogy hirtelen eszébe jut valaki, akivel elvesztette a kapcsolatot, és másnap találkozik vele.

Mindhárom esetben nyilvánvaló a pszichés állapot meglétének szükségessége, amely lehetővé teszi az alany számára, hogy elfogja az eseményt beharangozó jeleket, jelentést tulajdonítva nekik, és önmagában motiválja azt a várakozási töltést, amely egybeesik az esemény bekövetkezésével. maga.

Sajnos gyakran figyelmen kívül hagyjuk azokat a jeleket, amelyeket „figyelmeztetésként” definiálhatunk, bármilyen sok is legyen, mert természetesen hozzá vagyunk szokva ahhoz, hogy a világot a determinisztikus fizika paraméterei szerint látjuk, és figyelmen kívül hagyjuk a szokatlan eseményeket és furcsa véletleneket, jelentéktelen.

A szinkronicitás születése.

Az 1952-ben megjelent "Szinkronitás mint az acauzális kapcsolatok elve" című tanulmányában Jung a szinkronitás példáját említi:

„Hogy egy példát említsek a sok közül, a következő esetet jegyeztem fel, 1949. április 1-jén. Ma péntek van. Ebédre halunk van. Mindenki emlékszik en passant az "április hal" használatára. A délelőtt folyamán annotáltam egy feliratot: "Est homo totus medius piscis ab imo". Délután egy volt páciensem, akit hónapok óta nem láttam, mutat néhány különösen sokat sejtető képet a halakról, amelyeket időközben festett. Este mutatnak egy hímzést, ami tengeri szörnyeket ábrázol hal formájában. Április 2-án kora reggel egy volt páciensem, akit évek óta nem láttam, mesélt nekem egy álmot, amelyben egy tó partján lévén egy nagy halat látott gyorsan feléje úszni. Egy ponton ugyanazt a halat látta "repülni" a lába előtt. Ebben az időszakban egy olyan kutatással vagyok elfoglalva, amelynek témája a hal történelmi szimbóluma. A fent említett személyek közül ezt csak egy tudja. Nyilvánvaló a gyanú, hogy ebben az esetben jelentős egybeesésről, eseti kapcsolatról lehet szó. Be kell vallanom, hogy ez a koncentráció lenyűgözött. Számomra volt egy bizonyos számszerű jellege. Ilyenkor a híres mondás: "Ez nem lehet puszta véletlen!". A halak gyakran a tudattalan tartalom szimbólumaiként jelennek meg."

A formalélektan nyelvén a szignifikancia az a minőség, amely megkülönbözteti a „dolgokat" a „nem dolgoktól", a központi jelenet a háttértől, a releváns cselekvések alkotják a lényegtelen formákat, kontúrokat.

Feloszthatnánk az észleléseket fényképekre és videókra, hogy azt sugallhassuk, hogy nem csak pillanatnyi észlelések léteznek, amelyek összehasonlíthatók a fényképekkel. Gyakran észlelünk néhány strukturáltabb szituációt, saját fejlődési idejével, összetett eseményeket, amelyek kiemelkednek más események hátteréből,

15. ábra - Képzeljük el, hogy a pontozott négyzet egy ember életének egy szakaszát zárja be, amit Fülöpként jelölünk. Egy nap, egy hét vagy több. Minden pont egyet jelöl a számtalan esemény közül, amelyek ebben az időszakban történtek.

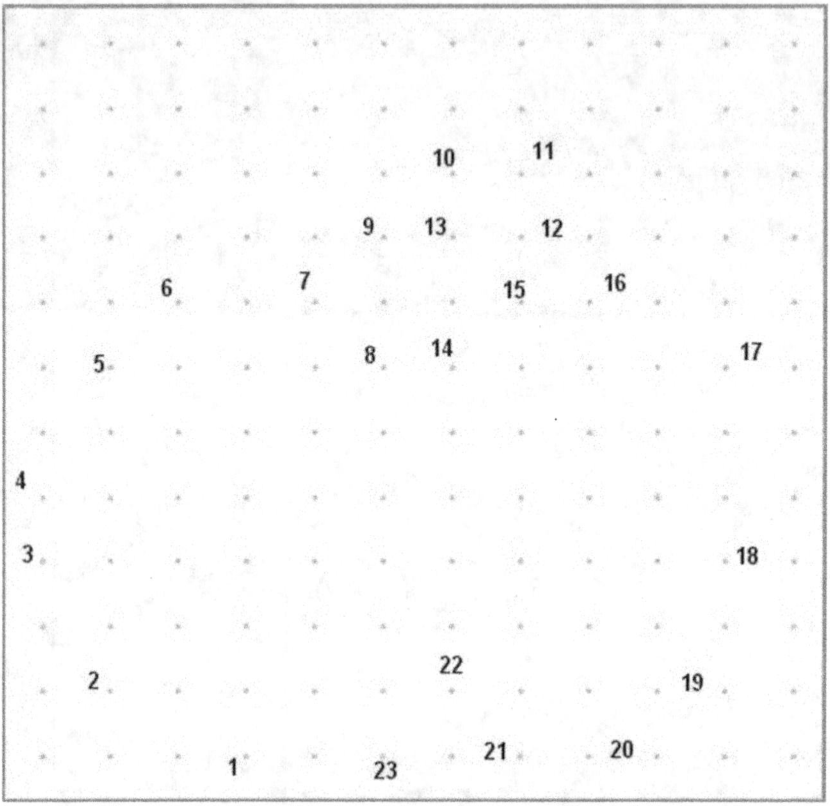

16. ábra – Természetesen egyes epizódok relevánsabbak, mint mások. Aztán vannak olyanok (a vastagon kiemeltek), amelyek Fülöp számára különösen jelentős értéket kapnak, még akkor is, ha ő maga nem tudja megmagyarázni az okokat.

ahogyan az olyan filmekben történik, ahol a központi cselekmény a körvonal rovására köti le az összes figyelmet. Ebben az esetben eseményekről, körülményekről, jelentős egybeesésekről beszélünk, mindegyiknek megvan a maga jelentősége. Mindezek együttesen hozzájárulnak egy összetettebb forma felépítéséhez, amely filmklipekből áll, egymástól függetlenek, de összességében életünk eseményeihez és szükségleteihez kapcsolódó szimbolikával ruházzák fel. Ebben az esetben szinkronitásról beszélünk.

Valószínűleg a legegyszerűbb módszer a szinkronicitás magyarázatára az, ha szimulálják azt a folyamatot, amely során felépül, vagyis az egyén tudatában ölt testet.

Elképzeljük tehát, hogy rekonstruáljuk azokat a szakaszokat, amelyeken keresztül a szinkronitás kialakulhat és érvényesülhet egy barátunk lelkiismeretében, akihez a szokásos Fülöp nevet rendeljük.

Fülöp és házassága.

A 15. ábra szimbolikusan egy körülhatárolt területen (négyzetben) zár be Fülöp életének egy időszakát, ésszerűen egy hetet. A területen elhelyezett minden egyes pont a számtalan esemény egyikét jelzi, amelyek ebben az időszakban érintették őt, a reggeli cipőkötéstől a világítás lekapcsolásáig, amikor este lefeküdt. Minden pontnak megvan a maga jelentősége, de bizonyosan bizonyos események relevánsabbak, mint mások, például lehet munkahelyi dicséret, mint egy elutasítás szemétbe dobása.

Vannak azonban olyan helyzetek, amelyek különösen bevésődnek Philip elméjébe, még ha nem is tudja, miért. Ezek olyan események, amelyek nem kapcsolódnak egymáshoz, és nem befolyásolják a mindennapi életet.

Egyszerűen olyan fényvillanások, amelyek elkápráztatják az elmét, ahogy a villám is elkápráztatná a szemet. Mint ismeretes, a vaku hatása némi időbe telik, amíg a szemet megszabadítja a kellemetlen érzésektől. Hasonlóképpen, az egyes események által keltett furcsa érzés folyamatosan pislákolózik az elmében, különösebb ok nélkül.

A 16. és 17. ábrán mindent úgy akartam ábrázolni, mintha a híres "Connect the dots" játék lenne.

Fülöpnek valójában arra kell törekednie, hogy a furcsa tényeket, álmokat és véletleneket összekapcsolja, hogy értelmet nyerjen, vagyis olyan formát hozzon létre, amely közös jelentést ad azoknak az eseményeknek, amelyekben láthatóan semmi közös nem lehet.

A hétfő és kedd közötti éjszaka Filippo furcsa álmot lát. A Csendes-óceán egyik szigetén található, és részt vesz egy falu lakói által szervezett partiban. Sokan táncolnak, mások a hely jellegzetes hangszerein játszanak, megint mások virágkoszorúkat ajánlanak fel, mindezt derűs öröm hangulatában. Egy fiatal nő közeledik Fülöphöz, és színes és illatos virágokból álló koronát tesz a fejére, amely a vállán nyugszik és a mellkasára ereszkedik. Hirtelen, miközben részt vesz az ünnepi hangulatban, Filippo a nyaklánc felé fordítja a tekintetét, és meglát egy kis rovart, amely kicsúszik egy virág kelyhéből, és elkezdi harapni a szirmait. Nem sokkal ezután más rovarok jelennek meg, és megtámadják az összes virágot.

A virágok gyorsan elhervadnak és rothadnak. Az álom rémálommá változik.

Filippo ijedten ébred fel, és rájön, hogy csak egy kellemetlen álomélményben volt része, de a szeme előtt rothadó pompás virágok képe továbbra is élénken marad tudatában.

Másnap rájön, hogy a Római Birodalom katonai szervezetéről szóló dokumentumfilmet sugároznak egy tévécsatornán, amelyet általában nem néz. Mindig is érdekelte az ókori Róma története, ezért úgy dönt, hogy követi a műsort. A videó egy "castrum" szervezését mutatja be. A „castrum" volt az a tábor, amelyet minden légiónak néhány óra alatt fel kellett építenie egy napi menet végén. Kezdetben a katonaság árkot ásott, és palánkot emeltek benne. A táboron belül a földet felosztotta a "Via Principalis" és a "Via Praetoria". A különböző szektorokban a parancsnokság, a tisztek és a katonák sátrai voltak. A tábor építésének végén a parancsnok áldozatot mutatott be az isteneknek, az újonnan felállított tábor védelmére hivatkozva.

"Milyen furcsa - gondolja Fülöp - ezek az emberek minden alkalommal áldozatot mutattak be az isteneknek. Miért nem építettek egy ilyen jól szervezett területen egy kis templomot is az istenségeknek?"

Ez a gondolat meglepi: soha nem gondolta volna, hogy vallási templom építése miatt aggódik. Filippo félre akarja tenni a gondolatot, de a fejében egyre csak forog.

A harmadik furcsa egybeesés pár nap múlva következik be, amikor az irodában dolgozik, és azon kapja magát, hogy egy túl sokáig fedetlen nejlon markerrel van dolgában. Ennek eredményeként a hegyen lévő tinta kiszárad. Türelmetlen, kidobja a szemetesbe. Guido, egy kolléga közbelép, és azt mondja neki:

„Ne dobd el, add nekem. Egy kis türelemmel újra aktiválom, és arra fogom használni, hogy közleményeket írjak, hogy kikerüljön a klub faliújságjára.".

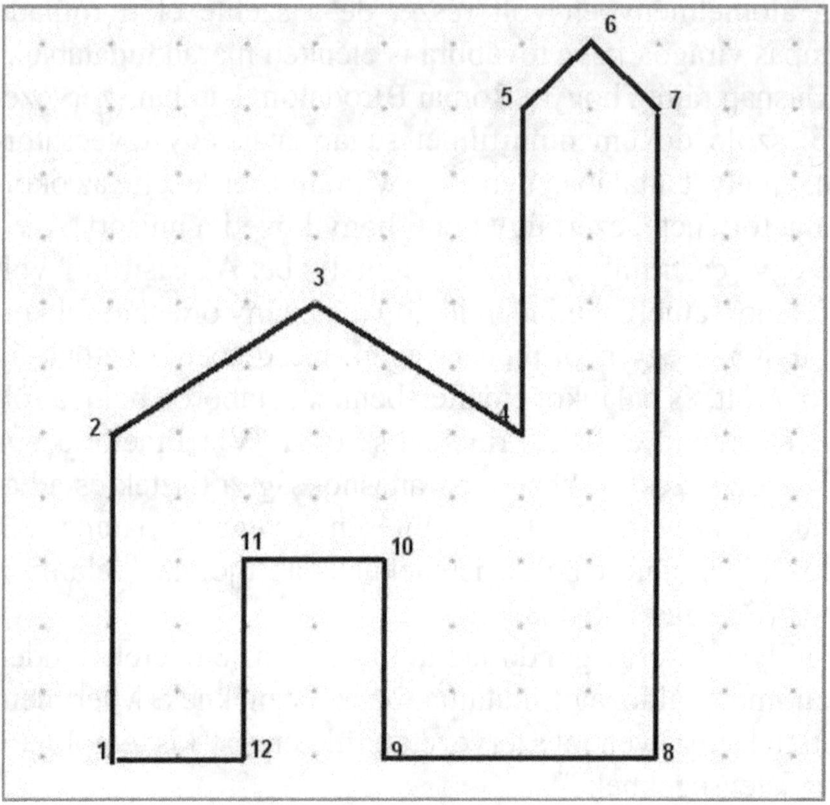

17. ábra – Jelentős egybeesések lehetővé teszik, hogy egy „alak" materializálódjon Philip lelkiismeretében, ahogy ez a „Connect the dots" játékban is megtörténhet.

Guido titkár és factotum abban a tekeklubban, amelybe mindketten járnak, és ahol a szűkös erőforrások miatt az emberek hajlamosak mindenen spórolni.

Filippot megzavarja a faliújság gondolata és az, hogy újrahasznosított filctollakkal kell írni.

Filippo néhány nap alatt érthetetlen módon egy sor furcsa és egymással teljesen össze nem függő tény vonzotta magával. Elkezd töprengeni, vajon mindennek van-e értelme.

Arról álmodott, hogy a friss virágokat kártevők rontják el. A pogány templom hiánya meglepte. Gondoljunk csak a faliújságra írt, a szemetesből kivett nejlon jelzőkkel ellátott közleményekre.

Hirtelen, mint egy villanás alatt, a közös kapcsolat szó szerint felrobban Philip elméjében

A közös nevező természetesen a templom. Nem akármilyen templom, hanem a kis templom, ahol Fülöp megházasodott. A virágok a szertartásé, a pogány templom az ő házasságának temploma. A hirdetőtábla megegyezik a házasságkötési értesítéssel.

A 17. ábrán látható „Connect the dots" játék metaforájában Fülöp összekapcsolja a pontokat, és megkapja a templom alakját, amelyet azonnal azonosít a házasságkötés helyeként.

Még mindig nem elég, a templom egyszerűen egy szimbólum, sok szimbólum összessége.

Fülöpnek meg kell értenie a szimbólumok mögött rejtőző üzenetet. rovarok és rothadás által megtámadt virágok. A templom hiányzik. A nylon ceruza elfogyott. Mindez ahhoz a templomhoz kötődik, ahol házassági kalandja kezdődött, megérti, hogy páros élete némi elhanyagolástól szenvedett. Megérti, hogy házassága nehéz időszakon megy keresztül. A házasélet romlása a munkával és a mindennapi teendőkkel való elfoglaltsága közben történt, ezért ezt nem vette észre.

Ha Philip meg tudja fejteni azt a szinkront, amelyben ő volt a főszereplő, valószínűleg meg tudja menteni a házasságát

Máté és a 31-es szám gyakorisága

A második példa, amelyet bemutatok, azon a szokatlan gyakoriságon alapul, amellyel egy szám a figyelmünkbe kerülhet. Matteóról és a 31-es számmal való többszöri találkozásáról fogunk beszélni.

Egy sápadt őszi reggelen Matteo, cége értékesítési vezetője találkozókat egyeztetett egy sor ügyféllel. Matteo utoljára hagyta a legfontosabb találkozót, Dr. Corradinivel, egy nagyon érdekes költségvetésű cég beszerzési vezetőjével. Sajnos Corradini barátságtalan és olykor kellemetlen karakter volt. Matteo mindig kényelmetlenül érezte magát a különféle munkahelyi kapcsolatokban, amelyeket vele kellett tartania. Sóhajtva felemelte a kagylót, és felhívta. Dr. Corradini szokatlanul barátságos volt azon a napon, így az interjú hamarosan véget ért, és időpontot egyeztettek.

- Szóval doktor úr, találkozhatunk 31-én? - javasolta Matthew.

- Miért ilyen távoli találkozó? – tiltakozott Corradini.

- Nos, itt a hónap vége, egy hét van hátra.

- De nézze, Mr. Matteo, téved. Novemberben járunk, aminek 30 napja van. De milyen naptárt használ? Az azték naptár?

Matteo egy pillanatig zavart maradt, aztán érezte, hogy elsüllyed. Micsoda hiba! A fenébe, csak Corradinivel! Motyogott néhány kifogást, és időpontot egyeztetett 30-ra.

Az epizód azonban sokkolta. Hogyan számolhatta ki rosszul egy fontos találkozó időpontját? Nyilvánvaló volt, hogy novembernek 30 napja van. A jól ismert mondóka is így szól: "Harminc nap van november, április, június és szeptember...". És akkor a napirend nyitva volt az asztalon. Hogyan juthatott elő azzal az átkozott 31-es számmal, kitéve magát ügyfele iróniájának?

Matteo a munkanap hátralévő részében sok mindent nem tudott befejezni a munkájában, a 31-es szám kínozta.

Végül elérkezett a munkaidő vége, Matteo kiment az utcára, hogy a buszmegállóba menjen, ahol megvárja a 218-as buszt, amely hazaviszi. De a Matteo megállónál talált egy táblát: „Folyamatban lévő munkálatok miatt a 218-as busz ideiglenesen szünetel. Alternatív megoldásként az urak a 31-es buszra szállhatnak, amely a Via Panoramica mentén halad.

Ha azt hitte, hogy megszabadult a 31-es számtól, Matteo tévedett. Elvette ezt az új járművet, amely közel vitte az otthonához. Mielőtt felment a házba, elment a vegytisztítóba, hogy felvegyen néhány ruhát.

Signora Pina, a mosoda tulajdonosa átadta neki a ruhákat a nyugtával együtt.

- Tartozik nekem 33 euróval.

Matteo nem volt fukar, de amikor csak lehetett, szeretett alkudni az árakon.

- Olyan sok? 33 euró? Ugyan Mrs. Pina, rossz napom volt! Hadd fizessek 30 eurót.

- Viccel, Mr. Matteo? Nem láttad a villanyszámlát, amit ma kaptam! Aztán a kormány minden nap kitalál egy új adót. Nézze Mr. Matteo, én egyáltalán nem tudok árengedményt adni. Mindegy, csak most az egyszer, csak adj 31 eurót. Ennél alacsonyabb árat nem tudok adni, hidd el!

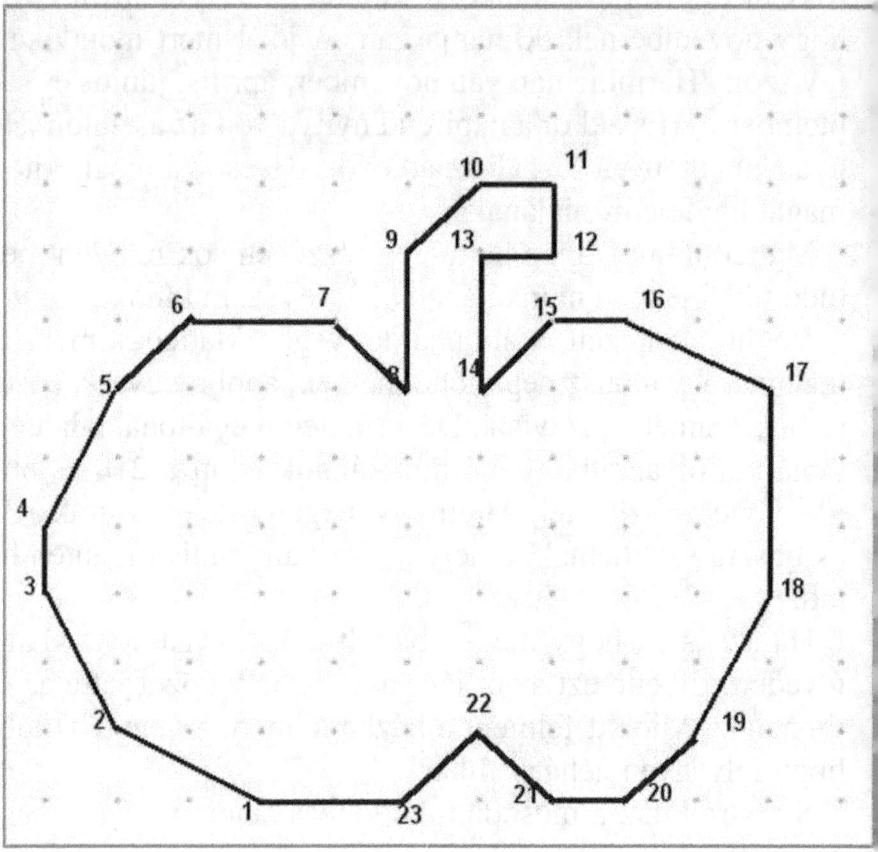

18. ábra – A "Connect the dots" játék a szinkronitás metaforájaként Matteót bevonja, és a sütőtök szimbolikáján keresztül arra készteti, hogy figyelmét a fiatalkori Halloween-bulikra összpontosítsa.

Matteo fizetett és kiment. Csak amikor visszatért az utcára, Matteo rájött, hogy a 31-es szám ismét az élete részévé vált.

Egész este azon a különös ragaszkodáson töprengett a 31-es számon. Amikor lefeküdt, rájött, hogy nem tud aludni.
A Corradinival kapcsolatos rossz benyomás sajátos módon égett. Matteo érezte válaszának iróniáját:
– De milyen naptárt használ? az azték naptár?”.
Igen, novembernek 30 napja van. Talán összetévesztette az előző hónapot, az októbert, ami 31-et hoz.
- Október 31. Mire emlékeztet ez a dátum? – mondta magában Matteo.
Hát persze, Halloween! (18. ábra)
Kezdett visszagondolni a barátjával, Fulvióval töltött halloween-i éjszakákra. Minden évben, Halloween éjszakáján a két barát egy nagy üres sütőtököt helyezett el, benne égő gyertyával egy híd bejáratához. Aztán várták a járókelőket, kiáltozással és zajjal ijesztgetve őket.
Fulvio néhány évvel idősebb volt nála, és igazi mestere volt a környező vidék legmegfelelőbb tököjének ellopásában.
Matteo gondolatai sokáig jártak ezekben az emlékekben.
Hosszú ideig nem hallott Fulvióról. Ki tudja, hogy volt?
Az órára nézett. Még nem volt késő telefonálni. Egy régi telefonkönyvből előkereste Fulvio számát, és felhívta.
Fulvio kagylója hihetetlen erővel csörgött otthona csendjében. Fulvio, aki az íróasztalánál ült, elképedt. A telefon ismét megszólalt, határozottan, fennhéjázóan.
Fulvio az asztalra tette a jobb kezében tartott pisztolyt, és felemelte a kagylót.
- Hé barátom, hogy vagy? Ismersz engem? Matthew vagyok!
Fuluio elképedt. Félretette a papírt, letette maga elé a tollat, majd így válaszolt:

- Természetesen felismerlek. Miért gondoltad, hogy felhívsz?
- Nos, azt hittem, már rég nem láttuk egymást, és jó lenne találkozni, hogy eszmét cseréljünk. Mit gondolsz barátom, meg lehet csinálni?
Fulvio a kagylóra meredt, mintha csodálkozna. Már nem volt egyedül, valaki gondolt rá, az éjszaka angyala jött, hogy kezet nyújtson. Hirtelen magányossága kevésbé tűnt nyomasztónak. Azon a ponton találta magát, ahol még mindig lehetséges volt a választás a remény és a kétségbeesés között. Igen, a szakadék szélén lévő lábat még vissza lehetett húzni. Új döntés lehetett.
Fulvio villámgyorsan döntött. Elvette a fegyvert, és visszatette a fiókba.
"Persze, hogy meg lehet csinálni, barátom... igen, barátom, biztosan meg lehet csinálni, találkozzunk!".
Matteo és Fulvio története itt véget is ér. Soha senki nem fogja megtudni, hogy Fulvio megmenekült azon az estén, köszönhetően egy sor furcsa véletlennek Matteóval, amelyek mind a 31-es számhoz kapcsolódnak.
Soha senki nem fogja megtudni, milyen eljárás (természetesen nem logikus) vezette Matteót ahhoz, hogy néhány általános utalást a 31-es számra alakítson át jelentős dátummá, a halloween-bulivá, majd arra a döntésre jutott, hogy kapcsolatba lép gyermekkori barátjával.
Soha senki nem fogja megtudni, hányszor fordultak elő ilyen történetek.

.

A szám, a rend archetípusa.

„Nem minden számít, amit meg lehet számolni
és nem lehet mindent megszámolni, ami számít."
(Kézzel írt papír lóg Einstein dolgozószobájában)

Számok és "szinkronitás" Carl Jungtól.

A számszerű egybeesések mindenkit lenyűgöznek, különösen, ha rövid időn keresztül rendszeresen ismétlődnek, akár különböző helyzetekben is: ugyanaz a menetrend, ugyanaz az utcaszám, ugyanaz a foglalási szám stb. Sok embert érint ez, de nem mindenki hiszi el, hogy van értelme, vagy nem mindenki igyekszik felfedezni.

Ugyanannak a számnak az ismétlése gyakran nagyon személyes üzenetet rejt, amelyet a tudattalan redőibe való beleásással kell megérinteni. Maga a szám belső szimbolikus jelentése a nagyon ősi hagyományok szerint segíthet ebben a kutatásban. Numerikus allegórián keresztül egy olyan szinkronicitás főszereplői lehetünk, amely titokzatos eredetű, talán isteni tartalmat kíván feltárni.

Az értelmes egybeesések számok alapján történő megállapításának gyakorlata az ember legkorábbi történetében gyökerezik. Meg lehetett számolni, hány madarak vannak a nyájban, hány azonos alakú vagy színű kövek, hány növény van ugyanazon a tisztáson. Maga a szám különös és titokzatos. Jung szerint a számnak van jelentése, amely mindig numinózus, furcsa, isteni.

Néhány matematikatanár megcáfolhatatlan példával utasította tanítványait. Vegye figyelembe az objektumok bármely csoportját. Távolítsa el ezeknek az objektumoknak minden egyes tulajdonságát, például súlyt, alakot, méretet és így tovább. De a mennyiségüket, vagyis ezeknek a tárgyaknak a számát biztosan nem fogja tudni törölni.

Szoros kapcsolat van a szám és a szinkronicitás között, mert mindkettőt szentségbe és titokzatosságba öltözteti. A szám mindig jelen van bármilyen szinkronban.

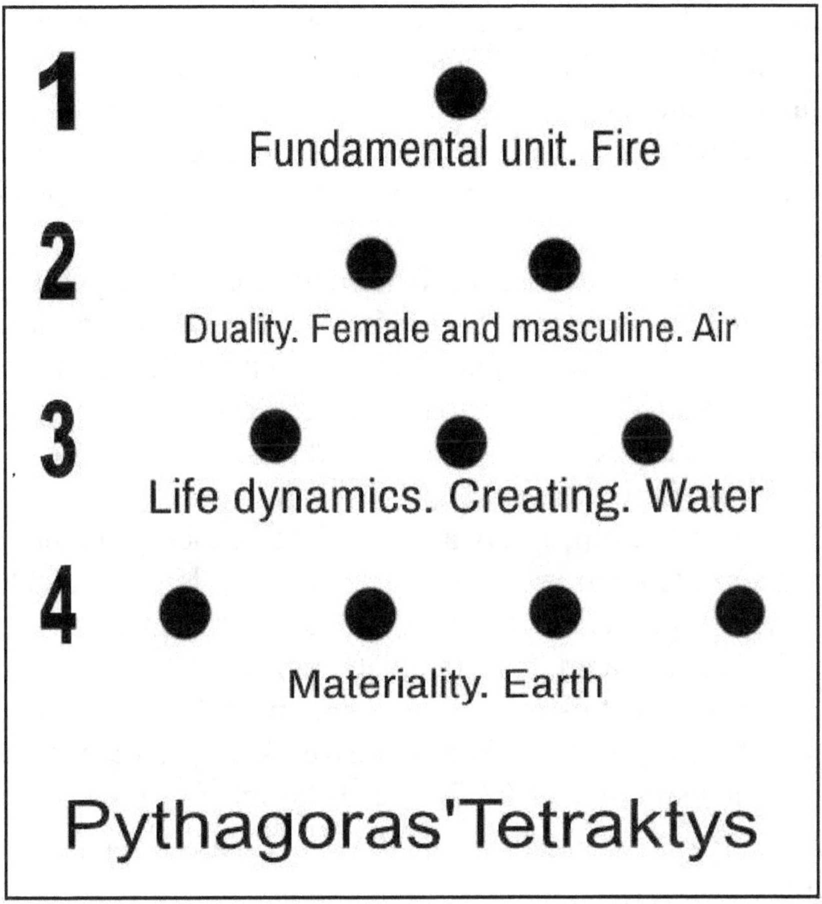

19. ábra - A Tetraktys vagy kvaterner szám a Pythagoreusok számára az első négy természetes szám, pontosabban pozitív egész számtani sorozatát jelentette.

1. Alapvető egység. Tűz.
2. A kettősség szimbóluma. Nőies és férfias. A levegő.
3. Az élet dinamikája. Az alkotás. A víz.
4. Lényegesség. A Föld elem.

Itt a szám bármilyen formában megjelenik: mennyiség, dátum vagy bármi; gyakran olyan kifejezések alatt rejtőzik, mint a „sok", „kicsi", „nagyon nagy", „végtelen".

Minden tárgyat egységében vagy sokaságában tekinthetünk. A szám az, ami pontos sorrendet hoz létre, ezért hierarchiát, struktúrát, koherenciát, szervezettséget, egyértelműséget teremt.

A számot tekintik az egyik fő archetípusnak, Jung pedig a rend archetípusának nevezi. Valójában fegyelmet teremt a káoszban; lehetővé teszi számunkra, hogy megállapítsunk és megragadjunk egy olyan szabályszerűséget, amely a vizsgálatunk során a priori létezik, még akkor is, ha az első ellenőrzéskor hiányozna.

A szám az az elem, amely az emberiség kezdete óta rendet teremt a szellemben, ezért a legközelebbi és legintuitívabb az emberi intelligencia számára. Példaként szolgálhatnak a paleolitikum barlangjaiban található rajzok. A bölényeket, lovakat, orrszarvút és más állatfajokat ábrázoló festmények mellett sárga vagy vörös okkerrel készült kéznyomokat is találtak. A legismertebbek a "Cuevas de las manos pintas"-ban (festett kezek barlangjában) találhatók, Patagóniában, Rio Chubutban.

A randevúzás legalább 14 000 évvel ezelőtt helyezi el ezeket a kézlenyomatokat. Ezek olyan kezek, amelyek ujjai szélesen vannak egymástól. Az antropológusok szerint az üzeneten túl, amit a művész közölni akart, és valószínűleg soha nem fogjuk megtudni, az öt ujj, vagyis az ötös szám ábrázolása ugrik a szemünkbe. Ahogy az általában megtörténik, és ahogy az Occam's Razor is sugallja, gyakran a legegyszerűbb és legközvetlenebb értelmezés a leghelyesebb.

A legősibb hagyományban minden szám misztikus jelentést és szakralitást kapott, amelyet ma is megőriznek;

különösen az 1-től 9-ig terjedő összes számot „szentnek” tartják.

A pitagoreusok Tetraktysai.

Pythagoras, görög filozófus és matematikus, aki a hatodik században élt. Kr.e. a matematikát olyan tudományként értette, amely képes rendet teremteni a világ látszólagos káoszában. Iskolát alapított Crotone-ban; A felvételhez a diákoknak meg kellett esküdniük a Tetractysra:

"Esküszöm, aki átadta lelkünknek a Tetractyokat, amelyekben az örök természet forrása és gyökere található...".

A Tetraktys az első négy pozitív egész szám aritmetikai sorozatát reprezentálja (19. ábra). Ezek a számok egy "négy" oldalú egyenlő oldalú háromszög geometriai alakjában vannak elrendezve, így egy piramist alkotnak, amely összefoglalja a kettő és a tíz közötti kapcsolatot. Valójában az úgynevezett teozófiai összeg szerint:

$1 + 2 + 3 + 4 = 10.$

A 10 viszont az $1 + 0 = 1$ összeadásával egységre utal.

A Tetraktys négy szintje megfelel a kozmogonikus elveknek és a természet négy elemének.

Az aranymetszet.

Néhány szám igazán különleges, például az 1,618. Ez az érték az ideális arányt jelzi (figyelje meg például a szabványos képkeret szélessége és magassága közötti arányt), és képlete a következő:

$(\sqrt{5} + 1)/2 = 1{,}618\ldots$

Általában a görög Fi Φ betűvel jelölik, és aranyszámnak, vagy aranyaránynak, aranymetszetnek vagy Fidia állandójának nevezik. Platón, aki megemlíti Tímea című művében, úgy beszél róla, mint a Kozmosz fizikai kulcsáról. A középkorban az aranymetszetet a pisai Leonardo Fibonacci vette át, amelyről ma különösen Fibonacci-sorozatként ismerik (20. ábra).
A Fibonacci sorozat pozitív egész számok sorozata, amelyben minden szám a harmadik számtól kezdve az előző kettő összege, és az első két szám egyenlő 1-gyel.
Tehát a sorozatot a számok képviselik:

1, 1, 2, 3, 5, 8, 13, 21, 34, 55, 89,144, 233, 377, 610...

és örökké folytatható. Valójában Fibonacci szándéka a sorozat kidolgozása során az volt, hogy találjon egy matematikai törvényt, amely leírná a nyúlpopuláció növekedését. Nem képzelte, hogy felfedezi a Kozmosz egyik csodálatos természeti szabályát. Valójában a Fibonacci sorozat a természet gyakorlatilag minden elemében jelen van, és hihetetlen eleganciát tár elénk.

Egy felnőtt férfi karja és alkarja között az arány "arany", valamint a láb és az alsó része között. Ugyanez az aranymetszés található a középső és a gyűrűsujj phalangusai között is.

Az aranymetszet matematikai és geometriai tulajdonságai, amelyek hihetetlen állandósággal ismétlődnek a legkülönfélébb természeti összefüggésekben, megerősítik a

„Kreatív entitás” és a teremtés közötti szoros kapcsolat meglétét. A véletlen biztosan nem vezetett volna a tökéletesség és szépség ilyen szabályosságához.

Amikor a szám olyan tartalmat tár fel, mint például az aranymetszet, akkor az egész és a rész, valamint az egyes nagyobb részek és a hozzájuk tartozó kisebb részek közötti kapcsolat eszközének és közvetítőjének bizonyul.

Senki sem tagadja, hogy ebben a természetes konfigurációban létezik a szépség és a harmónia eszménye, amely bőven igazolja az „Aurea” és „Divina” elnevezéseket.

A botanikában az aranymetszet hatékony jelenlétének talán legjelentősebb példája egyes növények leveleinek és virágzatának geometriai elrendezése.

Az 1800-as évek közepe táján Auguste Bravais francia botanikus testvérével, Louis-val végzett vizsgálatsorozatában megfigyelte, hogy sok növényben a levelek spirálisan helyezkednek el a száron, amelyben a két egymást követő levél közötti szög egyenlő. csaknem állandó, és körülbelül 137,5°, ami megfelel az aranyszögnek. Ez az elrendezés garantálja a hozzáférést és az egyes levelek optimális használatát a napfényben.

De sok példa van a természetben. Például a virágszirmok száma általában megegyezik a Fibonacci sorozat értékével. Például nagyon sok, például iridaceae és liliomok, három. A kutyarózsának öt vagy nyolc van, akárcsak a boglárka és a plumeria. Sok százszorszép virágban 13 van, így a „szeret engem” vagy „nem szeret” kérdés szinte mindig vigasztalással végződik, megerősítve, hogy „szeret engem”. Ez akkor is előfordul, ha a „réti százszorszép”-t használjuk, amelynek 21-e van. szirmok. Az "asteraceae", egy hatalmas botanikai csoport, amely többek között napraforgót, gerberát és krizantémot foglal magában, 34, 55 vagy 89, míg az ugyanabba a családba tartozó közönséges cikória 21-et.

Ezek mind olyan számok, amelyek a Fibonacci sorozat részét képezik. Hihetetlen, hogy azok a természetes kifejezések, amelyekről azt kívánjuk, hogy véletlenül keletkezzenek, mind olyan matematikai jellemzőkkel bírnak, amelyeket egyetlen forrás ihletett.

Az emberi anatómiai formákon túlmenően, mint már említettük, számos állat, például tengeri csillag formáit is ihlette az aranymetszet; teljesen nyilvánvaló módon a spirál alakú lények teszik ezt, ahogy a Nautilus héja is sugallja. De ez még mindig nem elég: ezen a ponton már nem lep meg bennünket, hogy a Tejútrendszer és más galaxisok alakjait is az aranymetszet ihlette.

Az orvostudomány területén fontos felfedezések születtek az emberi mozgás tanulmányozásában. Például 2013-ban bebizonyosodott, hogy a járásban az „állás" fázis (támasz) és a „lengés" fázis (amikor a láb úgy halad előre, hogy még nem érinti a talajt) közötti kapcsolat egyenlő az aranymetszés.

A kilencedik szimfónia átka.

Valójában sokan a kilences számot a halállal társítják. Ez a negatív összefüggés akkor kezdett erősödni, amikor Gustav Mahler 1911-ben meghalt; éppen most fejezte be 9. szimfóniáját "Das Lied von der Erde" (A Föld éneke), és gyorsan a 10.-en dolgozott, remélve, hogy megússza Beethoven sorsát, aki nem sokkal a 9. szimfónia (Kórusszimfónia) befejezése után meghalt.

A Kilencedik szimfónia átka 1800 és 1900 között született és terjedt el, és továbbra is fennáll, tekintettel arra, hogy sok zeneszerző meghalt a megalkotása után. A leghíresebb áldozatok közül Mahler és Beethoven mellett megemlíthetjük:

- Louis Spohr, vagy Ludwig Spohr (Braunschweig, 1784. április 5. - Kassel, 1859. október 22.) német zeneszerző, hegedűművész és karmester.
- Franz Schubert (Bécs, 1797. január 31. - Bécs, 1828. november 19.) a romantika korának osztrák zeneszerzője és zongoraművésze.
- Antonín Dvořák (Nelahozeves, 1841. szeptember 8. - Prága, 1904. május 1.) cseh zeneszerző.
- Ralph Vaughan Williams (Down Ampney, 1872. október 12. - London, 1958. augusztus 26.) brit zeneszerző, szimfóniák, kamarazene, operák, kóruszene és filmzenék szerzője.
- Joseph Anton Bruckner (Ansfelden, 1824. szeptember 4. - Bécs, 1896. október 11.) osztrák zeneszerző.
- Kurt Atterberg (Göteborg, 1887. december 12. - Stockholm, 1974. február 15.) svéd zeneszerző, karmester és zenekritikus.
- Elie Siegmeister (New York, 1909. január 15. – Manhasset, 1991. március 10.) amerikai zeneszerző, zenetanár és karmester.
- Roger Sessions (Brooklyn, 1896. december 28. - Princeton, 1985. március 16.) amerikai zeneszerző, zenekritikus és akadémikus.
- Egon Joseph Wellesz (Bécs, 1885. október 21. - Oxford, 1974. november 9.) osztrák zenetudós, zeneszerző és tanár.
- Peter Mennin (Erie, Pennsylvania, 1923. május 17. – New York, 1983. június 17.) fontos olasz származású amerikai zeneszerző.
- Sir Malcolm Henry Arnold (Northampton, 1921. október 21. - Norwich, 2006. szeptember 23.) brit zeneszerző.

Arnold Schoenberg Mahlerről írt esszéjében ezt írta:

> „Olyan, mintha a Kilencedik szimfónia határ lenne. Aki le akarja győzni, annak meg kell halnia. Úgy tűnik, mintha valamit közölnének velünk a tizedik szimfónián keresztül. Ez olyasvalami, amit most nem tudhatunk, vagy nem vagyunk készek megismerni. Azok, akik írták a Kilencedik szimfóniát, túl közel kerültek ahhoz, amit mi „továbbiaknak" hívunk.

"27 Kulübü".

İngilizce "Club 27" ifadesi, 27 yaşında ölen sanatçıları, çoğunlukla rock şarkıcılarını ifade eder. Adlarının veya soyadlarının J harfi ile başlamasına atıfta bulunularak "J27'nin Laneti" ifadesi de sıklıkla kullanılmaktadır.

Bu inanç, Jimi Hendrix, Janis Joplin ve Jim Morrison'ın ölümlerinden sonra ortaya çıktı. Birçok kişi, lanetin kurbanı olan ilk sanatçının, efsaneye göre başarıya ulaşmak için ruhunu şeytana satan Robert Johnson olduğuna inanıyor. Diğerleri, Kulübün ilk üyesi madalyasını 1892'de 27 yaşında ölen Alexandre Levy'ye verir.

2009 yılında, Kurt Cobain'in ölümünün 15. yıldönümünde, Ulusal Halk Radyosu'ndan Robert Smith şunları söyledi: "Bu rock yıldızlarının 27 yaşında ölmeleri, rock'a bakış açımızda gerçekten devrim yarattı."

Gerçekten de pek çok sanatçının bu kadar genç yaştaki ölümlerinin izleri alkol veya uyuşturucu kullanımı, araba kazaları ve hatta intihara kadar uzanabilir.

İşte Club 27'nin bazı üyeleri:

- Jim Morrison, (1943. december 8. – 1971. július 3.), költő, író és pénztáros, hivatalosan szívleállás következtében halt meg (de boncolásra soha nem került sor).
- Amy Winehouse (1983. szeptember 14. – 2011. július 23.) énekes-dalszerző, állítólagos alkoholfogyasztás miatt halt meg.
- Brian Jones, (1942. február 28. – 1969. július 3.) a Rolling Stones alapítója. Villájának úszómedencéjében halt meg vízbe fulladva.
- Janis Joplin, (1943. január 19. – 1970. október 4.) a Big Brother és a The Holding Company énekese és dalszerzője. Heroin-túladagolásban halt meg.
- Jimi Hendrix, (1942. november 27. – 1970. szeptember 18.) elektromos gitár úttörője és virtuóz. Alkohol és nyugtatók bevétele után hányás következtében fulladásban halt meg.
- Kurt Cobain, (1967. február 20. - 1994. április 5.) a Nirvana énekese és gitárosa. Öngyilkossággal halt meg.
- Kim Jong-yun, (1990. április 8. – 2017. december 18.) a SHINee K-Pop együttes zeneszerzője és énekese. Öngyilkossággal halt meg.
- Robert Leroy Johnson (1911. május 8. – 1938. augusztus 16.) amerikai énekes-dalszerző és gitáros. Meghatározatlan okból meghalt.
- Cecilia, Evangelina Sobredo Galanes (1948. október 11. – 1976. augusztus 2.), spanyol énekes-dalszerző, elkötelezett a pop műfaj iránt. Közúti balesetben meghal.
- Chris Bell (1951. január 12. – 1978. december 27.) énekes és gitáros. Közúti balesetben meghal.

- Alexandre Levy (1864. november 10. – 1892. január 17.) brazil, a klasszikus zeneszerzés és Brazília népszerű ritmusai közötti fúzió úttörője. Úgy gondolják, hogy ő a 27 Club első ismert tagja, aki tisztázatlan okok miatt halt meg.

Wolfgang Pauli és a 137-es szám.

Wolfgang Pauli fizikus és Nobel-díjas hosszú kapcsolata volt Carl Junggal, kezdetben terápiás, majd tudományos érdekből. A két tudós közötti nagyon hosszú levélváltásról van dokumentáció. Pauli szeretett volna egy olyan pszichofizikai elméletet alkotni, amely egyesíti az anyagot és a pszichét. Végül is Pauli folyamatosan összevetette elképzeléseit álmaival, ami hatékony útmutatónak tűnt. A tudományos mentalitás ellenére sem volt mentes az extraszenzoros megnyilvánulásoktól. Az egyetemi környezetben, amelyben Paui működött, jól ismert volt az úgynevezett "Pauli-effektus". A jelenség mindig is nyugtalanító volt: amikor a tudós belépett kollégái laboratóriumába, néhány berendezés elromlott.
Tudományos élete során szinte megszállottja volt a fizika egy összetett problémájának, a finomszerkezeti állandónak, amely körülbelül 1/137.
Erőfeszítései ellenére Paulinak soha nem sikerült megtalálnia ennek az értéknek az okát. 1958-ban zürichi kórházba került, mivel hasnyálmirigyrák sújtotta, ami gyorsan a halálához vezetett.
Nagy meglepetésére a 137-es szobában találta magát kórházba, és azonnal felhívta a figyelmet asszisztensére, Charles Enzre, amikor elment hozzá.

20. ábra Leonardo Fibonacci aranymetszete.

Pauli azt mondta az asszisztensnek, hogy soha többé nem hagyja el azt a szobát, mint ahogy élete problémáját sem sikerült megoldania. Úgy ítélte meg, hogy a 137-es szám olyan, mint egy csapda számára, és valóban az is volt.

A 108-as szám a keleti kultúrában.

A 108-as szám 12x9-ből született, és folyamatosan megjelenik a keleti kultúrában. Konkrétan itt van néhány előfordulása a 108-as számnak, illetve többszöröseinek és részsokszorainak:

- Ez a Mala vagy "indiai rózsafüzér" és a buddhista Akṣamālā gyöngyeinek száma.
- Ez a bűnök száma a tibeti buddhizmusban.
- A hindu istenségeknek 108 neve van, amelyeket a Mala 108 gyöngyének megszámlálásával lehet elmondani.
- A Rig Veda 10 800 verset tartalmaz.
- A Khagiur tibeti szent könyvei 108 kötetből állnak.
- A Śrīmad Bhāgavatamban Krisnát úgy írják le, mint aki 108 tehénpásztorlánnyal táncol, majd 16 108 feleséget vett feleségül.
- A shaivizmusban Shiva Nataraja kozmikus táncát 108 pózban mutatja be.
- Japánban az év végén 108-szor kongatnak be harangot az újév köszöntésére.
- 108 kísértésnek kell ellenállnia az embernek, hogy elérje a Nirvánát.
- A föníciai Baalbek templomának 54 oszlopa volt.
- A tibeti Lashanmjh szent városában 108 templom volt.

- A kambodzsai Angkor Vatban 54 torony, 108 szobor szegélyezi a felhajtót, és 540 istenszobor.
- A kínai asztrológiában 108 szentnek számító csillag van.
- Az özönvíz előtti uralkodás hossza a sumér mitológiában 108 000 év volt.

Érdekességként hozzátesszük, hogy 108 Pénelope, Ulysses felesége kérői száma Homérosz Odüsszeiájában.

A 666-os szám.

Nem fejezhetjük be ezt az áttekintést a szent vagy jelentős számokról a 666-os szám említése nélkül. Megjelenik az Újszövetség egyik szakaszában, János Apokalipszisében, és egy „Fevadra" utal, amely a tengerből emelkedik ki, és elpusztítja a Földet. Különösen a jelenkorban a szám az ördög szimbólumává vált.

Érdekességként beszámolok egy történetről, amelyet az Associated Press adott ki 1996. november 2-án. Az ügynökség szerint Madison városának 436 lakosa vállalta, hogy a 666-os szám kombinációit játsszák a "Luck Devils" nevű helyi lottóban. ". Ez a Halloween party alkalmából történt. Hihetetlen, de igaz, a játékosok 1800 dollárt nyertek. A hír terjedéséből úgy tűnik, hogy sokan mások is próbálkoztak.

A halál determinizmusa.

Ha valaki megkérdezi egy tapasztalt filozófust, hogy melyik könyvet olvassa el, a filozófusnak válaszolnia kell: "Milyen filozófiát akarsz? Tudom, mit keresel. Olyan filozófiai doktrínát akarsz, amely megerősíti a hitedet. Mit akarsz? Isten vagy anyag? Szabadság vagy determinizmus?

Mondd el. A gyógyszertáramban megvannak ezek a dolgok. Egyet vagy másikat adhatok neked, kívánságod szerint."

(Giuseppe Rensi, olasz filozófus és jogász)

Isteni igazságszolgáltatás Drynor Townshipben.

1836-ban Davy Crockett, az amerikai Far West népi hőse, miközben a texasi hadsereghez utazott San Antonio-ban, egy ligetben táborozott a Honey Grove Creek partján, egy mindössze 11 mérföld hosszú folyón. Ez a folyó áthalad a texasi Fannin megyén. Aznap este Davy írt egy levelet, amelyben lelkesen leírta a helyet, amelyet Honey Grove-nak hívnak, miután a vadméhek rengeteg méhsejtet hoztak létre az üreges fákon.

Crockett ezt követően támogatta egy azonos nevű város születését ezen a helyen. 1842-ben ott telepedett le barátja, Samuel Erwin, az első telepes. Crockett maga mutatta be Erwin esküvőjét. Ezt követően a helység kis terjeszkedő központtá vált, mígnem 1873-ban várossá nem alakult; a kereskedelem, a gyapottermesztés és egyéb tevékenységek lehetővé tették, hogy néhány ezer lakosra növekedjen, ami kedvezett egy négyoldalas helyi újságnak, a "Honey Grove Signal"-nak.

A folyóirat 1905. március 31-i kiadása egy olyan eseményt részletez, amely klasszikussá vált a különös és titokzatos események irodalmában. Ezt a különös eseményt „a bosszúgolyónak" nevezik. Több verzió is létezik, de az újsághír lehetővé teszi, hogy rekonstruáljuk a legigazabbat.

A cikk egy rovatban jelenik meg a második oldalon, a következő címmel: „Meglepőbb, mint egy film. Egy golyó bosszút áll egy lányon húsz évvel a halála után".

A cikk kezdeti szavai („Csodálatos büntetés történt a földön a test bűneiért...") jól leírják azt a kulturális környezetet, amelyben a tény megtörtént, és a kapott értelmezést.

A cikk részletezi Henry Ziegland, a Honey Grove közelében található házcsoport Drynor Township lakójának véletlen halálát. Halálának krónikája érdektelen lenne, ha nem kapcsolnánk egy húsz évvel korábbi háttérhez.

1885-ben Henry Ziegland jómódú fiatalember volt, aki minden idők fiatal férfiaira jellemző kellemes tevékenységeknek, például lányok udvarlásának elkötelezettje volt.

Sajnos számára a jelenlegi környezet és erkölcs nem volt hajlandó az elmúló kalandoknak kedvezni. Emiatt, amikor udvarolt egy helyi lánynak, Maysie Tinchornak, a lány csak a házassági ígéretnek megfelelően engedett a hízelgésnek. Sajnos Henry, miután megkapta kívánsága gyümölcsét, hirtelen elbocsátotta a lányt.

A megtévesztés fájdalma és tudata hatalmas volt az ifjú Maysie számára. Szegény lány kioltotta az életét.

Természetesen nem végződhetett így. Filford, Maysie öccse, akit húga öngyilkossága zavart, úgy döntött, szembeszáll Henryvel.

Az áruló házához rohant, de először túlzott indulattal magával vitt egy régi katonai muskétát, amely egyetlen golyót is képes kilőni.

A két férfi szembefordult egymással. Henry, aki idősebb és zömök volt a fiatalabbnál, semmiképpen sem volt békülékeny. Henry bántó szavakat mondott Filfordról és Maysieről. Henry kigúnyolta azt a muskétát is, amelyet Filford a kezében tartott.

A gyűlölettől és a kétségbeeséstől elvakítva Filford elvesztette uralmát az ész felett, felemelte muskétája csövét, és az egyetlen lövést leadta ellenfele irányába. Filford azonnal megpillantotta Henry fejéből hatalmas vérpermetet.

HONEY GROVE SIGNAL.

DR. PRICE'S CREAM BAKING POWDER

Greatest Aid to Cookery

Ayer's Cherry Pectoral

Coughs, Colds

CROOK-RECORD CO.

PARIS, TEXAS.

The Fashion Event

Spring Opening

Millinery, Tailored Suits, Wraps, Skirts, Shirtwaists, Gloves, Hose, Corsets, Underw'r

Wednesday, April 5

Special Bargain Prices

21. ábra – A Honey Grove Signal 1905. március 31-i kiadása, amely a második oldalon található rovatban Henry Ziegland furcsa körülmények között bekövetkezett haláleseteről számol be. Ziegalnd halála húsz évvel korábbi hátteret idéz.

Filford azt hitte, hogy megölte, és elfutott. Rájött, hogy teljesen tönkretette a családját. Kétségbeesésében Filford újabb golyóval töltötte meg a muskétát, és kioltotta az életét. A dolgok azonban nem úgy alakultak, ahogy gondolta: a golyó csak Henry halántékát sújtotta, és a mögötte lévő fa törzsébe került. Henry, a szerencse gyakran a gonoszoknak kedvezett, túlélte egy hússérülést. Rövid időn belül felépült. Nem tudjuk, hogy a következő években Henry megbánta-e mindazt a rosszat, ami a viselkedéséből fakadt, valószínűleg nem. Vállalkozását felvirágoztatta, és feleségül vett egy gazdag özvegyasszonyt, akitől fia született. Ez a fia házasságát várva nőtt fel, Henry úgy döntött, kibővíti a házat, hogy befogadhassa és közel tartsa az új családot. Henry úgy döntött, hogy új szárnyat épít közvetlenül a fa mellé, amelyet Filford golyója talált el. Henry úgy döntött, hogy kivágja a fát, hogy megkapja a szükséges helyet. Kövessük a történetet a Honey Grove Signal című újságban:

„Henry és fia kivágták a fát, amelybe Filford Tinchor golyója behatolt, és megpróbálták feldarabolni. A fa olyan kemény volt, hogy a fejszéknek és az ékeknek nem volt hatása, ezért úgy döntöttek, hogy kis dinamit tölteteket helyeznek be a törzs természetes lyukaiba. Egy robbanás összetörte a fa törzsét. A dinamit ereje kilökte a régi golyót. Rendkívüli erővel a golyó Henry Ziegland bal halántékát találta el, és azonnali halálát okozta."

A szerkesztő, aki a cikket a „Csodálatos büntetés esete a földön a test bűneiért" szavakkal kezdte, így zárja: „A Tinchor testvérek sírjában most csak por és csend van. Filford golyója azonban ma elvégezte a dolgát."

Létezik isteni igazságosság?

A "Honey Grove Signal" krónikája olyan régi kérdést vet fel, mint a világ. Létezik isteni megtorló igazságosság? Higgyünk-e egy „felsőbbrendű entitásban", aki a méltányosság kritériumai szerint avatkozik be, hogy egyensúlyba hozza az elnyomottak sorsát?

A kérdés erősen vitatható. Valójában még ha ilyen értelemben működne is egy ilyen intézmény, először meg kell állapítanunk, hogy mi volt ennek az intézménynek az igazságszolgáltatás eszméje. Az ő véleménye egybeesne a miénkkel?

Tudományfilozófiai szempontból ez a gondolat teljesen abszurd. Az emberiséget érintő eseményeket a determinisztikus kritérium alapján kell értékelni.

A determinizmus minden jelenség fizikai magyarázatát azonosítja, feltételezve, hogy az ok-okozati láncnak mindig érvényesnek kell lennie. Ennek az a következménye, hogy minden, ami történik, soha nem a véletlennek köszönhető, hanem az univerzumot uraló fizikai törvények határozzák meg. Ezek a törvények jól ismertek alapvető kölcsönhatások néven. A természeti erők teszik lehetővé számunkra a fizikai jelenségek leírását, és eddig alapvetően négyet azonosítottak. Ezek a gravitációs erő, az elektromágneses erő, a gyenge nukleáris erő és az erős nukleáris erő.

Az isteni igazságosság nem sorolható be a négy alapvető erő egyikébe sem. A determinisztikus logika szerint egy „felsőbbrendű entitás" által irányított igazságosság, aki beavatkozik a jó vagy rossz tettek megtérítésére, teljesen abszurd hipotézis. Henry Ziegland egyszerűen azért halt meg, mert az a szerencsétlen ötlet támadt, hogy dinamitot használjon. Következésképpen mindennek az oka Henry meggondolatlanságában rejlik. És ez az.

Sőt, a determinisztikus elv alapján, ha valóban létezne az isteni igazságosság, akkor állandóan be kellene avatkoznia, nem csak egyszer-egyszer.

Ezek a megfontolások válaszúthoz vezetnek bennünket: vagy nem létezik isteni igazságosság, vagy hamis a determinisztikus elv.

Véletlen események és "természetfeletti jelek".

A koncepciót jobban feltárhatjuk, ha figyelembe vesszük a „csodák hordozóinak” tartott helyeken végbemenő fizikai gyógyulásokat. Ellentétben azzal, amit sokan gondolnak, ezek a helyek nem csak katolikusok.

Például a síiták számára szent Jamkaran mecset hat kilométerre keletre található Qom szent városától, Iránban. A mecset gondnokai 1998 óta bizottságot állítottak fel, hogy megvizsgálják a szentélyben előforduló, egy külön nyilvántartásban szereplő csodálatos gyógyulásokat.

Meg kell említenünk sok „pogány” helyet is, mint például nagy mennyiségű forrást vagy taumaturgikus tulajdonságokkal rendelkező sziklát, mint például sok dolmen és menhir. Ezeknek a szikláknak még mindig olyan erőket tulajdonítanak, amelyek elősegítik a termékenységet.

Az amerikai indiánok kultúrájában ott vannak a "gyógyászat kerekei", amelyek nem annyira a test gyógyításának fogalmát idézik, mint inkább a spirituális gyógyulást és az univerzum titkainak ismeretében nyert erőt.

Az egyik legrégebbi "Medicine Wheels" a wyomingi Big Horn-hegységben található, és a feltételezések szerint valamikor 200 és 500 évvel ezelőtt készült. 28 méter átmérőjű körben elhelyezett fehér kövekből készült. A kör alakú forma a mozgást, az idő múlását, az életet és az évszakokat szimbolizálja. A kerék közepén egy kereszt található, a „Nagy Szellem" és a „Kozmikus fa" szimbóluma, melynek gyökerei a Földön vannak, és ágai az ég felé és a négy irányba nyúlnak.

Aztán vannak tisztán pszichés gyógyító helyek, mint például a sámánutak fantasztikus területei, ahol a gyógyító a legkülönfélébb betegségektől sújtott áldozatok egészségét túszul ejtő erőkkel harcol.

Természetesen nagyon sok keresztény hely is van, amelyek az ott előforduló csodálatos gyógyulásokról ismertek. A legismertebb a francia lourdes-i szentély, amelyet Szűz Máriának szenteltek. Azért utalok erre a szentélyre, mert itt sokáig egy, szintén nem hívő tudósokból álló orvosi bizottságot hoztak létre, amely abszolút szűkszavúsággal tanúsítja a megmagyarázhatatlan gyógyulásokat.

Számos súlyos vagy nagyon súlyos patológia gyógyulása a lourdes-i Massabielle-barlang vizébe való bemerítéssel történik. Ez a bemerítés a keresztény keresztelési szertartásra emlékeztet. Ez egy szimbolika, amely a halálra és a feltámadásra emlékeztet. A víz elmos minden bűnt, és ennek következtében minden betegséget. Valójában Szent Pál azt mondja, hogy a halál a bűn miatt lépett be a világba.

Emlékeztetlek arra, hogy a víz jungi archetípusa is, annak ellenére, hogy kettős jelentéssel bír, pozitív vonatkozásaiban élethordozó lehet a Föld száraz és elhagyatott vidékein, és ezen keresztül a fizikai és lelki emberi szenvedések helyzeteiben is.

Lourdes "csodálatos helyként" definiálható, mivel az ott bekövetkező igazolt gyógyulások száma statisztikailag magasabb, mint más helyeken. Sandro De Franciscis, a lourdes-i "Bureau des observations médicales" elnöke 2009 óta kijelentette, hogy 150 év alatt körülbelül 7500 megmagyarázhatatlan gyógyulást dokumentáltak. E gyógyulások közül a katolikus egyház csak 70-et ismerte el csodának. Nyilvánvaló a statisztikai eltérés az ezen a helyen történt gyógyulások száma és a különböző vagy "közönséges" helyekre vonatkozó gyógyulások száma között.

A probléma az, hogy nem mindenki gyógyul ki a betegségéből. Ennek ellenére Lourdes megmagyarázhatatlan gyógyulásai elégségesek ahhoz, hogy komolyan aláássák a determinizmus materialista dogmáját: rendkívüli számuk arra utal, hogy az elmélet hibája lehet. Sok tudós kifogást emelt. E tézis szerint a csodák nem ilyenek, hanem a fizikai törvények normális következményei, amelyeket még nem bizonyítottak be. De ennek az ellenvetésnek semmi érdeme. Hasonlóképpen a hívők azt állíthatják, hogy a csodálatos gyógyulások az isteni akarat közvetlen következményei, még akkor is, ha Isten létezése még nem bizonyított.

Természetesen fel kell ismernünk, hogy ha a lourdes-i kádakba merülő emberek mindegyike meggyógyulna a betegségeiből, akkor a determinizmus kölcsönös formájába esnénk, vagyis végül megerősítené azt az elméletet, amelyet inkább meg akarunk cáfolni.

A fogalmak eme szembeállításának magyarázata elemi: a csodás gyógyulásokat „jelekként”, vagyis a determinizmuson túlmutató valóság „indikátor jeleiként” kell értelmezni. Ezek a "jelek" azonban nem tagadják a determinizmust. Ha az ember mindennapi valóságában a világot működő determinisztikus szabályoknak veti alá, az nem akadályozza meg egy magasabb szint létezését, amely képes meghaladni ezeket a szabályokat. Ez egy olyan erő, amely időről időre megnyilvánul, éppen elég ahhoz, hogy jelezze jelenlétét az emberiség lelkiismeretének.

Ezért a csodálatos gyógyulások nem a még ismeretlen fizikai törvényeknek, és nem is a véletlennek köszönhetőek, hanem egy „Univerzális Tudat" jelenlétének jelei, amely képes túllépni saját törvényein. Ez az abszurd fogalom ismerősebbé válhat számunkra, ha az anyag viselkedését szubatomi szinten vizsgáljuk, és felfedezzük, hogy a valóság azon szintjén figyelmen kívül hagyják a determinizmus alapjául szolgáló összes fizikai törvényt. Ugyanaz az anyag, amely makroszkopikus szinten, azaz létszintünkön engedelmeskedik a determinisztikus fizika alapvető erőinek, a legbensőségesebb szintjén figyelmen kívül hagyja, letagadja és eltorzítja azokat.

Ezért lehetséges, hogy a determinizmust egyszerre tiszteletben tartják és megsértik. Lehetséges, hogy a determinisztikus törvények teljes bizonyossággal megerősítik, hogy egy bizonyos gyógyíthatatlan betegség halálhoz vezet, ugyanakkor egy nem-determinisztikus erő beavatkozik, hogy megtagadja ezt az elvet gyógyulást előidézve.

Mivel a determinisztikus törvények szintjén élünk, természetes, hogy ezek a mi szintünkön végső soron erősebbek.

Létezik egy determinisztikus törvény, és még a csodával határos módon meggyógyult emberek sem kerülik el ezt a törvényt. Nagyon jól tudjuk, hogy még az olyan emberek is meghalnak, akik csodálatos módon meggyógyultak.

Szinte minden vallás és sok filozófia azonban a halál determinizmusát vitatja azáltal, hogy olyan transzcendens valóságokat konfigurál, amelyek képesek az életet más és örökkévaló szintre helyezni. A legnagyobb keresztény ünnep a húsvét, amely Jézus Krisztus halálát és feltámadását, a jövőbeli feltámadás és az örök élet zálogát ünnepli, és ez lesz minden hívő sorsa.

Más vallások hisznek a reinkarnációban, vagyis a ciklikus feltámadásban, amely a tökéletesség elérésében csúcsosodik ki, egy olyan állapot, amelyben a halál megszűnik létezni. A klasszikus buddhizmus felfogása szerint a létezés fájdalmától való megszabadulás számít. A boldogság, azaz a nirvána a folyamatos újjászületések, a semmi vége.

A rabbinikus szövegek a paradicsomot rózsa- és mirtuszkertként írják le, lelki helyként, amelynek közepén az Élet fája áll. A Koránban mindkét nemhez tartozó jámbor muszlimok belépnek az örömök kertjébe: jó az éghajlat, bőséges a víz, és a gyümölcs, a hús és a méz is.

Hihetünk a feltámadásban?

Sok vallás felfogásában lehetséges visszatérni a halál utáni életbe, és ez a gondolat nem olyan furcsa, mint amilyennek látszik. A kevésbé vallásos tudósok körében is divat lett azt állítani, hogy "a csillagok gyermekei vagyunk". Valójában nincsenek tudományos kétségek afelől, hogy testünk atomokból áll, amelyek az első csillagok kemencéiben keletkezett, majd elterjedtek az univerzumban, és a teremtés végtelen megnyilvánulásaivá alakították át magukat. Az atomok más csillagok, bolygók vagy ásványok és zöldségek részévé válnak, valamint az élőlények testének részeivé válnak.

Testünk minden atomja része volt az anyag végtelen más megnyilvánulásainak. Ami az atomokat illeti tehát, beszélhetünk "halhatatlanságról" (legalábbis addig, amíg az univerzum fennáll), vagy reinkarnációról. Tágabb értelemben a feltámadást is, ha annak a szervezetnek a halálát, amelyhez tartoznak, és az „újjászületést” egy másik organizmus részének tekintjük.

Természetesen nem ilyen feltámadást várnánk: mindannyian olyan testben szeretnénk feltámadni, amely megőrzi a korábban megélt élet jellemzőit és mindenekelőtt a tudatát. Vagyis az előző test tudatát szeretnénk átvinni az új testbe.

Attól függ, hogyan látjuk a tudatot.

A materialista felfogás szerint a tudat csak az agy tevékenységének mellékterméke, az agytömegben végbemenő elektrokémiai kölcsönhatások által előidézett epifenomen; következésképpen, amikor az agy meghal és hanyatlásba esik, még a tudat is "elhal" vele, ami soha nem is létezett volna.

Számos filozófiai és vallási értelmezés szerint azonban a tudat tiszta psziché, amely túlmutat az agyon. Nem csak, hogy nem korlátozódik az agyházra, hanem az egész kozmoszra kiterjed, szabadon és függetlenül érintkezik más tudatokkal és egy "univerzális tudattal". Ebben az értelemben a tudat lehet az az informatív kötés is, amely testünk összes atomját egyesíti, vagy inkább az a projekt, amely alapján lehetővé válik számukra, hogy olyan funkciókat rendezzenek és vállaljanak fel, amelyek eredményeként olyan testünket kapják, amilyen. négy helyett két kézzel és ujjlenyomatokkal, más emberi lényekkel ellentétben.

Ha testünk atomjai megőriznék emlékezetüket a projekthez való tartozásukról, ez az emlék halhatatlan lenne, a lelkiismeretünk halhatatlan lenne, és bizonyos értelemben a testünk is halhatatlan lenne.

Az entrópia probléma.

Végül is miért halunk meg? Minden az entrópia törvényen múlik, vagy még inkább a "termodinamika második törvényén". Leegyszerűsítve az entrópia azt jelenti, hogy ha összetör egy poharat, akkor minden egyes darabot további részekre, majd minden egyes részdarabot további részekre törhet, de soha nem tudja visszaállítani az üveget az eredeti sértetlen állapotába.. Ugyanígy, ha megfőz egy tojást, akkor már nem lesz mód a nyers tojás újraformázására, különösen, ha omlettet készítettünk belőle.

Mindannyian nagyon erősen érzékeljük az idő irányultságát, és elfogadjuk, hogy az csak egy irányba folyik. Elfogadjuk az idő „előre" irányát, de nehezen tudjuk elképzelni a fordított irányt. Ez minden bizonnyal attól függ, hogy az egyenes irány az, amelyben az ok-okozati összefüggés működik. Feltételezzük, hogy az okok megelőzik hatásukat. Nem fordulhat elő olyan esemény, amelyet ne más, korábban bekövetkezett esemény idézett volna elő. Soha nem fog megtörténni, hogy valaki almát szedjen anélkül, hogy valaki előbb elülteti a fát.

Az entrópia az idő múlásával függ össze, és előrevetíti, hogy minden a romlás felé tart, mivel az idő csak egy irányba halad, és nem lehet "visszatekerni a filmet", hogy visszatérjen egy korábbi helyzethez. Van egy engesztelhetetlen szabály, pontosan a termodinamika második főtétele, amely szerint a zárt rendszer entrópiája mindig növekszik. Természetesen az univerzum egy zárt rendszer.

Visszatérés az élethez

Az életbe való visszatérés többféleképpen történhet. Egyes esetekben, mint például a test feltámadásakor, amelyet a kereszténység hirdetett, az elhunyt ugyanabban a köntösben tér vissza az életbe, mint az előző életében. Más esetekben azt állítják, hogy az életbe való visszatérés egy másik élőlény testében megy végbe, akár másfajta élőlény testében is. Egyes vallások a testiség végét jósolják, de egy új élet kezdetét a tiszta lélek formájában.

Az ókori egyiptomiak számára az igazi élet az volt, ami a halált követte; ezért a testet bebalzsamozták, hogy megóvják a korrupciótól. Ez a gyakorlat azt sugallja, hogy a feltámadásban hittek ugyanabban a testben, nem pedig a reinkarnációban egy másik testben. Valóban, az ókori Egyiptom mitológiájában Ozirisz istent, amelyet testvére, Seth megölt, felesége Ízisz támasztotta fel, és az alvilág királya és a halottak bírája lett.

A zoroasztrizmus, amely Közép-Ázsia legelterjedtebb vallása volt a Kr. e. 6. század között. és a Kr. u. 10. század Zarathustra próféta tanításaira alapozva azt állítja, hogy a halottak testi feltámadása Isten végső ítéletére tekintettel történik a jóról és a rosszról. Halála után az elhunyt lelke átmegy egy hídon, miközben mérlegelik jó és rossz tetteit. Ha a jó cselekedetek érvényesülnek, a híd szélesebbé és biztonságosabbá válik. Amikor a gonosz tettek győznek, a híd olyan vékony lesz, mint a kés penge. Az eredmény meghatározza a lélek rendeltetési helyét a „Garotmanban" vagy a Paradicsomban, vagy a „legrosszabb helyen".

A görög mitológia számos esetben elmondja a halálból feltámadt szereplőket, akik néha halhatatlanságra tesznek szert.

Tantalus darabokra tépte Pelopsot, a fiát, aki még gyerek volt, és felszolgálta ebédre az isteneknek, hogy megbizonyosodjanak arról, megértik-e, hogy emberi testről van-e szó. Amikor Demeter már megevett egy vállát, Zeusz rájött a megtévesztésre, újrakomponálta Pelopsz végtagjait, és feltámasztotta, a hiányzó vállát elefántcsonttal helyettesítve. Hippolitosz, Thészeusz és Hippolyta fia kocsija vezetése közben meghalt, de Aszklépiosz orvos Artemisz segítségével feltámasztotta.

Miután Zeusz elárulta Hérát Szemelével, és Dionüszosz születése után, az árulás gyümölcse, Héra bosszút állt Szemele megölésével. De Dionüszosz, miután felnőtt, sikerült halhatatlanná válnia, lement Hádészba, és feltámasztotta anyját.

Resót, Trákia fiatal királyát, aki Priamosz szövetségese volt a trójai háborúban, álmában ölte meg Diomédész, de anyját, az Euterpe-múzsát Hádésztől és Perszephonétól szerezte meg, hogy feltámasztsa, és elégedett volt.

Az egyik platóni mítosz egy pamfiliai katonáról mesél, aki a csatában esett el, Er néven. Ezt a katonát isteni akarat keltette fel, amikor testét elégették. Ezért Er annak ellenére belépett Hádészba, hogy még nem temették el, majd az előző élet minden emlékét megőrizve kelt életre.

A platonizmus azt vallotta, hogy a lelkek eleve léteztek egy égi világban, és születésekor az emberi test foglyaivá váltak. Ahhoz, hogy megszabaduljon önmagától, a léleknek egy tisztulási folyamaton kellett keresztülmennie, amely egymást követő reinkarnációkból állt. Ezt a platóni gondolkodást régebbi filozófiai irányzatok befolyásolták. Csak az ie III. század után. a neoplatonisták a reinkarnáció hindu ihletésű nézetét fogadták el.

A misztériumvallások az élet, a halál és az újjászületés ciklikus ritmusát ünnepelték, amely leginkább a mezőgazdasági évszakokhoz és a természet erőihez kapcsolódott. Ezek a vallások nem a haláltól való szabadulást feltételezték, hanem a folyamatos újjászületést egy új életbe minden halál után.
A cinikusok a Sinopei Diogenésztől származó hagyomány szerint, Szókratészre és Héraklész félistenre hivatkozva misztériumkultuszokat gyakoroltak, amelyek a halált és a feltámadást ünnepelték.
Mani, a 3. században élt perzsa filozófus a kereszténység, a buddhizmus, a mazdaizmus és a gnoszticizmus által ihletett elveken alapuló vallást alapított. Ez a vallás meg akarta magyarázni az univerzum eredetét, összetételét és jövőjét. A halál utáni élettel kapcsolatban a manicheizmus három különböző sorsot képzelt el a Tökéleteseknek, a Hallóknak és a Bűnösöknek. A Tökéletesek lelkét a halál után Jézus befogadja, és megtisztítja a Nap, a Hold és a Csillag. Kiszabadult „fényrészecskéik" istenségekké alakulnak át, hogy felemelkedjenek az „Első Emberhez", és mellette éljenek.

A katarizmus vallási mozgalom volt, amely a 12. és 14. század között fejlődött ki, különösen Dél-Franciaországban. A kathar teológia dualista volt: az anyag világát a „Gonosznak" tekintették, míg a „Jót" csak a mennyben, Isten mellett lehetett megtalálni.

A katharok élete tehát arra irányult, hogy a „Jó" isteni szikrájának tekintett lelket a Mennyország felé vigye.

A katarok elfogadták a reinkarnáció gondolatát, következésképpen azok, akik nem értek el egy életben a felszabadulást, új életben tértek vissza, hogy folytassák a harcot a tökéletesség felé. A reinkarnációra nem mindig volt szükség, de általában igen, tekintve, hogy nem mindenki képes egyetlen élet alatt megszakítani a kapcsolatot a Gonosszal. Ez a magyarázata annak, hogy az albigens keresztes hadjáratok által üldözött katarok spontán módon a máglyákba vetették magukat, és énekelve hagyták magukat elégetni.

Jehova Tanúi hisznek a feltámadásban és az igazak jövőbeli jutalmában, amely két kategóriába sorolható:

- az első kategória a kis nyájból áll, amely 144 000 kiválasztottból áll, akik Krisztussal együtt fognak uralkodni a mennyben testi test nélkül, de lelki testtel;
- a második kategóriába tartozik Isten összes többi szolgája, akik örökké, új testtel élnek a Paradicsommá átalakult Földön.

Az igazságtalanok feltámadnak ebben a Paradicsomban, de mindig alávetik őket a második halálnak.

Az iszlám hit szerint az emberiség halálra van ítélve és az „Ítélet napjára". Ezen a napon Allah megparancsolja angyalainak, hogy fújják meg a trombitákat, amelyek az első fújásra minden lény megsemmisítését okozzák. A második trombitaszóra kivétel nélkül minden ember feltámad testben, lélekben és lélekben, hogy elítéljék és a Paradicsom jutalma legyen, vagy a pokolra ítéljék. Az Ítélet napját Yawm al-qiyāma-nak (a feltámadás napjának) is nevezik.

Reinkarnáció a keleti vallásokban.

Egyes keleti vallásokban a feltámadás gyakran reinkarnáció formáját ölti, mivel dogmáik szerint minden élőlény, a hangyától az elefántig, csak hogy néhányat említsünk, az elhunyt szellemének vagy lelkének hordozója.

A reinkarnáció tanának klasszikus formája Indiából származik, ahol brahmanikus írásokban dolgozták ki a Kr.e. 9. században.

A reinkarnáció fogalmát a 7. század után az Upanisadok kiterjesztették. Az Upanisadok indiai vallási és filozófiai szövegek szanszkrit nyelven. Ennek a nyelvnek a használata lehetővé tette, hogy a szövegeket más nagy keleti vallások, például a buddhizmus is használhassák. Ezt követően a reinkarnációt a kínai taoizmus vezette be, a 3. század felé.

A feltámadás az Újszövetségben

A feltámadásba vetett hitet hirdeti az evangélium, és megerősítik a többi bibliai könyvben, különösen az Apostolok Cselekedeteiben és Szent Pál leveleiben, ahol kijelentik, hogy a halál „a bűn zsoldja".

A kereszténység számára Jézus halála nem egyszerűen egy ártatlan ember áldozata volt, hanem az üdvösség egyedülálló és alapvető eseménye. A keresztény hit szerint Jézus hamarosan visszatér, és feltámadásában minden hívő feltámad:

22. ábra – A tao kínaiul „utat" jelent. A keleti filozófiákban a tao szimbóluma, más néven "yin és yang" az utat, minden dolognak a létrejöttét jelenti, amely két véglet között ingadozó mozgással érhető el.

23. ábra - Lázár feltámadása egy ókori görög ikonon.

Dualizmus. Entrópia és jungi szinkronicitás.

Ha valaki hideg szemmel nézi az emberiség történelmének katasztrófáját, nehéz elkerülni azt a következtetést, hogy az embert veleszületett mentális zavar sújtja, amely önpusztításba viszi. Ugyanazon faj tagjainak egyéni vagy kollektív szinten történő megölése az embertől és néhány hangya- és egérfajtól eltekintve az egész állatvilágban ismeretlen jelenség.

(Arthur Koestler, a The Observer magazinban)

A jungi szinkronicitás korábban tárgyalt példái megfejthető üzenetet tartalmaztak a "barátságos mentés" kifejezésében. Filippo rájön, hogy a házasságát felül kell vizsgálni, míg Matteo tudtán kívül megmenti Fulvio életét. Azt is mondhatnánk, hogy a két szinkron a negatív helyzetek pozitív kiegyensúlyozójaként avatkozott be, vagy inkább „döntőbíróként" lépett fel egy olyan helyzetben, amely két, az elterjedt emberi kritériumok szerint „jóként" és „rosszként" azonosítható lehetőséget képzelt el.

Valójában az emberi lények általános gondolata elméleti szempontból mindig azokat a megoldásokat részesíti előnyben, amelyek elkerülhetik mások bánatát és szenvedését. Ez különösen igaz, ha jót kívánunk idegeneknek. Ehelyett néha nem habozunk minden rosszat kívánni azoknak, akik közel állnak hozzánk. Ezért a jó és a rossz egyszerre lehet jelen ugyanannak a személynek az ítéletében, gyakran ugyanabban az ítéletben.

Általános szempontból a "jó" kifejezés mindazt jelöli, ami az egyének számára kívánatosnak tűnik, és olyannak tekinthető, amely a létezés során elérendő végső célnak tekinthető. A "gonosz" fogalma jellemzően ellentétes, de nem különálló, sőt, együtt él.

Ezért a jó és a rossz ugyanannak az éremnek a két oldala, teljesen elválaszthatatlanok. Nemcsak az emberi ítéletekben elválaszthatatlanok, hanem minden kozmológiai látomásban és szinte minden filozófiában és vallásban, kisebb-nagyobb hangsúllyal. A jó és a rossz kettősséget képvisel.

Dualizmus.

A dualizmus kifejezés minden olyan vallási, filozófiai vagy akár módszertani és tudományos doktrínát definiál, amely két ellentétes vagy kibékíthetetlen elv létezését írja elő.

Ebben a könyvben már utaltam sok dualista elvre, például arra, amely Francis Herbert Bradley filozófiájára jellemző, a látszattal és a valósággal kapcsolatban. Bradley angol filozófus, aki 1846 és 1924 között élt. Gondolata szerint az igazság mindennek egységében rejlik: nincs szétválasztás vagy sokféleség. Az emberi tapasztalat egész világa a látszat; csak az abszolút tudat valódi. A könyvben széles körben tárgyalt kettősség egy másik típusa a valláshoz és a tudományhoz kapcsolódó téma, amelyet William James ír származású amerikai pszichológus és filozófus dolgozott fel, aki 1842 és 1910 között élt.

A „dualizmus" kifejezés Thomas Hide angol orientalistának tulajdonítható, aki 1636-ban született Billingsleyben, és 1703-ig élt.

Hide a zoroasztrianizmusra és manicheizmusra utaló "Historia religija veterum persarum" (Az ókori perzsa vallás története) című művében a dualizmust a Fény és a Sötétség, azaz a Jó és a Rossz közötti állandó harc fogalmaként határozza meg.

Ez két feltétel, amely egyszerre van jelen, és független és ellentétes. Az emberi lét minden aspektusa a Jó és a Rossz használatától függ.

1710-ben Gottfried Wilhelm Leibniz filozófus kiadta Amszterdamban "Theodicy" című művét Isten jóságáról, az ember szabadságáról és a Gonosz eredetéről. Leibniz a művében a Jó-Gonosz dualizmust elemezte Jób bibliai könyvének tükrében, és a világegyetem ugyanazt az eredetét vezette vissza a jó és a rossz elveire. Leibnizben minden negatív eseménynek, mint például a kataklizmáknak vagy az ártatlanokat sújtó motiválatlan gonosz létezésének, megvan a magyarázata a harmónia felsőbbrendű törvényében, amely felügyeli az isteni teremtést, és amely minden eseményt az ember számára ismeretlen felsőbbrendű terv fényében igazol. .

Még Pierre Bayle (1647-1706) is a "Kritikai történelmi szótárában" jelzi a Jó és a Rossz jelenlétét az univerzum anyagi eredeteként, jóllehet racionalista nézőpontból.

Az újabb időkben a marxizmus felidézi a felépítmény-struktúra dualizmust, Jung pedig a pszichológia területén a tudatos-tudattalan dualizmust javasolja. Az egyik legtöbbet vizsgált dualizmus jelenleg az elme-agy dualizmus, amelyet ebben a könyvben már említettem.

A nem filozófiai, de tisztán fizikai dualizmus egyik formája, amely e könyv szempontjából határozottan releváns szempontot vesz fel, az utóbbi években végzett kvantumfizikai kísérletekből született. Ez a hullám-részecske kettősség, amely a kvantumösszefonódás hihetetlen valóságának hátterében áll.

Van azonban a dualizmusnak egy másik formája is, amelyre sok kvantumfizikában vagy filozófiában tevékenykedő tudós utal, vagy szégyenlősen hagyja megnyilvánulni munkáiban, ez pedig az ember entrópiája, azaz az emberi önpusztításra való hajlam és a kettősség közötti kettősség. a szinkronitás, amely ennek ellenére fokozatosan magasabb evolúciós szakaszok felé tereli az emberiséget.

Az "entropikus" egyén.

Az entrópia vagy a termodinamika második főtétele, a fizika egyik alaptörvénye kimondja, hogy normál körülmények között a magukra hagyott rendszerek az idő múlásával közvetlen összefüggésben hajlamosak rendezetlenné és korrupttá válni. Minden élő és élettelen elhasználódik, bomlik és önmagát megsemmisíti. Ez az a bizonyos vég, amellyel fizikailag minden lénynek szembe kell néznie; ez egy elkerülhetetlen folyamat, aminek nincs visszatérése.

Kevésbé tudományos pontossággal el tudjuk képzelni, hogy a minden anyagot érintő fizikai entrópia mellett létezik egy pszichikai entrópia is, amely az emberiséget érinti. Valójában minden ember veleszületett hajlamos az önpusztításra, és az egyének társadalomban elterjedt hajlama menthetetlenül egész közösségek és népek hajlamává válhat.

Az ember sokkal nagyobb mértékben hajlik az önpusztításra, mint bármely más élőlény. Az ökoszisztémák pusztulása, valamint a nukleáris és bakteriológiai háborúk óriási veszélyeket jelentenek ma. Ez nem újdonság: a múltban a vallás- és hódítóháborúkra, a rabszolgaságra és a gyilkosság és elnyomás minden más technikájára emlékezünk. Elmondhatjuk, hogy minden akkor kezdődött, amikor Káin valószínűleg egy kővel megölte testvérét, Ábelt.

A fegyverkezési verseny által támogatott motiválatlan kegyetlenség mindig is uralta az emberi viselkedést, anélkül, hogy felfogtuk volna, hogy felebarátunk elpusztítása miként egyenlő önmagunk elpusztításával. Számtalanszor kockáztattuk a kihalást. Még mindig megkockáztatjuk az emberiség végét a mai fegyverek ereje miatt.

Számos korlátozó törvény és vallási parancsolat célja az emberi faj önkárosításának megfékezése: ne ölj, ne lopj, ne tedd másokkal azt, amit nem szeretnél, hogy veled tegyék. Ennek ellenére az ember magában hordja az önpusztítás magvát, úgy tűnik, a saját és mások halálát keresi. Annak ellenére, hogy tudatában van ennek a kockázatnak, az ember képtelen kivonni magát pszichés entrópiájából.

Az entrópia nem az, aminek látszik.

A valóságban még az entrópiának is vannak olyan aspektusai, amelyek szerint nem pontosan az, aminek első látásra látszik, vagyis az a „helyrehozhatatlan baj", amelyet Borisz Jelnikoff a „Minden működik" című filmben leírt.

„Entrópiának hívják; Olyan ez, mint amikor a fogkrém kijön a tubusból, és nem tud visszamenni."

Magától értetődőnek tartjuk, hogy az entrópia érzékszervi tapasztalataink szintjén pontosan úgy működik, mint egy szétesésre képes, az idő irányában ható tevékenység. Ha azonban elhagyjuk a szintünket, hogy olyan tér- és időszintekre lépjünk, amelyek túlmutatnak közvetlen tapasztalatainkon, akkor az entrópiának különböző arcokat és jelentéseket adhatunk.

Vegyünk egy példát bolygónkkal, a Földdel, összehasonlítva, mi volt gyerekcipőben és mi most.

Az ősföld körülbelül 4,5 milliárd évvel ezelőtti megjelenése teljesen más volt, mint a jelenlegi; felszínét folyamatosan széttépték a hatalmas vulkánkitörések, és a tartós esőzések sújtották, amelyek több millió évig tartottak, amíg az óceánok létre nem jöttek. Ezért az új kitörések izzó láva által megvilágított vulkáni sziklákból álló, szinte pokoli panoráma. Bizony egy olyan hely, ahol senkinek nem lehetett volna élnie.

A Föld legelső légkörét, amely többnyire hidrogénből állt, a napszél elfújta. Voltak azonban bőséges és folyamatos kitörések, amelyek egy második légkört alkottak, amely többek között szén-dioxidból, szén-monoxidból, ammóniából, vízgőzből és metánból állt. Ez a környezet a nap villámlásának és ultraibolya sugárzásának segítségével ideális bölcsőt jelentett az egyre összetettebb élőlényekké fejlődni kész szerves molekulák kialakulásához. Tehát hamarosan megjelent az élet; a legrégebbi ismert nyomok 3,8-4 milliárd évvel ezelőttre nyúlnak vissza, és a jelenlegi baktériumok ősei, nagyon egyszerű és primitív egysejtű szervezetek, amelyek azonban képesek az élőlényekre jellemző alapvető tevékenységek elvégzésére, mint például a táplálkozás és a szaporodás.

De hogyan volt lehetséges ezeknek az őslényeknek a fejlődése a négymilliárd évvel ezelőtti légkörben jelen lévő egyszerű szerves molekulákból kiindulva? Mit csinált az entrópia, miközben ez történt? Mert, ha őszinték akarunk lenni, fel kell ismernünk, hogy ez az építés folyamata volt, nem a rombolás.

Igaz, az entrópia törvényének alávetett sivár és kopár szürkés vulkáni kőzetek az évezredek során omladoztak, és egész hegyvonulatok tűntek el, ahogy kiegyenlítődtek. Tapasztalata szerint bármely emberi megfigyelő tanúsíthatta volna az entrópia pusztító erejét. De ha ez a megfigyelő meg tudta szabadulni a megfigyelésének korlátozott időbeli korlátaitól, meghosszabbítva azt az évezredek során, akkor látta volna, ahogy a kőzet egyre kisebb részekre változik, mígnem földdé válik.

Ekkor a megfigyelő azt látja, hogy a föld hatalmas síkságokat borít be, és kedvező környezetet biztosít az élethez. Ugyanez a megfigyelő minden bizonnyal látta volna, hogy a víz erodálódik és kiüresedik a sziklákból. A megfigyelő láthatta a vizeket, amint saját utakat alakítanak ki, és tönkreteszik azt a környezetet, amelyen áthaladnak. De akkor ez az ember látta volna a folyók születését, amelyek képesek megtermékenyítő elemeket szállítani a sziklák szétesésében született földeken. A szemlélő tanúja lett volna gyógynövények, növények, virágok, rovarok és mindenféle élőlény születésének, vagyis annak a természetnek, amelyet ma csodálatosnak definiálunk, és amely táplálékciklusunk és túlélésünk alapja.

Valljuk be: entrópia nélkül ma nem tartanánk itt. Ezért azon túl, ami egy időnkénti megfigyelésnek tűnhet, az entrópia végső hatása nem romboló, hanem kreatív.

Az evolúció története gyökeresen ellentmond az entrópia elvének. Az evolucionisták azzal érvelnek, hogy a szervetlen atomok spontán kombinációja korlátozott időn belül és pontos sorrendben következett volna be, és rendkívül összetett molekulákat, például fehérjéket, majd DNS-t képezett volna. Ebből az alkalmi aggregációból összetett biológiai szerkezetű élő fajok milliói keletkeztek volna spontán módon.

Az entrópiatörvény klasszikus értelmezése tagadja, hogy ez a folyamat végbemehet; de valójában megtörtént. Az evolúciós tudósok elgondolkoznak ezen a problémán, anélkül, hogy megoldást tudnának javasolni. Roger Lewin evolúciókutató a Science folyóiratban megjelent cikkében kijelenti:

> "A termodinamika második főtétele szerint a rendszereknek idővel le kell bomlaniuk, kisebb, nem pedig nagyobb rendet mutatva."

Jesse Hackley Rush orvos és evolúciókutató ezt írja:

> „Az élet bonyolult fejlődése során szembeötlő kontrasztot mutat a termodinamika második főtételében kifejezett tendenciával szemben. Míg ez a törvény visszafordíthatatlan előrehaladásról beszél a növekvő entrópia és rendezetlenség felé, az élet folyamatosan a rend magasabb szintjei felé fejlődik."

A „The Evolution Deception" (Harun Yahya) című kötet egy másik evolucionista tudós, George Stravropoulos véleményét közli, amelyet az ismert American Scientist tudományos folyóiratban tettek közzé:

> „Szokásos körülmények között egyetlen összetett szerves molekula sem képződhet spontán módon, hanem a termodinamika második főtétele szerint szét kell bomlani.
>
> Valójában minél nagyobb a komplexitás, annál nagyobbnak kell lennie a szétesés miatti instabilitásnak és biztonságnak."

Paradox megoldást javasol a híres evolucionista Jeremy Rifkin 1980-ban megjelent „Entrópia" című esszéjében, amelyben egy „varázserőről" beszél, amely lehetővé teszi, hogy az evolúciós folyamat ne szenvedje el az entrópia hatásait.

Valójában létezik egy "varázserő", amely képes megszelídíteni az entrópiát, és ez a szinkronicitás. A Gonosz-Jó dualizmusban a két erő együtt él, és létrehoz egy kozmikus valóságot, amely a Jó győzelmét látja. Hasonlóképpen, az "entrópia" és a "szinkronitás" dualizmus a kozmoszban olyan kihívásban működik, amely a szinkronitást generáló "Entitás" győzelmét fogja látni.

A szinkronitás mint intelligens evolúciós projekt.

A szinkronicitás egy olyan evolúciós projekt, amelyet egy intelligencia vezérel, amelyet "Univerzális Elmeként" definiálhatunk, amely nemcsak az egyedülálló emberek életébe képes beavatkozni, mint Fülöp és Máté esetében, hanem a csoportok életébe is. népek és nemzetek, valamint az egész emberiség útján. Ez igazolja azt a tényt, hogy sem az entrópia, sem az emberi önzés nem akadályozta meg a fizikai univerzumot abban, hogy a hanyatlás helyett egyre nagyobb tökéletesség felé fejlődjön. Az emberiség története nem a kollektív önpusztításban találta meg a végét, hanem a művészet, a kultúra és végső soron a fizikai halálon túlmutató sors tudata felé fejlődött.

Előző, „Összefonódás és szinkronitás" című könyvemben arra az igazán zavarba ejtő körülményre összpontosítottam, amely által az emberi faj, amely évmilliókkal ezelőtt az első emberszabásúakkal kezdődött, hatalmas ideig a kőcivilizáció állapotában maradt. Mindössze tizenkétezer évvel ezelőtt az emberi faj egy nagyon gyors kulturális ugrást indított el, amely elvezetett minket ma is, hogy a Naprendszerben utazzunk.

Mindez nem lehetséges egy fokozatos evolúciós folyamatban. Tizenkétezer évvel ezelőtt történt valami, ami több millió éves kulturális alvás után felszabadította az emberi tudatot, és lehetővé tette, hogy elérje jelenlegi magasságát.

Gyakran előfordul, hogy néhány felfedezést egyszerre, a világ különböző helyein tesz két tudós, akik nincsenek tisztában egymás munkájával. Ezekben az esetekben azt kell elképzelnünk, hogy a bemenetet egy kollektív psziché adta, amely mindkettőben közös. Ez történt például Antonio Meucci New Yorkban és Alexander Bell bostoni feltalálásában.

1984. április 22-én a "Centers for Disease Control and Prevention" (Centers for Disease Control and Prevention) nyilvánosan kijelentette, hogy a Pasteur Intézet kutatói a francia Lav vírust az AIDS okozójaként határozták meg.

Másnap Margaret Heckler, az egészségügyi és humán szolgáltatások titkára bejelentette, hogy Robert Gallo, a Nemzeti Rákkutató Intézet tumorsejtbiológiai laboratóriumának igazgatója izolálta az AIDS-ért felelős vírust, és HTLV-III-nak nevezte el. Így kezdődött egy igazi jogi harc a két tekintélyes kutatóintézet között, amelyek mindketten magukévá teszik a felfedezés apaságát.

Vitathatatlan, hogy sok olyan felfedezést vagy technológiát, mint a nyilak kilövésére alkalmas íj, a mezőgazdaság, az állattenyésztés vagy a piramis alakú építmények, különböző és nagyon távoli népek készítettek, gyakorlatilag korabeli módon. Valójában olyan technológiai eseményekről van szó, amelyek mindenhol megtörténtek az elmúlt tizenkétezer évben, tekintettel a több millió éves történelemre.

Manapság az egyes tudósok és kutatólaboratóriumok fő gondja az, hogy az eredményeket mindenki más előtt nyilvánosságra hozzák; Valójában mindenki tudja, még ha pontos ismeretei sincsenek róla, de biztosan valaki más is, valahol a világon ugyanazt a kutatást végzi, mint ők. Mellesleg ez igazi drámát szül a kutatók lelkiismeretében, a publikálás sürgőssége és attól való félelem között, hogy nem vettek figyelembe néhány szempontot, amely érvényteleníttheti az eredményeket.

Továbbá nem hagyhatjuk figyelmen kívül azt a rengeteg felfedezést, amelyek „véletlenül" történtek, mintha egy titokzatos súgó akarna időről időre rámutatni rájuk. Röntgensugárzásról, szuperragasztóról, érzéstelenítésről, penicillinről, mikrohullámú sütőről, szacharinról, tranzisztorokról, tépőzárról, teflonról, verdigrisről és még sok másról beszélünk. A Coca-Colát 1886. május 8-án "találta fel" Atlantában (Grúzia, USA) John Stith Pemberton gyógyszerész, aki végképp nem italt akart feltalálni, hanem fejfájás elleni gyógyszert, tehát gyógyszert. Az ital első elnevezése "Pemberton francia borkoka" volt.

Kulturális szinkronicitások.

Joseph Cambray a "Szinkronitás. Természet és psziché egy összekapcsolt univerzumban" című könyvében "kulturális szinkronicitásokról" beszél, olyan eseményekre hivatkozva, amelyek egész civilizációkat és emberek millióit érintik, mint például a demokrácia megjelenése a klasszikus Görögországban. Ez a döntő esemény nagyon rövid idő alatt és a bolygó nagyon kis részén történt.

Úgy gondolom, hogy jelenleg egy újabb nagy kulturális szinkronicitást élünk meg, amelyet a kvantumfizika, a néhány évtizeddel ezelőtt született tudományág fejlődése vezérel. A kvantumfizika hihetetlen lehetőségeket tár fel, mint például a nem fizikai szintek létezését, amelyek az univerzumban található összes anyagot egyetlen hálózatba kötik össze.

Ezek olyan szintek, ahol a részecskék tömeg nélkül, rezgő energia és tiszta információ formájában megszabadulhatnak az idő és a tér korlátaitól, amelyeknek az anyagnak alá kell vetnie magát a megértésünk szintjén.

Az általunk tapasztalt "kvantumszinkronitás" elképzelhetetlen kulturális ugráshoz kell, hogy vezessen: a materializmus legyőzéséhez és a természet és psziché, szellem és anyag egyesítő tudományának megszületéséhez. Csak egy pszichés szinten lesz lehetséges a fizikai korlátok leküzdése és az univerzum Tudatába való belépés, hogy részesüljünk a benne rejlő összes energiából és minden intelligenciából. Ez egy olyan ugrás lesz, amelynek potenciálját el sem tudjuk képzelni, és amely megnyitja a „mennyország” ajtaját az emberiség előtt mindazzal, amit a menny tartalmaz.

Az antropikus elv.

„Az öntudatra nőtt Kozmosz helyi megtestesítői vagyunk. Kezdtük megérteni eredetünket: csillaganyag vagyunk, amely a csillagokon meditál."
(Carl Sagan)

"Ha nem lennék itt, hogy rám ragyogj, akkor te, ragyogó Nap, mi lennél?"
(Friedrich Nietzsche, Így beszélt Zarathustra)

Az ember szerepe a világegyetemben.

Az előző fejezet olvasásakor felmerülő gondolat, miszerint az "univerzális elme" egyéni vagy kollektív szinkronepizódokon keresztül működne az emberiség kulturális fejlődése érdekében, feltételezi, hogy a Föld bolygón élő ember központi szerepet kap. E szerep betöltéséhez az ember az „elme" figyelem, védelem és útmutatás tárgya.

Ezzel szemben a tudományos kozmológiában az ember nem más, mint az anyag evolúciójának terméke, ami abszolút irreleváns a Föld bolygó, még kevésbé az Univerzum fejlődése szempontjából. Valójában egészen a 16. századig a kulturális vízió az embert helyezte a világegyetem középpontjába. A Kopernikusz által később kidolgozott elmélet, miszerint a bolygók a Nap körül keringenek, a Földet puszta kis bolygóvá tette, nem pedig a világegyetem középpontjává. Ennek eredményeként az ember is csak egy lett a sok irreleváns lény közül, amelyek az univerzum egy apró részében helyezkednek el.

Az antropikus elv.

1973-ban egy tudós, Brandon Carter kidolgozta az emberi lényt az univerzummal összekötő kapcsolat új megfogalmazását. "Antropikus elvnek" nevezte, és bemutatta a tudományos közösségnek a "Kozmológiai elméletek összehasonlítása a megfigyelési adatokkal" című szimpóziumon, amelyet Krakkóban tartottak a Miklós Kopernikusz születésének 500. évfordulója alkalmából rendezett ünnepségek keretében.

24. ábra - A Lengyel Posta által kiadott emléklapok a Miklós Kopernikusz születésének 500. évfordulója alkalmából rendezett ünnepségek alkalmából, amelyek során Brandon Carter megalkotta az "antropikus elv" kifejezést.

25. ábra – Emlékmondat a nemrég elhunyt Stephen Hawkingról és „Az univerzum dióhéjban" című könyvéről. A könyvben a többdimenziós univerzum M-elméletével kapcsolatos témákat tárgyalja, és gyakran hivatkozik Brandon Carter „antropikus elsőbbségi elvére".

Ez az úgynevezett „erős” megfogalmazásában sokat vitatott elv megdönti az emberek és a kozmosz kapcsolatának kopernikuszi elképzelését, és visszaállítja az ember központi szerepét.

Ezt az elméletet már nyilvánosságra hozatala előtt is megosztották más tudósokkal, mint például Martin Rees, Freeman Dyson, John Wheeler és mások.

Egy Stephen Hawkinghoz hasonló kaliberű tudós kezdetben kétséges volt, de az M elmélet megfogalmazása után (az elmélet, amely mindent egyesít egy többdimenziós univerzumban) meggondolta magát. Hawking az "antropikus elsőbbség elvének" híve lett, és ezt figyelembe vette minden tanulmányában és későbbi publikációiban, például a "Az univerzum dióhéjban" című könyvében.

Brandon Carter.

Brandon Carter (26. ábra) egy ausztrál fizikus, aki a fekete lyukak tulajdonságaival foglalkozó tanulmányairól és a mozgás negyedik állandójának felfedezéséről ismert, amelyet nevére „Carter-állandónak” kereszteltek. Ennélfogva megfelelő kaliberű tudós, és ez tette különösen megbízhatóvá, amikor megfogalmazta az általa „antropikus elvként” meghatározott elméletet.

Általános vázlatában ez az elv azt állítja, hogy az emberi tudat nem az anyag evolúciójának véletlen eredménye, hanem inkább az univerzum evolúciójának érkezési pontja, amely pontosan a tudat megszületését célozta. A Carter által Krakkóban megfogalmazott elvnek két megfogalmazása van, az úgynevezett „gyenge” és „erős”.

A "gyenge" antropikus elv.

Az úgynevezett gyenge antropikus elv azt állítja, hogy a világegyetem térében és időben elfoglalt pozíciónk minden bizonnyal kiváltságos, mert az univerzum működésének alapjául szolgáló összes állandó olyan értékekhez van kalibrálva, amelyek pontosan megfelelnek a mi élettípusunknak. Hihetetlen egybeesések sorozata folytán az univerzumot irányító törvények összhangban vannak az intelligens élet létezésének lehetőségével. Például, ha a Nap kissé eltérő méretű lenne, vagy ha a Föld kissé eltérő távolságban keringne a Nap körül, a tengerek forró edényekké vagy jéghegyekké válnának. A Föld nagyon kicsi, körülbelül 0,0167 excentricitással forog, és a forgástengely dőlése olyan, hogy lehetővé teszi az évszakok pontos váltakozását.

A földi élet a szénen alapul, amely a csillagok felrobbanását követően került a bolygónkra, amelyben keletkezett. A kozmoszt irányító négy alapvető erő bizonyos fizikai állandóktól függ, például a Hubble-állandótól, a Planck-állandótól, az egyetemes gravitációs állandótól, az elektromos töltéstől és az elektron tömegétől.

Az a tény, hogy mindezek az állandók pontosan olyan értékekre vannak kalibrálva, amelyek lehetővé teszik az élet kialakulását, hihetetlenül meglepő: az élet ellehetetlenítéséhez elég lenne csak egy minimálisan eltérő értéke.

26. ábra – John David Barrow és Frank Tipler, „Az antropikus elv" című könyv szerzői fölött. Alul maradt Brandon Carter, aki megfogalmazta az elméletet..

A négy alapvető kölcsönhatás (gravitációs, elektromágneses, gyenge mag és erős mag) és a szubatomi részecskék (proton, neutron, elektron) lehetséges értékei potenciálisan végtelenek. Az általunk ténylegesen mért értékek azonban lehetővé teszik számunkra, hogy interaktív hálózatot hozzunk létre, amely életet tartalmazó univerzumot hoz létre. A végtelen konfigurációk között csak egy konfiguráció van, egy nagyon pontos. Stephen Hawking ezt írja "From Black Holes to the Universe" című könyvében:

> „Ha az Univerzum sűrűsége egy másodperccel az Ősrobbanás után százmilliárd részével nagyobb lett volna a kritikus sűrűségnél, az Univerzum 10 év múlva összeomlott volna. Ha ehelyett kisebb lett volna, mint ugyanaz, az Univerzum 10 éves fennállása után már üres lenne."

Az „erős" antropikus elv.

Az „erős" elv kimondja, hogy az univerzumnak olyannak kell lennie, amilyen, hogy lehetővé tegye az élet kialakulását, történelmének egy bizonyos pillanatában, amely egybeesik azzal a korszakkal, amelyben élünk, vagyis körülbelül 14 milliárd évvel a kiképzésétől számítva. A sok univerzum között, amely az ősrobbanásból születhetett, megszületett az, amely lehetővé teszi, hogy itt legyünk. Ennek valószínűsége egy a több milliárdhoz. Ez véletlenül történhetett?

Ez azt jelenti, hogy az univerzumot úgy alakították ki, hogy ma itt legyünk. Az univerzumnak meghatározott célja van: befogadnia kell az embert.

Ezért az ember nem vendég, aki egy bizarr véletlen folytán egy olyan univerzumban történt, amely figyelmen kívül hagyja őt. Az ember az oka annak, hogy az univerzum létezik. Ez az elmélet azt sugallja, hogy az univerzum azzal a céllal jött létre, hogy elősegítse az életet és a tudat fejlődését; vagyis az univerzumot gubónak, méhlepénynek tervezték, amelyből általában az élet és különösen az emberi tudat keletkezhet.

Az a feltételezés, hogy az univerzumot értünk hozták létre, mindenképpen célt ad neki. A kozmosz nem a nyersanyag kaotikus tömege, hanem az ember megvalósításának tervére reagál. A kozmosz viszontagságait már nem a véletlenek irányítják, hanem szükség van egy „intelligens tervezésre", és ezért a „tervező" meglétére.

Ennek vallási vonatkozásai is lehetnek, amelyekről azonban nincs kijelentés, legalábbis a katolikus oldalon. Gabriel Funes jezsuita atya, a „Vatikáni Obszervatórium", azaz a Katolikus Egyház csillagászati obszervatóriumának volt igazgatója ezzel kapcsolatban kijelentette, hogy „Az egyháznak nincs álláspontja Carter antropocentrikus elvével kapcsolatban. Ezért döntése nyitva marad arról, hogy a tudomány mit tud majd felfedezni".

John David Barrow és Frank Tipler.

J. Barrow és F. Triple fizikusok 1986-ban az Egyesült Államokban kiadták a "The Anthropic Cosmological Principle" (Az antropikus kozmológiai elv) című kötetet, amelyben nemcsak részletesen foglalkoznak az antropikus elmélettel, hanem annak jelentős tanulmányozását is javasolják.

A két szerző részletesen ismerteti az „antropikus elv" fogalmi alapját. A riasztóan sok rendkívüli egybeesés nélkül a fizikai törvények és a természet állandóinak értékei között nem lenne lehetséges a biokémia és az intelligens élet. Egy véletlenül létrejött univerzum nem tenné lehetővé az életet, és a hétköznapi csillagászati tárgyak és a hétköznapi anyag sem.

Ebből a megfigyelésből kiindulva arra a következtetésre jutnak, hogy egy projekt szükségszerűen létezik. A két tudós tanulmányában a "gyenge antropikus elv" az "erős elvvé" fejlődik. Ahogy Barrow írja a könyvében:

> „Ha megpróbálnánk elképzelni a hipotetikus „más univerzumok" egész gyűjteményét, amelyben az univerzumunk szerkezetét meghatározó összes mennyiség felveszi az értékek minden lehetséges permutációját, azt találnánk, hogy ezeknek a lehetséges univerzumoknak szinte mindegyike halva született volna. Senki sem lenne képes létrehozni azt a fajta kémiai komplexitást, amelyet "életnek" nevezünk.

Ez a felfedezés arra késztette Brandon Cartert, hogy azt sugallja, hogy az univerzumban létezhet néhány spekulatívabb metafizikai aspektus, amelyet ő "Erős antropikus elvnek" nevezett, hogy megkülönböztesse azt a vitatottabb gyenge antropikus elvtől. Az erős elv kimondja, hogy mivel úgy tűnik, hogy ilyen nagyszámú figyelemreméltó "véletlen" létezik, amelyek lehetővé teszik az életet az univerzumban, egy evolúciós pillanatban ennek az elvnek KELL létrehoznia a "megfigyelők" létezését.

A „végleges" antropocentrikus elv.

Barrow és Tipler feltételezi az antropikus elv egy harmadik formáját, a "végső antropikus elvet", amely szerint "az intelligens információfeldolgozásnak szükségszerűen ki kell fejlődnie az univerzumban, és ha egyszer megjelenik, soha nem fog kihalni".

A két tudós szerint egy olyan univerzumnak, amely képes intelligens életet létrehozni, nem lenne értelme, ha ez az univerzum nem tartana fenn elég sokáig ahhoz, hogy intelligens fajt tudjon kifejleszteni.

A „részvételi" antropocentrikus elv

Az antropikus elvnek ezt a formáját John Archibald Wheeler javasolta az erős elv alternatívájaként. Wheeler szerint a megfigyelőkre szükség van az univerzum életéhez, ahogy ismereteihez is; ezért az ember, mint a világegyetem megfigyelője, aktívan részt vesz saját létezésében.

"A lelkiismeret misszionáriusai"

2005-ben egy cikk jelent meg a SETI weboldalán (A Földön kívüli intelligencia keresése, a földönkívüli intelligens élet kutatásának szentelt program) "The Drake Equation" címmel, amelyben Wheeler részvételi elvét tovább bővítik. A cikk a kozmosz lakói közötti üzenetekre utalva kijelentette, hogy "a küldők küldetése a Tudatosság terjesztése az Univerzumban". Leegyszerűsítve, aki üzeneteket küld az univerzumnak, „a tudat misszionáriusává" válik. Az általa ismert formában terjeszti a „tudatot" olyan entitások felé, akik képesek hasznot húzni belőle.

Az antropikus elv és az idő.

Az objektívebb tudomány nem utasítja el az antropikus elmélet ésszerűségét, mivel határozottan abszurd lenne, ha egy ilyen tökéletes kozmikus konstrukció véletlenszerűségből fakadna, és nincs célja. Ebben a helyzetben egy gyakori ellenvetés is választ talál: "Ha a vég az ember, aki csak a Földön él, miért van szüksége az univerzumnak ennyi térre és ennyi anyagra?".

A válasz kiemeli, hogy az életet lehetővé tevő feltételek megvalósulásához időre és térre volt szükség. Szükséges volt az univerzum öregedéséhez és tágulásához, hogy lehetővé tegyék a csillagok számára a földi élet alapját képező kémiai elemek, például a szén előállítását. Sőt, nem kizárt más bolygók létezése sem, amelyeken ugyanaz az élet alakult ki, mint ahogy az sem kizárt, hogy az ember más bolygókra és galaxisokra exportálhatja civilizációját.

Az első elem, amely az univerzumban megjelent, a hidrogén volt, amelynek atomja csak egy protont tartalmaz. Körülbelül három perccel az ősrobbanás után két vagy három hidrogénatom fúziója lehetővé tette a hélium és a lítium képződését, amelyek két, illetve három protonnal rendelkeznek.

A csillagok belsejében két hélium atom fúziója során berillium keletkezett. Egy berillium és egy hélium atom fúziójából instabil szénatomok születtek, amelyek csak akkor váltak stabillá, amikor a csillag hőmérséklete 100 millió Kelvin-fokra emelkedett. Végül, amikor a csillag az élete végén felrobbant, és szupernóvát generált, szén és más fémek kilökődött az űrbe, és más égitesteket, köztük bolygókat alkottak.

Ezen a ponton megállapítottuk, hogy az élet elengedhetetlen a világegyetem létezéséhez. Ha a világegyetem térben és időben végtelen lenne, feltehetnénk a kérdést, hogy maga az élet nem lehetne-e végtelen időben és térben. És mindenekelőtt feltehetjük magunknak a kérdést, hogyan is kell érteni ezt a végtelenséget vagy a halhatatlanságot. Utalhat-e általánosságban az életre, a fajok megőrzésére, vagy utalhat minden egyes egyedre?

El lehet képzelni halhatatlan élőlényeket?

A halhatatlanságot már az anyag lényeges alkotóelemeinek, az atomoknak tulajdonítottuk. Biológiai területen az élőlények közül a baktériumokat említhetjük, amelyek általában nem halállal, hanem hasadással fejezik be létezésüket. A baktériumok képesek két részre osztani, amelyek mindegyike megőrzi az eredeti baktérium összes genetikai örökségét. A baleseteket leszámítva ez a folyamat a végtelenségig tart, és könnyen kiszámítható, hogy ha egy baktérium félóránként hasad, egy nap alatt 250 000 milliárd hasonló baktériumot képes létrehozni.

Ha még a felsőbbrendű organizmusok, például az ember is elérnék a hasadás képességét, miközben fenntartják a neuronális örökséget, vagyis az öntudatot, gyakorlatilag halhatatlanná válnának. Ez jelenleg lehetetlennek tekinthető: valójában a baktériumok egyetlen sejtből állnak, míg az emberi szervezetben számtalan sejt található, amelyek minden szervre (bőr, máj stb.) eltérő módon specializálódtak.

Nyilvánvaló, hogy ezek a sejtek nem osztódhatnak egyszerre.

Frank Tipler Omega-pontja,

Frank Jennings Tipler (26. ábra) a "The Anthropic Principle" című könyv John Barrow-val közös szerzője, amerikai professzor és író, aki matematikai fizikát tanít a New Orleans-i Tulane Egyetemen. Tanulmányainak nagy része az időutazás fizikájára irányul.

Arról is ismert, hogy ő az "Omega-pont" elmélet szerzője, amely tulajdonképpen átveszi a Pierre Teilhard de Chardin francia jezsuita tudós által korábban kidolgozott, azonos nevű elméletet.

Tipler az univerzum végső sorsát hasonló módon próbálja tanulmányozni, mint amit Isaac Asimov tesz az „Utolsó kérdés" című regényében. Felvetésében, amelyet az ezt alátámasztó ésszerű hipotézisekre alapoz, az „örök haladás" fogalmából indul ki, hogy egy Isten jövőbeli létezését feltételezze.

Ez az „Isten" olyan ember lenne, aki halhatatlanná vált, ahogy Nietzsche szuperemberével történik. Tipler a halottak feltámadását is feltételezi számítógéppel és "elmefeltöltéssel". A „mindfeltöltés" olyan technika lenne, amely lehetővé tenné az egyén mentális örökségének helyreállítását és átvitelét a régiből egy új testbe, vagy egy halottaiból feltámadt testbe.

Továbbá Tipler azt feltételezi, hogy egy szuperszámítógépnek köszönhetően az univerzum az emberiség akaratára hajlítható még azáltal is, hogy a már eltelt időben cselekszik. Ily módon lehetséges lenne a múlt eseményeinek, világainak és embereinek rekonstrukciója az "örökkévaló visszatérés" technikájával.

Tipler gyakorlatilag egy olyan perspektívát javasol, amely a transzhumanizmushoz kapcsolódik, egy olyan kulturális mozgalomhoz, amely a tudomány és a technológia felhasználását támogatja a fizikai és szellemi képességek növelésére, valamint az emberi állapot minden nemkívánatos vagy káros aspektusának javítására, mint például a betegségek és az öregedés. Ez a gondolatmozgás egy olyan átalakulás lehetőségét reméli, amely túlmutat az emberi állapoton.

Tipler tézisei a várakozásoknak megfelelően sok vitát váltottak ki a tudományos világban. Tipler „A halhatatlanság fizikája" című könyvének ismertetésében George Ellis délafrikai fizikus az Omega-pont elméletet „az áltudomány remekművének" nevezi.

Más tudósok, például az Oxfordi Egyetem fizikusa, David Deutsch, következetesnek találják Tipler érveit. Deutsch "A valóság szövete" című könyvében kifejti mindenre vonatkozó elméletét azáltal, hogy Tipler Omega-pontját beépíti érvelésébe.

Az univerzum spirituális központjában.

Összefoglalva azt mondhatjuk, hogy az univerzum miatt vagyunk itt, az univerzum pedig miattunk van itt. Az „antropikus elv" átformálja a modern tudományos gondolkodást. A modern tudományos gondolkodás Kopernikusszal indult, és felfedezte, hogy a Föld és a bolygók a Nap körül keringenek. Ezzel a tudomány felforgatta az arisztotelészi gondolkodást, amely a Földet és az embert a világegyetem földrajzi középpontjába helyezte.

A modern fizika fejlődése új fordulatot hajt végre. Ezúttal az ember, bár már nem a földrajzi központ, mint ahogy azt Kopernikusz helyesen bebizonyította, szilárdan megalakult spirituális központként.

Második rész. Tudományos megerősítések.

De mi a fizikai anyag?

„A modern fizika tehát nem passzívként és inertként ábrázolja az anyagot, hanem folyamatos táncban és rezgésállapotban, amelynek ritmikus alakjait molekuláris, atomi és magszerkezetek határozzák meg. A keleti misztikusok is így látják az anyagi világot. Mindannyian hangsúlyozzák, hogy az univerzumot a maga dinamizmusában kell megragadni, ahogy mozog, vibrál és táncol; hogy a természet nem statikus, hanem dinamikus egyensúlyban van."

(Fritjof Capra, fizikus és esszéista)

Bizonyítékot keres.

A könyv első részében számos tudós által kidolgozott és javasolt elméletet mutattam be, amelyek gondolkodáson, filozófián és logikai levezetésen alapulnak, de amelyeket nem támaszt alá semmilyen, az akkreditált közösség által elismert kísérleti bizonyíték. Az összes tárgyalt hipotézis tudományos méltóságának megadásának első fontos lépése az anyag fizikai működési szintje és a „lelki" szint közötti igazolható kapcsolat létrehozása.

Tapasztalataink szerint, ami a fizikai meghatározottságtól függ, nehéz nem anyagi összefüggéseket találni: az asztal vagy a szék fa- vagy fémdarab, és érzékszerveink szerint nem inspirál pszichés vagy metafizikai vonatkozásokat.

Ez azonban már nem így van, amikor az elemi részecskék viselkedését figyelve a rendkívül kicsik szintjére lépünk. Amikor az elmúlt évtizedekben az embernek végre sikerült behatolnia a szubatomi valóságba, a kísérleti kutatások hihetetlen meglepetéseket hoztak. Hihetetlen módon ki lehetett következtetni egy kizárólag pszichés szint létezésére. Ez a valóság olyan szintje, amely mentes az anyagtól és intelligens információkból áll.

A könyv e második része a szubatomi részecskék csodálatos világának feltárását szolgálja.

Albert Einstein bevezette a relativitás fogalmát a fizikába. Sok bizonyosság, amely a világ megértésének módjából fakad, összeomlott, amikor megtanultuk, hogy az idő és a tér relatív fogalmak, és a körülményektől függően eltérő értéket képviselhetnek. Az „iker-paradoxon" jelentős. Az egyik iker felszáll egy űrhajóra, és a fény sebességéhez közeli sebességgel halad át az űrben. Amikor hazatér, rájön, hogy számára sokkal lassabban telt az idő, mint a Földön maradt embereknek, és sokan közülük, akik egykorúak voltak, már meghaltak. Ikertestvére sokkal idősebb.

E tudományos bizonyítékok fényében nem kell meglepődnünk, ha felfedezzük, hogy az anyag is relatív. Azon a makroszkopikus szinten vagy közepes méretű területen, ahol élünk, a valóság jól meghatározottnak tűnik: határai meghatározhatók, mérlegelhetők és mérhetők. Megállapítható a különböző tárgyak keménységi vagy alakíthatósági foka. Ha nem így lenne, minden nap bajban lennénk. Az anyag ezen tulajdonságai csillagászati szinten is változatlanok maradnak, és a konyhaasztalunkra vonatkozó fizikai törvények egy távoli galaxis utolsó bolygójára is érvényesek.

A szubatomi szinten, vagyis a rendkívül kicsiben azonban a dolgok megváltoznak, és az anyag valami nagyon homályossá válik valódi lényegét tekintve. A szubatomi szint az elemi részecskék szintje, amelyek az atom belső összetevői.

A fizika filozófiája és miszticizmusa.

A fizika filozófiája olyan fogalmak logikai és metafizikai vonatkozásait tanulmányozza, mint az energia, az idő, a tér és az anyag. Különösen érdeklik az okság és a „determinizmus” kérdései.

A filozófiát természetesen születése óta érdekli a kvantumfizika, mivel képes aláásni a tudományos hagyomány alapvető aspektusait, mint például a mérés fogalmát, amelyet hirtelen felváltott a bizonytalanság.

A szubatomi szintű mérés működése lehetetlenné válik, mivel olyan kicsi elemeken történik, hogy azokat maga a mérés zavarja. Következésképpen az atomokat a legerősebb mikroszkóppal sem lehet közvetlenül megfigyelni, hanem csak "elméletileg".

Ez megerősíti a determinizmus kudarcát, amelyet Pierre Simon Laplace annyira kedvelt. Ugyanakkor olyan új értékek születnek, mint a valószínűség és az indeterminizmus.

Az indeterminizmus egy filozófiai attitűd, amelynek élén Arthur Eddington angol csillagász áll, és amely elismeri a véletlen cselekvését az akarat vagy a valóság körülhatárolásában. Vagyis az indeterminizmus elismeri, hogy a dolgok minden ok nélkül megtörténhetnek. A tények nem mindig ok-okozati cselekvés eredménye.

Az indeterminizmus támogatói közé tartoznak korunk legnagyobb fizikusai: Werner Karl Heisenberg, Niels Bohr, Arthur Compton, Pascual Jordan, Hans Reichenbach, Robert Millikan, Georges Lemaître és mások.

A kvantumfizika figyelmen kívül hagyja a determinisztikus szigort, és a kozmosz lényegében misztikus felfogásához vezet, amely olyan elemeken alapul, amelyek az anyagi mellett egy lehetséges spirituális összetevőt is felidéznek.

Ez a gondolat a dolgok valóságáról visszavezet minket több mint két évezreddel ezelőttre, az első görög filozófusok megérzéseihez. Az akkorival ellentétben azonban a kozmoszról ma kialakuló vízió nem intuíción, hanem a legjobb fizikai laboratóriumokban nagy pontossággal végzett kísérleteken alapul.

Az összes nyugati tudomány és fizika gyökerei különösen az ie hatodik században keresendők, abban az időszakban, amikor nem ismert a vallás, a filozófia és a tudomány közötti különbségtétel, a milétoszi iskola bölcsei között. Tanulmányaik az anyag valódi szerkezetének feltárására irányultak, amelyet a "physiká" kifejezéssel azonosítottak, amelyet ma "fizika"-nak fordítanak. A "physiká" a dolgok lényegének felfedezésére irányuló törekvést jelentette. Feltevéseik alapján a milétusi filozófusokat "hylozoistáknak" nevezték, ami azt jelenti, hogy "azok, akik azt hiszik, hogy az anyag megelevenedett". Valójában nem tettek különbséget szellem és fizikai anyag között; sőt, nem is volt kifejezésük a fizikai anyagra, mivel számukra a létezés minden formája élettel és spiritualitással volt felruházva. Thalész különösen azt állította, hogy az istenség mindenben jelen van, és Anaximandrosz úgy számolt be a Kozmoszról, mint egyetlen organizmusról, amelyet az „életelv" (pneuma) táplál.

Ezt követően az efezusi Hérakleitosz egy állandó változásban lévő világot írt le, egy örökkévaló „létezést". Úgy vélte, hogy a világ minden átalakulása az ellentétek működéséből fakad, és minden ellentétpárt egy egységnek kell tekinteni, aminek a Logosz nevet adta. Hérakleitosz ellentéteiből olyan gondolati áramlatok fakadtak, amelyek a szellem és az anyag szétválasztásához vezettek.

Az eleai Parmenidész – határozott ellentétben Hérakleitosz örökkévalóvá válásával – alapelvét „változhatatlan lénynek" nevezte, és fenntartotta, hogy minden változás az érzékek puszta illúziója. Gondolkodásából született egy elpusztíthatatlan szubsztancia gondolata, amely a dolgok változásának tulajdonságainak alapjába került.

Az "örökké válás" és a "változhatatlan lét" közötti ellentétből egy olyan gondolat alakult ki, amely a "létet" bizonyos állandó szubsztanciákban jelenlevőnek tekintette, amelyek azonban keveredve és szétválva változásokat és különböző formákat eredményeztek. Így született meg az atom fogalma, mint az anyag legkisebb oszthatatlan része. Az atom mindennek az alapja, bár a dolgok másképp néznek ki. Ma már tudjuk, hogy minden dolog atomokból áll.

Az atomisták, köztük Démokritosz, világosan elválasztották a szellemet és az anyagot.

A fizikai anyagot "alapvető építőelemekből" képzelték el, vagyis teljesen passzív és inert részecskéket, amelyek vákuumban mozognak, és amelyek mozgását külső erők okozhatják. Ezek az erők lelki eredetűek, nem anyagiak.

Ez a képzet azután uralkodóvá vált a nyugati gondolkodásban, így alakult ki a test és a lélek dualizmusa.

Arisztotelész abban a hitében, hogy a lélekkel kapcsolatos problémák fontosabbak, mint az anyagi világgal kapcsolatosak, olyan gondolkodási mintát alakított ki, amely 2000 évre alátámasztja a világegyetem felfogását Nyugaton. A kereszténység is támogatta az arisztotelészi tanokat a középkor során.

A reneszánszban először foglalkoztak természettudományos módszerekkel, azaz elméleti hipotézisekkel vezérelt kísérletekkel. Galileo Galilei az elsők között járt ezen az úton, ezért a modern tudomány atyjának tartják.

A modern tudomány születésének kedvezett a filozófiai gondolkodás fejlődése, amely a „szellem-anyag" dualizmust hangsúlyozta. A nyolcadik században René Descartes olyan természetet írt le, amely két különálló és független valóság, az elme (res cogitans) és az anyag (res extensa) alapvető elválasztásán alapult. A karteziánus elválasztás lehetővé tette a tudományos világ számára, hogy a fizikai anyagot inert tárgyakból állónak tekintse, és teljesen elkülönül egymástól. Az eredmény egy olyan világábrázolás lett, amely hasonló különböző tárgyak halmozódásához, olyan tárgyakhoz, amelyek együtt egy hatalmas élettelen gépet alkotnak.

Milinda király szekere.

A Milindapañha egy filozófiai párbeszéd formájában komponált buddhista szöveg, Sāgalā városában, a mai Siyālkoṭban játszódik. A párbeszéd Nagasena szerzetes és Milinda király között zajlik. Történelmileg Milinda király I. Menander indo-görög uralkodóval azonosítható, aki Kr.e. 155 és 130 között uralkodott Pandzsábban.

Milinda király odament, ahol Nagasena szerzetes volt, udvariasan és barátságosan bemutatkozott, majd megkérdezte tőle:

– Honnan ismerik, és mi a neved?

Nagasena így válaszolt: "Nagasenaként ismernek, ó király, és ezen a néven szólítanak meg a testvéreim és a szüleim."

– Azt mondod, a bátyáid hozzászoktak, hogy Nagasena-nak szólítsanak. Most mi is az a Nagasena? Úgy érted, a haj Nagasena?

– Nem mondom, nagy király.

– Vagy testszőrzet?

"Egyáltalán nem."

„Talán Nagasena a körmök, a fogak, a bőr, a hús, az idegek, a csontok, a velő? Ezek közül bármelyik vagy mindegyik Nagasena?

A szerzetes mindegyik kérdésre nemmel válaszolt.

„Akkor a külső forma a Nagasena? Az érzések, az észlelések vagy a tudat Nagasena?

A szerzetes mindegyik hipotézisre nemmel válaszolt.

– Akkor a Nagasena egy üres és hiú hang. Ki az a Nagasena, akit itt látok magam előtt? Nagasena hazugság, megtévesztés!"

Ekkor Nagasena szerzetes így szólt Milinda királyhoz:

– Felség, ön luxusban nőtt fel. Ha köves talajon sétálsz, a lábad fájdalmat érez. Ezért kérdezem tőled: Hogyan kerültél ide? Gyalog vagy szekéren jöttél ide?

„Nem gyalog jöttem. szekéren jöttem."

- Szóval, ha szekéren jöttél, magyarázd el nekem, mi az a szekér. A lovak a szekér?

– Ezt nem én mondtam.

– A szekér a kerekek tengelye?

"Természetesen nem."

"Talán a szekér a kerekek vagy a kötelek, vagy a keret, vagy a járom vagy a kerekek küllői?"

Mindezekre a kérdésekre Milinda nemmel válaszolt.

„De lehet, hogy a szekér más, mint az általam említettek? "

Milinda ismét nemmel válaszolt.

– Tehát a „szekér" értelmetlen szó. A szekér üres, értelmetlen hang. Melyik szekéren jöttél? Amit mondtál, az hazugság! Miért mondasz hamis dolgokat?"

Ekkor Nagasena tanúknak hívta a görögöket és a szerzeteseket, mondván:

„Milinda király azt mondta, hogy szekéren jött. De amikor megkértem, hogy magyarázza el, mi az a szekér, nem tudta megtenni."

A görögök és a szerzetesek tapsoltak, és így szóltak a királyhoz:

– Most pedig, felség, válaszoljon, ha tud!

Milinda király így válaszolt Nagasenának:

– Nem mondtam hamisságot, tisztelt uram. A lovakból, a tengelyből, a kerekekből, a vázból, a kötelekből, az igából, a küllőkből és a könyökből álló készlet a szekér közös elnevezését jelzi."

"Nagyon jó! - Mondta Nagasena. Pontosan megértetted a szekér jelentését. Hasonlóképpen ez a haj, köröm, fogak, észlelések, érzések és tudat összessége, amely Nagasenát jelzi.

Szóval, mi is valójában Milinda szekere? A materialisták azt mondanák, hogy nincs kocsi az egyes alkatrészek nélkül. A részek az egész, a szekér pedig csak járulékos tényként létezik, olyan epifenomenként, amelynek jelenléte vagy hiánya nem befolyásolja a részek létezését. Az, hogy a részek összességében szekeret alkotnak, teljesen véletlenszerű.

Egy spirituálisabb látásmódban azt mondanánk, hogy az egyes részek csak akkor nyernek értelmet, ha intelligensen összesítve formát adnak a szekérnek, magának Nagasena szerzetesnek és minden másnak, ami a világegyetemben létezik. Azonban minden logikusan összeállított alkatrészkészlet olyan intelligens tervezést igényel, amely messze túlmutat az azt alkotó anyagok tehetetlenségén.

Descartes elválása.

A világ mechanikus vízióját Isaac Newton vette át, aki felhasználta a klasszikus fizika alapjait lefektető mechanikus tudományát. A newtoni nézet a 17. század közepétől a 19. század végéig uralta a világot.

Descartes filozófiája nemcsak a klasszikus fizika fejlődése szempontjából volt fontos, hanem óriási hatással volt a nyugati gondolkodásra.

Híres kifejezése: „Cogito ergo sum" (gondolom, tehát vagyok) arra késztette az embert, hogy jobban azonosuljon az elméjével, mint a testével. Ennek következtében az ember tudatában van önmagának, mint egy „másiknak", aki saját testében él. A testtől elválasztott elme azt a feladatot kapja, hogy irányítsa azt. Ez konfliktust okoz az akarat és az ösztönök között.

Ez a testtől való elszakadás a külvilágra is kiterjed, külön tárgyak és események gyűjteményének tekintve. A természeti környezet érdeklődési csoportokba sorolható részekből áll (fák, csillagok, ásványok vagy éppen Milinda király szekere).

A társadalom szintén fajokra, nemzetekre, népekre, vallásokra és politikai csoportokra oszlik, belső körünk pedig a "társasházam, a rokonaim, a barátaim, a munkatársaim, azok, akiknek ugyanaz a hobbija, mint én, a szupermarketem látogatói között" ".

Ezek a megosztottságok minden társadalmi és kulturális válság gyökerei, és a rendetlenséghez és az erőforrások igazságtalan elosztásához vezettek, ami gyakran erőszakhoz és háborúhoz vezet.

A karteziánus gondolkodás hasznot és kárt hozott; elismerést érdemel azért, mert tudományos szinten bevezette az elkülönülést, míg a társadalmi rosszak tekintetében nyilvánvaló, hogy azok jóval Descartes előtt is léteztek. Ezért a filozófust nem szabad hibáztatni, éppen ellenkezőleg, el kell ismerni azt a képességét, hogy a szellem és az anyag elkülönülését emelte ki, mint e problémák eredetét.

Érdekes megfigyelni, hogy a karteziánus szeparációból és Newton mechanisztikus felfogásából született modern tudomány hogyan gondolja újra ezeket a fogalmakat. Valójában e század tudománya visszatér az első görög filozófiák által megfogalmazott gondolathoz. A szellem és az anyag együttműködésén alapuló kozmosz ötlete volt.

Miért léteznek dolgok a semmi helyett?

A tudomány gyakran azon töpreng, „hogyan" történnek a dolgok. Azt is megkérdezi, hogy „miért" történnek, de sokkal ritkábban. A determinisztikus tudomány valóban azt feltételezi, hogy a „miért" nyilvánvaló. A miért logikusan az okok és következmények egymásutánjában kereshető. A „valami" „valami mást" okoz, és elég az összes lépést rekonstruálni, hogy megértsük a jelenség eredetét. Így a „miért" implicit módon benne van a „hogyan"-ban. Vagyis nincs "miért".

Ez a beszéd kivitelezhetetlenné válik, ha a világegyetem első születéséről beszélünk, hiszen ha figyelembe vesszük a létezését megelőző pillanatot, abban a pillanatban nem működött olyan ok, amely elindította volna a hatások láncolatát. Tehát ezen a szinten mindkét kérdés, hogyan és miért, megválaszolatlan marad.

Azok a tudományok, amelyek ezt a problémát próbálják megoldani, a kozmológia és a fizika. A kozmosz tanulmányozása kimutatta, hogy a tágulási szakaszban van, annak a ténynek köszönhetően, hogy továbbra is kiterjed az űrbe. A jelenlegi viszonyokból kiindulva, visszafelé haladó utat, azaz összehúzódást szimulálva eljutunk oda, hogy az anyag sűrűsége és hőmérséklete végtelenné válik, lehetetlen helyzet. Ezért feltételezhető, hogy az univerzum egy meghatározott időpontban kezdődött, a jelen pillanat és a múlt egy pillanata közé helyezve, amely időlegesen a feltételek lehetetlenné válása előtt helyezkedik el.

Pontosan megvolt volna az a pillanat, amikor a tágulás megkezdődött, és az univerzum „megszületett volna”. Ez azonban elárulhat nekünk, hogyan, de nem magyarázza meg, hogy miért.

Nagyon sok kulturális és vallási hagyomány próbál választ adni. A bibliakutatók régóta vitatkoznak azon, hogy a teremtés már meglévő inert anyagot használt-e fel, vagy a semmiből jött létre. Mind az ókori zsidó exegézis, mind Philón a hellenisztikus hagyományban egyetértenek a "creatio ex-nihilo" (a semmiből teremtés) mellett, amely hipotézist a kereszténység ma is támogatja.

Sok más esetben olyan univerzumot javasolnak, amelyet a kezdeti káoszhelyzetből vagy egy strukturálatlan űrből kiindulva alakítanak át.

Egyes hagyományok szerint az univerzum az ősi anyaméhből eredhet. Más mitológiák szerint a világegyetem egy már létező tojásból is megszülethet.

Vannak olyan hagyományok is, amelyek szerint a világegyetem mindig is létezett, a mezőgazdasági civilizációk által ihletett időfelfogás szerint, amely szerint minden a halál és az újjászületés örökös körforgása alatt áll.

A legtöbb vizsgált hipotézisben – a bibliai hipotézis kivételével – az anyag eleve magától értetődőnek számít, bár káosz, méh vagy tojás formájában. Gyakran nem magyarázzák meg, honnan származik ez a már meglévő eredet. Azonban nem minden hagyomány magyarázza meg, hogyan mehetett végbe a semmiből valamibe való átmenet, csak egy isteni teremtő aktus révén.

Minden az ősrobbanással kezdődik.

Az ősrobbanás egy kozmológiai modell, amely azon az elképzelésen alapul, hogy az univerzum a múltban egy pontosan meghatározható idő alatt nagyon nagy sebességgel kezdett tágulni, és ez a folyamat még mindig tart.

Ez a domináns gondolat a jelenlegi tudományos közösségben, mivel csillagászati megfigyeléseken és bizonyítékokon alapuló megerősítéseket kapott.

Különösen az ősrobbanás elméletében játszik szerepet, hogy az olyan könnyű elemek, mint a hidrogén és a hélium, különösen nagy mennyiségben fordulnak elő az előre jelzett értékeknek megfelelően; egy másik megerősítés a kozmikus háttérsugárzás létezéséből, a várakozásoknak megfelelő spektrummal. Ezek és más kísérleti eredmények meggyőzték a legtöbb tudóst arról, hogy körülbelül 14 milliárd évvel ezelőtt valóban megtörtént az Ősrobbanáshoz hasonló esemény.

Amikor előterjesztették, az ötlet elfogadása nem volt sem nyilvánvaló, sem nyugodt. Az ősrobbanás feltételezte minden energia és minden anyag (ami végül is az energia egy másik formája) létrejöttét egy kezdeti aktusban, többé-kevésbé, ahogy Descartes és Newton állította. Mások azonban látták Isten teremtő beavatkozását a világegyetem kezdetén. Ez a körülmény azt az eredményt hozta, hogy a tudományos közösség nagyon tartózkodóan fogadta az elméletet. Ehelyett a katolikus egyház XII. Pius pápával együtt teljes mértékben elfogadta azt a beszédében, amelyet 1951. november 22-én, csütörtökön a Pápai Tudományos Akadémián tartott:

> „Spontán módon két kérdés jut eszünkbe: képes-e a tudomány megmondani, hogy a kozmosznak ez az erőteljes princípiuma mikor történt? És mi volt az univerzum kezdeti, primitív állapota? Az atomfizika legkiválóbb szakértői csillagászokkal és asztrofizikusokkal együttműködve igyekeztek megvilágítani ezt a két nehéz, de rendkívül érdekes problémát. (...)
>
> Tagadhatatlan, hogy egy felvilágosult elme, amelyet a modern tudományos ismeretek gazdagítanak, nyugodtan értékeli ezt a problémát, és elveti a saját maga által létrehozott anyag hipotézisét. A megvilágosodott elme felfogja a teremtő Szellem jelenlétét. Ugyanazzal a tiszta és kritikus pillantással, amellyel a tényeket vizsgálja és ítéli meg, a megvilágosodott elme látja és felismeri a teremtő Szellem által évmilliárdokkal ezelőtt kimondott erőteljes „Fiat" által mozgatott munkát. A szeretet gesztusával egy energiával teli anyag jött létre. Valóban úgy tűnik, hogy a mai tudománynak, hirtelen több millió évszázadra visszamenőleg, sikerült tanúja lenni a bibliai „Fiat lux"-nak, amikor a fény és sugárzás tengere tört elő a semmiből.

Ugyanakkor a kémiai elemek részecskéi szétváltak, és galaxisok millióira egyesültek." (XII. Piusz)

Az Ősrobbanás-elmélet teológiai vonatkozásokat tartalmazott, amelyek miatt elutasították és ellenezték, néha csak azért, mert az egyház támogatta. Néhány neves fizikus azt a hipotézist terjesztette elő, hogy ez az elmélet egy maga az egyház által kikelt összeesküvés része. Fred Hoyle csillagász elítélte az ősrobbanást, mint zsidó-keresztény alapokra épülő modellt. Hoyle megfogalmazta a „stacionárius univerzumnak" nevezett alternatív hipotézist, ahol az új anyag keletkezése folyamatosan történik; ezt az elméletet azonban egy ideje elvetették, mert a már létező galaxisok között mozgó galaxisok születését jósolta volna, amit nem sikerült igazolni. Valójában nincsenek fiatal galaxisok a régiek között. A legfiatalabb, azaz korábban született galaxisok a legtávolabbiak, összhangban az univerzum tágulásával, amely egy kezdeti alkotói aktus után folytatódik.

Ma az ősrobbanás elméletét a tudományos közösség abszolút többsége elfogadja. Nyilvánvaló azonban, hogy nem fogadják el azt az elképzelést, hogy a kezdeti teremtő pillanat isteni akaratból származott.

27. ábra - Niels Bohr, a Koppenhágai Iskola dán fizikus kezdeményezője. Az 1920 utáni években tökéletesítette az atom klasszikus modelljét, és 1922-ben Nobel-díjat kapott.

Az atom klasszikus ábrázolása.

Az atom (a görög àtomos szóból oszthatatlan) az anyag alapszerkezete; minden anyag elemi egységekből, úgynevezett atomokból áll. Ez vonatkozik a szilárd, folyékony és gáz halmazállapotú anyagokra. Megjegyzendő, hogy ez az állítás nehezen köthető a plazmaállapothoz, ahol a különösen magas nyomás- és hőmérsékletértékek megakadályozzák az atomok képződését. Az atomot az anyag legkisebb és oszthatatlan egységének tekintették egészen addig, amíg 1897-ben Joseph Thompson be nem jelentette az elektron felfedezését, bebizonyítva, hogy az atom valójában osztható. Ma már tudjuk, hogy a felületes felosztás során az atomokat olyan szubatomi elemek alkotják, mint a protonok (pozitív töltéssel), a neutronok (töltés nélküli) és az elektronok. Az elektronok negatív töltéssel rendelkeznek. Az atomok magasabb szinten aggregálva alkotnak molekulákat.

Az atomszerkezet utolsó klasszikus modellje a Niels Bohr által 1913-ban kidolgozott, lényeges eltérések nélkül máig érvényes.

E modell szerint az atom egy magból áll, amely körül az elektronok forognak. Az atommag kétféle részecskéből áll, protonokból és neutronokból. A protonok pozitív, míg a neutronok semleges elektromos töltéssel rendelkeznek. Az elektronok viszont negatív elektromos töltéssel rendelkeznek, és az atommagot körülvevő külső térben mozognak, kiegyenlítve vonzását a forgási energiával, ahogyan a Hold forgása is egyensúlyba hozza a Föld vonzását. Összességében az atom elektromosan semleges, mivel a protonok száma (atomszáma) és az elektronok száma azonos. A természetben az atomok az atommagban lévő protonok számában különböznek egymástól: a protonok és neutronok összegét tömegszámnak nevezzük.

Jelenleg az atommag és összetevőinek tanulmányozása a részecskefizika fejlődéséhez kapcsolódik. Az utóbbi években lehetőség nyílt az atommag szerkezetének pontosabb meghatározására, különösen a részecskegyorsítókban végzett kísérletekkel. A részecskék szabványos modellje szerint a protonok és a neutronok maguk is kvarkokból állnak.

Ezek az összehasonlítások hasznosak lehetnek az atom méretének meghatározásához:

- az emberi hajszál átmérője körülbelül egymillió szénatomnak felel meg egymás után;
- ha egy narancs akkora lenne, mint a Föld bolygó, (körülbelül 12 700 km átmérőjű), atomjai megközelítőleg akkorák lennének, mint az eredeti narancs (körülbelül 10 cm átmérőjű).

Azt is fontos megjegyezni, hogy az atom lényegében üres. Valójában, ha egy atom magjának átmérője 3-4 milliméter, akkor a legkülső elektronja körülbelül száz méteres távolságban forogna.

Az imént feltárt atom statikus ábrázolása érvényes munkahipotézis, de a kvantumfizika azt bizonyítja, hogy szubatomi szinten több a valószínűség, mint a bizonyosság. Egy bizonyosság, amelyet minden bizonnyal megcáfoltak, az, hogy a részecskék „szilárd anyag darabjai”, még ha nagyon kicsik is.

Kvantumfizika.

A kvantumfizika az az elmélet, amely leírja az anyag és a sugárzás viselkedését, valamint ezek kölcsönös kölcsönhatását az atomok nagyon kis hosszában vagy energiaskálájában.

Az 1800-as évek végén úgy tűnt, hogy a klasszikus fizika képtelen volt leírni az anyag és az elektromágneses sugárzás viselkedését mikroszkopikus szinten, azaz az atom méretével egyenlő vagy annál kisebb méretben. Hasonlóképpen, a klasszikus fizika nem tudta leírni az atomok belső kötéseivel kapcsolatos energiák viselkedését. Ezért az 1900-as évek elején nyilvánvalóvá vált, hogy szükség van egy új, az addig kialakult klasszikustól teljesen eltérő fizika megszületésére.

Így született meg a kvantumelmélet, amit kvantumfizikának vagy kvantummechanikának is neveznek. A fizikának ezt az ágát eredetileg Max Planck vezette be, és azon a tényen alapszik, hogy bizonyos mennyiségek mikroszkopikus szinten, mint például az energia vagy a "szögimpulzus", nem változhatnak lineárisan, hanem csak diszkrét értékekkel, úgynevezett "kvantumokkal".

Az atom fő alkotóelemeit alkotó részecskék, azaz a protonok, neutronok és elektronok mellett sok más is létezik, és szinte azt mondhatnánk, hogy minden nap újabbakat fedeznek fel. Egy részecske, amely különösen érdekel minket, a foton, vagyis a „fénykvantum". A foton az a részecske, amely fényessé teszi a csillagokat és a napot.

A „mennyi" fogalma meglehetősen furcsa, és aligha fogadták el a 19. és 20. századi tudósok.

Makroszkópikus szinten természetesnek tekintjük azt a felfogást, hogy minden mennyiség felvehet egy folytonos értékhalmazt. Például a kiló mellett figyelembe vesszük a kvint és a tonnát, valamint a hektogramot, grammot, milligrammot és így tovább, így természetessé válik, hogy egy tárgy súlya például 7 kiló és 356 gramm is lehet. , azaz 7365 gramm.

A kvantummechanika viszont úgy rendelkezik, hogy a különböző mennyiségek csak meghatározott értékkészletet vehetnek fel, egy alapvető érték többszörösét, amely nem bontható fel. Ezt az értéket "anyag vagy energia kvantumának" nevezik.

Képzelj el egy szupermarketet, ahol ömlesztett gyümölcsöt vagy száz grammos "csomagolás" vajat vásárolhatsz. Könnyű lesz kosárba tenni 1365 kilogramm almát, ehelyett vaj esetében csak 100 vagy 200 vagy 300 grammot vásárolhat, attól függően, hogy hány csomagot tesz a kosárba. A részecskék világa előre látja, hogy az energia és az anyag nem ömlesztve, hanem csak csomagok formájában érhető el. Ezeket a csomagokat kvantumoknak nevezzük.

Ezért a részecskék világában az energia és az anyag nem redukálható a "kvantumnál" alacsonyabb értékekre. Ez azt jelenti, hogy csak az alapértékben vagy az alapérték többszöröseként állnak rendelkezésre. Amint az könnyen érthető, a kvantumnak rendkívül alacsony értéke van.

Az univerzumban minden kvantumokból áll, még az a könyv is, amit olvas. Az ok, amiért nem érzi tapintással a "szemcsésségét", az az, hogy a kvantumok olyan kicsik, hogy érzékszerveink nem érzékelik őket, ahogyan az egyes atomokat vagy akár az egyes molekulákat sem érzékeljük egyértelműen.

Az egyik első vizsgált eset az energia kvantálása: például egy atom elektronjai csak bizonyos energiaértékkel rendelkezhetnek, ezért csak bizonyos pályákon foroghatnak az atommag körül. Hasonlóképpen a fotonok az elektromágneses mező kvantumai: oszthatatlan fénycsomagok.

28. ábra - Albert Einstein, korunk talán legismertebb fizikusa és matematikusa. Vitatta Niels Bohr kvantumelméleteit és a Koppenhágai Iskolát azzal, hogy megtervezte az EPR-kísérletet, hogy bemutassa következetlenségeiket. A későbbi kutatási fejlemények ehelyett ezek megerősítéséhez vezettek..

A kvantált atom.

A "kvantum" fogalma nagyon fontos az anyag működéséhez a rendkívül kicsiben, azaz az atomokban, de ennek következtében az egész univerzumban is. Hogy jobban megértsük, javasolhatok egy hasonlóságot néhány, a mindennapi életben általánosan használt eszközzel. Képzeljünk el például egy hagyományos gáztűzhelyet, felső főzőfelületen elhelyezett égőkkel és beépített sütővel. A konyhai kezelőszervek az előlapon helyezkednek el, és állítható gombokból állnak, amelyek lehetővé teszik a gáz elküldését a megfelelő égőkhöz.

A gombok többsége lineárisan forgatható balról jobbra. A gomb lezárja a gázszállítást, amikor teljesen balra van fordítva. A tekerőgomb jobbra forgatásával egyre nagyobb mennyiségben kerül a gáz az égőbe, amíg el nem éri a "határt", azaz a megengedett maximumot. Ebből arra következtetünk, hogy a gomb lehetővé teszi a gáz mennyiségének lineáris (vagy folyamatos) növelését.

Az egyik gomb azonban, különösen a sütőgomb, másképp működik. Ez a gomb nem foroghat folyamatosan, csak rándulással. Ily módon lehetővé teszi a gáz meghatározott mennyiségben történő áramlását, amely alkalmas a gomb minden egyes kattintásakor jelzett hő megszerzésére Celsius fokban kifejezett értékekkel: 120 °C, 180 °C, 270 °C vagy hasonló értékekkel. Ebben az esetben a gáz nem növekszik folyamatosan, hanem "diszkrét" módon, azaz csak rögzített és meghatározott mennyiségekre.

Ha pontosak akarunk lenni, akkor el kell ismernünk, hogy a többi gomb is "diszkrét" üzemmódban működik, nem folyamatosan. A probléma az, hogy az egyik pont és a másik pont közötti eltérések olyan kicsik, hogy számunkra lineáris növekedés vagy csökkenés benyomását keltik. Leegyszerűsítve, érzékszerveink nem veszik fel a variációs kattanásokat, mert túl kicsik.

Az anyag dimenzióinak középső szintjén, vagyis azon a szinten, ahol érzékszerveink működnek, úgy tűnik számunkra, hogy minden lineárisan nő (vagy csökken). A fény diffúziója hajnalban vagy alkonyatkor, közeledő vagy távolodó autó hangja, körülöttünk zümmögő légy. Mindent elmondanánk arról a légyről, de azt biztosan nem, hogy szaggatottan repül.

Ez ismét felméri, hogy érzékszerveink mennyire megtévesztőek, mert a valóságban semmi sem mozog lineárisan, hanem minden diszkrét módon, azaz energiamennyiségek vagy „kvantumok" szerint.

Makroszkópikus szintünk és a részecskék mikroszkopikus szintje között az a különbség, hogy a mozgásokat és energiákat lineárisnak tekintve közelítjük meg.

Alapvetően a fizikában alkalmazott konvenció szerint egy makroszkopikus szinten lévő anyagi test folytonos testként vizsgálható, hiszen a részecskék igen nagy száma, kohéziója és egymásrautaltsága minden szemcsésséget eltüntet.

Ehelyett a végtelenül kicsiben már nem lehet figyelmen kívül hagyni ezt a jellemzőt, mert a szubatomi testek méretei érzékenyek a kvantumszemcsésségre.

Összefoglalva, a kvantummechanikában a kvantum (a latin quantum szóból, ami mennyiséget jelent) diszkrét és oszthatatlan mennyiség. Kiterjesztés szerint a kifejezést néha a "részecske" szinonimájaként használják.

A kvantummechanikát főként Niels Bohr, Louis-Victor de Broglie, Paul Dirac, Albert Einstein, Enrico Fermi, Wolfgang Pauli, Erwin Schrödinger, Richard Feynman és Werner Heisenberg kezdeményezte.

Az anyag kvantálásának intuíciója 1900-ban született Max Planck munkája nyomán, aki elfogadta ezt az egyezményt, hogy megerősítse elméletét a fekete test elektromágneses kibocsátásával kapcsolatban. A gyakorlatban Planck megjegyezte, hogy a fekete test hipotézise csak kvantált energia jelenlétében működne. Planck azonban nagyon vonakodott attól, hogy ezt a lehetőséget valósnak tekintse. Bár először elméletben fogalmazta meg ezt a valóságot, mindig vonakodott érvényesnek tekinteni.

Ezt a fizikai valóságot csak később erősítették meg más tudósok, akik meghatározták az energiakvantum értékét. Ez az érték a Planck-konstans nevet vette fel, mert a tudományos közösség őszintén szerette volna elismerni annak a munkáját, aki először megérezte és használta.

A Planck-állandót, vagyis a „kvantum” nagyságát h betűvel jelöljük, és ez $6{,}6\times10^{-34}$Js, azaz elképzelhetetlenül kicsi érték.

A mechanikai energia szemcsés szerkezetére vonatkozó hipotézis teljes és végleges megerősítést kapott az 1907-ben Einstein által a szilárd anyagok fajhőjére vonatkozó elméletben.

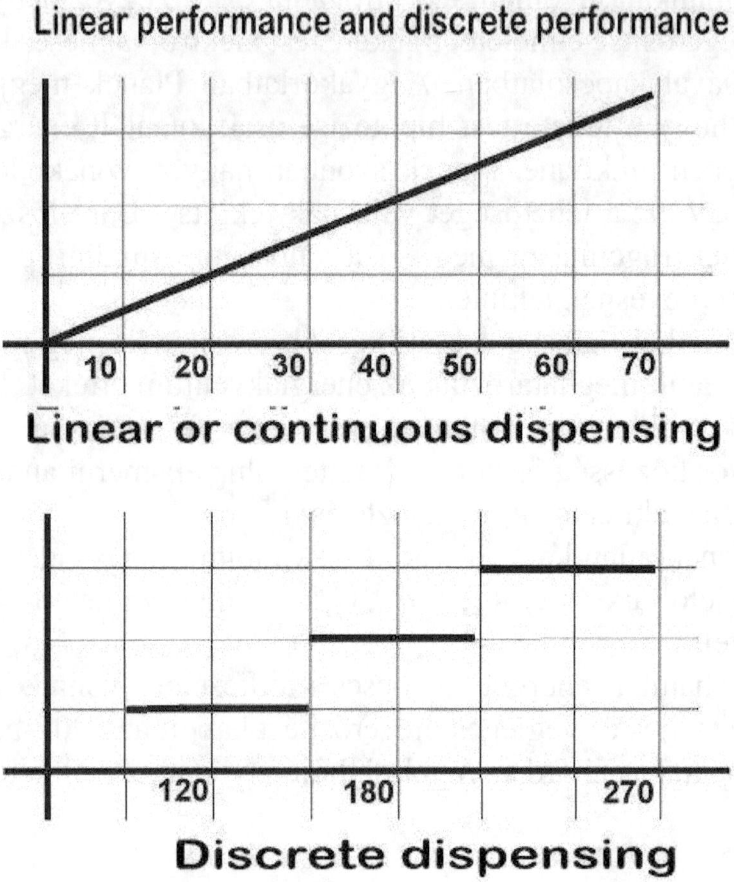

29. ábra
Lineáris trend és diszkrét trend.
1 Lineáris vagy folyamatos szállítás.
2 Szállítás diszkrét értékekkel
- A lineáris trend (majdnem) végtelen számú köztes szintet feltételez. A diszkrét trend ezzel szemben csak néhány tervezett emelést irányoz elő.

Az "elektron kvantumugrása".

Ismét utalva az atom hagyományos ábrázolására, vagyis a körülötte forgó elektronokkal körülvett magra, egy lépéssel tovább mehetünk, hogy megértsük a működéséhez kapcsolódó aspektust, amelyet "kvantumugrásnak" neveznek.

Először is meg kell jegyezni, hogy az elektronok nem foroghatnak anarchikus rendszerben, de meg kell felelniük bizonyos szabályoknak. Az első szabály a Pauli-kizárási elv, amely a "fermionokra" vonatkozik, a részecskék egy osztályára, amely protonokat, neutronokat és elektronokat foglal magában.

Ez az elv abból a felfogásból indul ki, hogy egy atom körül csak néhány "megengedett zóna" van, és hogy két egyforma fermion nem foglalhatja el egyszerre ugyanazt a zónát (vagy kvantumállapotot).

Ezért egy pályát legfeljebb két elektron foglalhat el, feltéve, hogy ellentétes „pörgéseik" vannak.

A második feltétel az, hogy az egyes pályák nem lehetnek véletlenszerűen távol az atommagtól.

A Niels Bohr által javasolt atomi modell szerint az elektron körpályán forog az atommag körül; minden egyes negatív töltésű elektron egy nagyon pontos pályának felel meg, mivel olyan sebességgel kell mozognia, hogy ellensúlyozza azt a vonzó elektromos erőt, amelyet a pozitív töltésű mag gyakorol rá. A forgás megakadályozza, hogy az elektronok beszívódjanak az atommagba, de a távolságukkal arányos energiával kell történnie.

Minél távolabb van egy elektron a magjától, annál több energiára van szüksége. De ennek egy jól kiegyensúlyozott energiának kell lennie. A megfelelő mennyiségű energiának meg kell akadályoznia, hogy az elektron az atommagba essen, vagy éppen ellenkezőleg, az atom hatászónáján kívülre kerüljön.

Mivel tudjuk, hogy az elektronok szintjén lévő energiát kvantumokban mérik, ezért a pályák csak egy kvantum távolságában lehetnek, vagy a kvantum többszörösei.

Egyetlen elektron sem fog olyan pályán forogni, amelyhez más energiaértékre van szükség, mint a kvantum vagy annak többszöröse.

Ezért egy belső pályán forgó elektron (nevezzük E-Belső) és egy olyan elektron között, amely egy külsőbb pályán forog (nevezzük E-Külsőnek), energiakülönbség van: az E-külsőnek több energiára van szüksége, mint az E-nek. -belső.

Példaként elmondhatjuk, hogy ha a belső elektronnak egy kvantum energiára van szüksége, akkor a külső elektronnak kettőre van szüksége ahhoz, hogy a pályáján maradjon. Nem létezhetnek olyan pályák, amelyek másfél kvantumot igényelnek, mert a kvantum a lehető legkisebb méret.

A nagy rend közepette figyelembe kell vennünk, hogy az elektronok meglehetősen rakoncátlanok, és néha – csak általuk ismert okokból – szeretnek külső pályáról belső pályára ugrani. Így, ha egy két energiakvantummal rendelkező elektron egy belső pályára akarna ugrani (amihez csak egy energiakvantumra lenne szükség), akkor az egyik kvantumát fel kell adnia. Mi történik ezzel a felszabaduló energiával? Foton formáját ölti, amikor az elektron végrehajtja az úgynevezett "kvantumugrást".

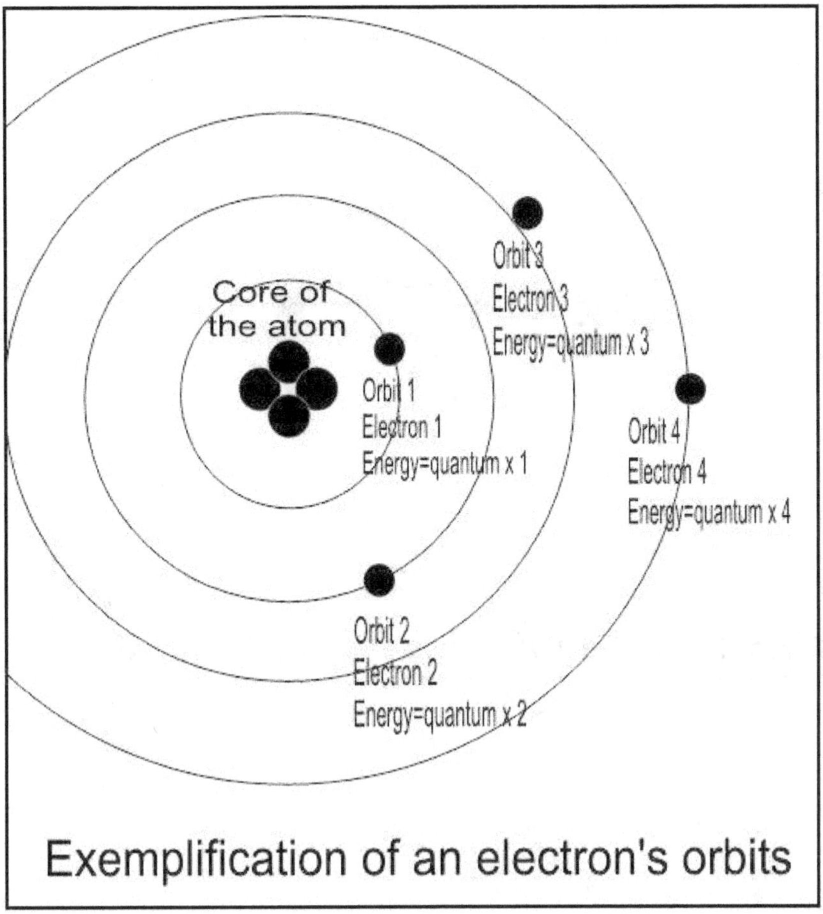

30. ábra - Négy elektronból és négy protonból álló atom példája. Minden elektron különálló pályán forog, és kvantumokban mérhető energiája van.

1 Az 1. pályán lévő elektron 1 kvantum energiával rendelkezik.
2 A 2. pályán lévő elektron 2 kvantumú energiával rendelkezik.
3 A 3. pályán lévő elektron 3 kvantumú energiával rendelkezik.
4 A 4-es pályán lévő elektron 4 kvantumú energiával rendelkezik.
5 Az atommag.

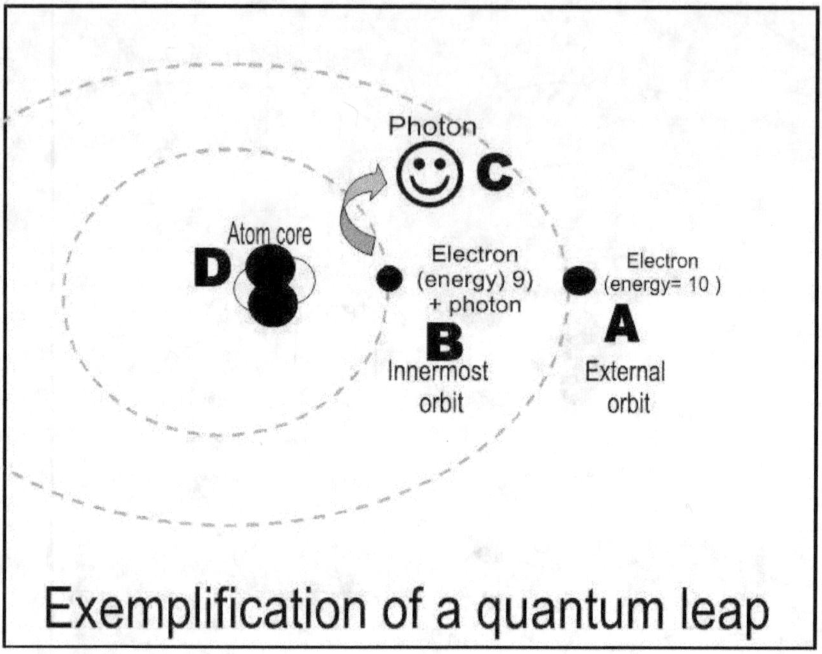

31. ábra - Példa kvantumugrásra.

A. A külső pályára helyezett A elektron tíz kvantum energiájú.

B. Az elektron belső pályára ugrik. Itt kevesebb energiára van szüksége (9 kvantum), így kvantumot szabadít fel.

C. A felszabaduló kvantum fotonná válik.

D. Az atommag.

A 31. ábra egy „kvantumugrást" ábrázol. Az A pontban bármely pályára helyezett elektron energiája tíz kvantumnak felel meg (példaérték). A B pontban az elektron belső pályára ugrott. Most a szükséges energia kilenc kvantumnak felel meg. Az a kvantum, amelyre már nincs szükség, foton formájában került átvitelre: vagyis fénykvantummá vált.

Amint később látni fogjuk, a fizikusok kihasználták ezt a tulajdonságot azáltal, hogy elektronokat stimuláltak, hogy kettős kvantumugrást hajtsanak végre ikerfotonok vagy korrelált fotonok előállítására; viselkedésük tanulmányozása a kvantumösszefonódásnak nevezett jelenség felfedezéséhez vezetett..

A "hullám-részecske" dualizmus.

A kvantumfizika alapvető jellemzője, hogy képes egy sugárzást vagy anyagot ábrázolni mind hullámjelenség, mind részecske entitás formájában. Ez ellentétben áll a klasszikus fizikával, ahol például a fényt kizárólag hullámként, az elektront pedig kizárólag részecskeként írják le.

Ezt a teljesen váratlan tulajdonságot "hullám-részecske dualizmusnak" nevezik. Ennek a tulajdonságnak az ismeretlensége volt az oka az atom működésére korábban kidolgozott összes klasszikus elmélet kudarcának. A kvantumfizika meghatározó jellemzője a a komplementaritás, amely szerint a két aspektus, a hullám és a részecske nem figyelhető meg egyszerre ugyanazon kísérlet során. Ezt a fogalmat a Heisenberg-féle bizonytalansági elvben formalizálták. Heisenberg megállapítja, hogy nem lehet egyszerre és rendkívüli pontossággal mérni azokat a tulajdonságokat, amelyek meghatározzák az elemi részecske állapota.Ha például abszolút pontossággal meg tudnánk határozni a helyzetét, akkor maximális bizonytalanságunk lenne a sebességét illetően.

A kvantumfizika megjelenése zavart és zűrzavart okozott a tudományos közösségben, amely megkérdőjelezte és forradalmasította a világról alkotott elképzelésének alapjait.

Maga Einstein, amikor ráébredt a kvantumfizika új valóságára, „baljósló távoli cselekvésnek” nevezte azt.

Amint arról az "Albert Einstein tudós és filozófus" című könyv is beszámol, Einstein a következőket írta naplójába:

> „Minden próbálkozásom, hogy a fizika elméleti alapjait ezekhez a feltevésekhez igazítsam, kudarcot vallott. Mintha elveszítettük volna a talajt a lábunk alól, és nem volt sehol egy fix pont, amelyre építkezhetnénk”.

A kvantumfizika felfedezései megkövetelték az olyan alapvető fogalmak újragondolását, mint az anyag, az idő, a tér és az ok-okozati összefüggések, amelyek mind elengedhetetlenek ahhoz, hogy megértsük a világot, ahogyan mi észleljük. A módosításuk szükségessége minden bizonnyal mély kulturális válságokat idézett elő a tudományos közösségben. Még ma sem lehet teljesen meghatározni, hogy mi a fizikai valóság pontos víziója, ha nem külön-külön vizsgáljuk meg különböző szinteken: a középdimenziók, azaz a mi érzékeny szintünk és a szubatomi dimenziók szintjén.

A kettős rés kísérlet.

A modern fizika vívmányai provokálták tudományos képünk jelentős változása a világról: megrendítették a természeti törvények abszolút érvényességét és relatív érvényességgé alakították át. A természeti törvények statisztikai igazságok, vagyis úgyszólván csak akkor érvényesek teljes mértékben, ha makrofizikai mennyiségekkel foglalkozunk. A minimális mennyiségek terén viszont bizonytalanná és lehetetlenné válik annak előrejelzése, hogy mi fog történni, mivel a nagyon kis mennyiségek már nem az ismert természeti törvények szerint viselkednek.

(Carl Gustav Jung)

A kvantumfizika egyik legismertebb kísérlete (talán a valaha volt legismertebb) segíteni fog abban, hogy jobban megértsük az elemi részecskék természetét. A kísérlet jelentőségét ősi eredetére alapozza: az első változatot több mint két évszázaddal ezelőtt, 1801-ben készítette Thomas Young. Ezt követően a kísérlet megőrizte méltóságát, ami sok későbbi újratételezésben aktuálissá tette. Természetesen a kísérletet frissítették, mivel a technológia lehetővé tette az újabb verziók elkészítését. Jelenleg ez jelenti az egyik fő kulcsot a kvantumfizika és a kapcsolódó jelenségek, köztük az összefonódás megértéséhez. Ezért megpróbálom illusztrálni ezt a kísérletet, hogy könnyen asszimilálhatóvá tegyem a nem szakember olvasó számára; e tekintetben kerülni fogom a matematikai képleteket.

A kísérlet fogalmilag nem bonyolult, és bemutatok egy példát, amelyet szerintem mindenki megérthet, aki fiúként szeretett kövekkel dobálni mindenféle célpontot, vagy vízbe dobni, hogy meglássa a tipikus koncentrikus köröket.

Emelje fel a kezét, aki még soha nem dobott követ. Aki köveket dobott, még ha már nem is fiatal, készüljön fel további dobásra.

A játék abból áll, hogy egy masszív sorompót állítunk magunk elé, amelyen lyukat vagy rést fogunk csinálni. A repedés elég nagy ahhoz, hogy az irányába dobott kő áthaladjon rajta. Közvetlenül a sorompó mögött egy nagyon vékony fémlemezt helyezünk el. Ebben a példában, amikor egy kő áthalad a lyukon, nekiütközik a fémlemeznek és behorpad, így az ütközés nyomát hagyja.

32. ábra Thomas Young (Milverton, 1773. június 13. – London, 1829. május 10.) brit tudós volt, aki a fénnyel és a szilárd testek mechanikájával kapcsolatos kutatásairól, valamint a fiziológiához és egyiptológiához való hozzájárulásáról híres.

33. ábra Werner Karl Heisenberg (Würzburg, 1901. december 5. – München, 1976. február 1.) német fizikus. A kvantummechanika egyik fő építésze volt, aki arról ismert, hogy 1927-ben kifejtette a bizonytalanság elvét. 1932-ben megkapta a fizikai Nobel-díjat.

Ezen a ponton a kísérletet a 34. ábrán látható módon végre lehet hajtani. Álljunk néhány méterrel arrébb, és dobjunk annyi követ, amennyit csak akarunk, hogy átjussanak a résen. Csak azokat a köveket vesszük figyelembe, amelyek áthaladnak a repedésen és eltalálják a fogadóernyőt, és figyelmen kívül hagyjuk azokat, amelyek kimaradnak, és amelyeket a sorompó visszautasít.

Minden kő, amely a vevő képernyőjét éri, egyetlen horpadást okoz (34-1. ábra).

Ha kinyitunk egy második rést a sorompón (34-2. ábra), akkor a sikeres kilövések áthaladnak az egyik vagy a másik résen, és a vevő képernyőjén a keresztezett réssel összhangban horpadások keletkeznek.

Összefoglalva, a kísérlet ezen részében megérthetjük, hogy a korlátot egyetlen szilárd lövedék átlépte, pusztán a vevő képernyőjén keletkezett horpadások megfigyelésével. Most áttérhetünk kísérletünk második részére. A készüléket, azaz a korlátot a réssel és a vevőernyővel egy vizet tartalmazó edénybe merítjük úgy, hogy a rés félig víz alá kerüljön, mint a 35. ábrán.

Ezúttal nem közvetlenül a hasadékra dobjuk a kövünket, hanem valamivel a sorompó előtt a vízbe. A kő olyan tipikus vízköröket hoz létre, amelyeket mindannyian ismerünk. Ezek a körök továbbterjednek a gát felé, áthaladnak a résen, és újra felbukkannak az ellenkező oldalon, új terjedési hullámokat képezve, amelyeket a vevő képernyő blokkol

Most képzeljük el, hogy kinyitunk egy második rést, és dobunk még egy követ, mint a 35. ábrán.

A sorompó előtt szétterülő, egyetlen kő által létrehozott vízkörök mindkét hasadékon áthaladnak. A kétlyukú gát hátulján két új vízkör keletkezik. Ezek a körök, amelyek még mindig terjednek, zavarják egymást, és összeadódnak.

Az eddig elmondottakból néhány egyszerű következtetést vonhatunk le:

- Ha lövedékeket indítunk a kétrésű sorompó felé, akkor a lövedékek átmennek az egyik vagy a másik résen. Ezt úgy tudjuk ellenőrizni, ha megnézzük a vevő képernyőjén lévő horpadásokat.

- Ha egy követ dobunk a vízbe a sorompó felé két hasítékkal, vízkörcsoportot állítunk elő. Ezek a körök áthaladnak mindkét hasadékon, és két új vízkört hoznak létre az akadály hátulján. Ez a két csoport egyesül, és interferenciamintát hoz létre.

Láttuk tehát a különbséget a kő és a hullám dobása között: a dobóköveknél horpadások keletkeznek, míg a dobott terjedési hullámok interferenciamintákat hoznak létre.

Amikor a tudomány meg akarta érteni, hogy a fény részecskékből vagy hullámokból áll-e, valaki azt képzelte, hogy "fényvillanásokat" vet egy olyan eszköz felé, mint amilyen az imént leírt. A kísérlet célja annak ellenőrzése volt, hogy milyen hatások keletkeznek a vevő képernyőjén, „horpadások" vagy „interferenciák".

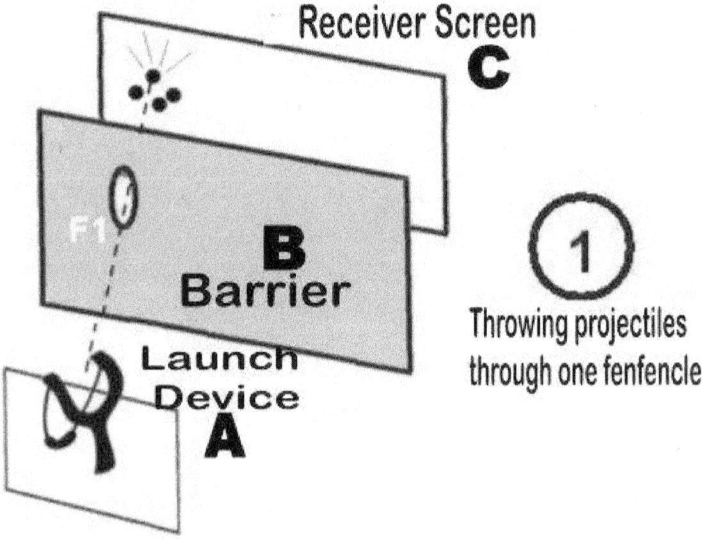
Receiver Screen
C
F1
B
Barrier
Launch
Device
A
1
Throwing projectiles
through one fenfencle

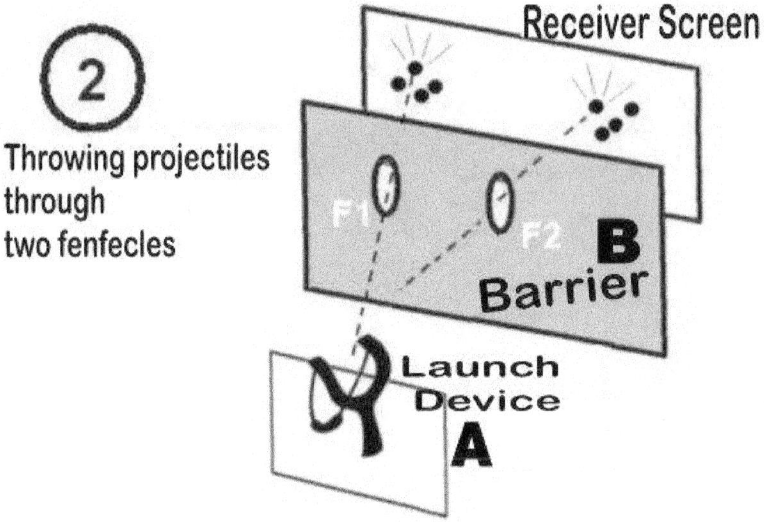
2
Throwing projectiles
through
two fenfecles
Receiver Screen
F1
F2
B
Barrier
Launch
Device
A

34. ábra - A kettős rés kísérlet szimulációja. 1) Lövedékek átdobása egy hasadékon. 2) Lövedékek bedobása két résen.

1) A dobás egy korláton keresztül történik hasadékkal.

A. Indító

B. akadály

C. Vevő képernyő

2) A dobás két hasítékkal ellátott korláton keresztül történik.

A. Indító

B. Gát

C. Vevő képernyő.

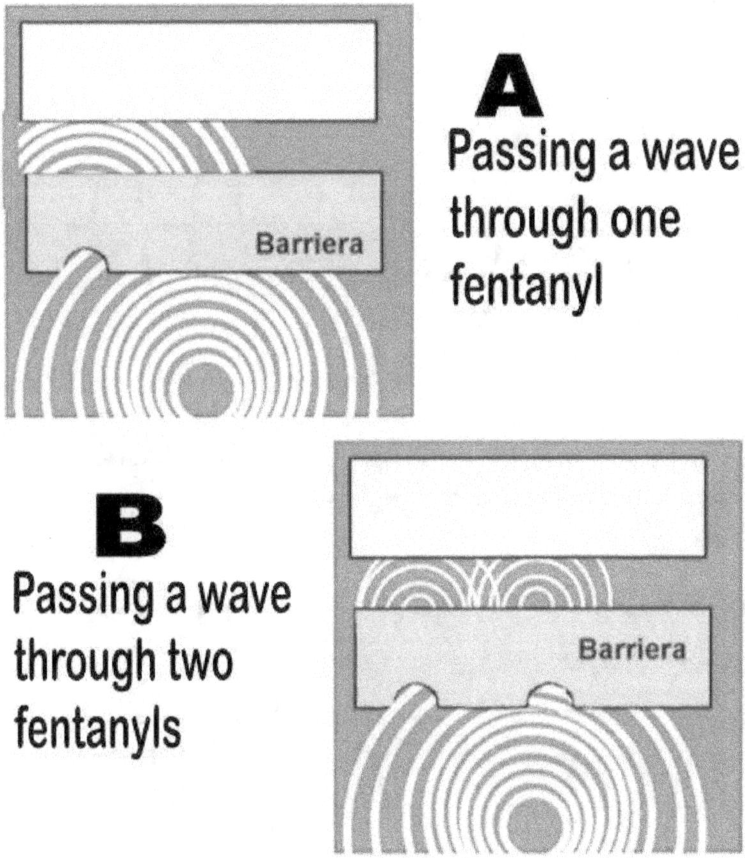

35. ábra - Két résen áthaladva a hullám két félhullámot hoz létre, amelyek metszésük során összeadódnak.

A) A vízhullám áthaladása egyetlen nyíláson keresztül.

B) Szuperpozíciós effektus, amely akkor lép fel, amikor a hullám áthalad két résen.

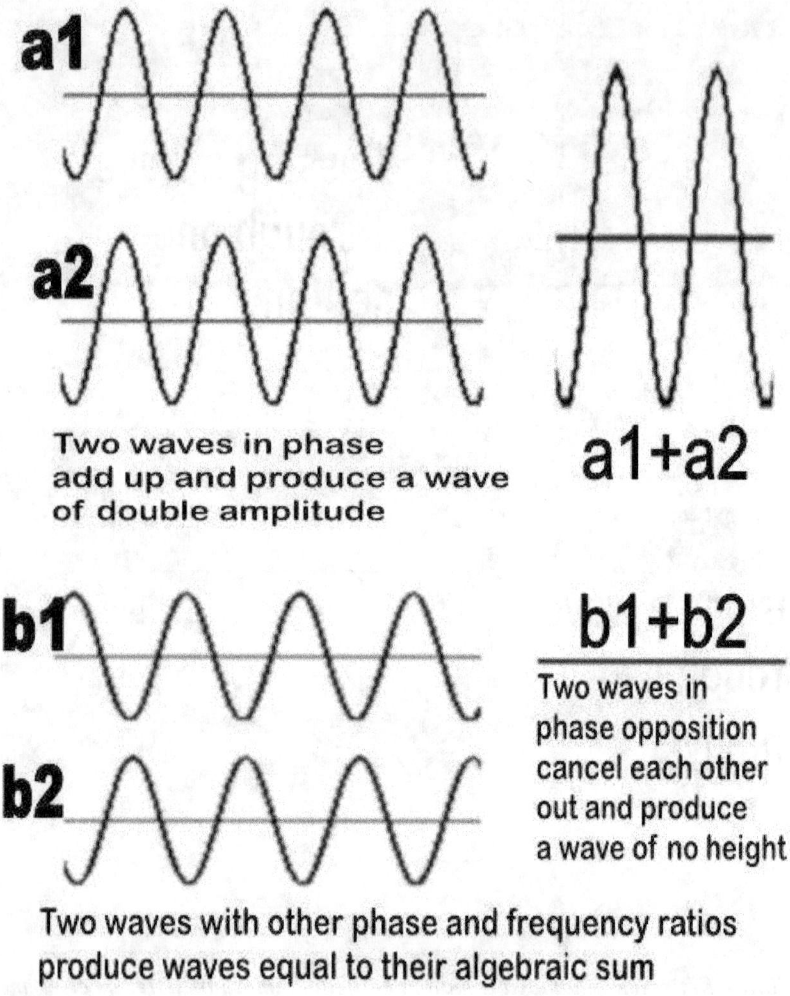
a1
a2
Two waves in phase
add up and produce a wave
of double amplitude
a1+a2
b1
b2
b1+b2
Two waves in
phase opposition
cancel each other
out and produce
a wave of no height
Two waves with other phase and frequency ratios
produce waves equal to their algebraic sum

36. ábra - Különböző amplitúdójú, frekvenciájú és fázisú hullámok összege

A) A két a1-a2 hullám fázisban van. Amplitúdóik összeadódnak, és a kettős amplitúdójú a1+a2 hullámot eredményezik.

B) A két b1-b2 hullám fázisellenállásban van. Amplitúdóik összeadódnak, és negatív eredményt adnak, a nulla amplitúdójú b1+b2 hullámot.

Ha két hullám nem pontosan fázisban vagy fázisellenállásban van, akkor algebrai összegükkel megegyező hullámot keltenek.

Thomas Young

Thomas Young brit tudós volt, jól ismert a fénnyel és a szilárd testek mechanikájával kapcsolatos kutatásairól, de az egyiptológiához való hozzájárulásáról is. Milvertonban született 1773. június 13-án, és 1829-ben halt meg Londonban.

Ő volt az első a tíz testvér közül egy kvéker családban. Csodagyerekként írják le, és biztosan az is volt. Valóban, két évesen már tudott olvasni. Hatéves korára már elsajátította a latint, és kétszer elolvasta a teljes Bibliát. Hamarosan más nyelveket is megtanult, és tizennégy évesen a görög, francia, olasz és héber mellett számos keleti nyelvet tudott, mint a káldeus, szír, szamaritánus, arab, perzsa és török.

Young 1796-ban szerzett fizikát Göttingenben, majd 1799-ben orvosként kezdett dolgozni a londoni Welbeck Street-i praxisban. Ennek az együttműködésnek a mai napig emléktábla az ajtón. Közben névtelenül publikálta tudományos írásait, mert tartott attól, hogy az orvosi hírnevére hatással lesz.

1802-ben Young csatlakozott a Royal Society Tanácsához, amelynek 1794 óta tagja.

A fizikában Young jól ismert az optika területén végzett munkáiról, mivel ő volt a hullám-részecske dualizmussal foglalkozó kutatás szerzője. A fény interferencia jelenségének felfedezését szintén Youngnak kell tulajdonítani. Valójában 1801-ben ő találta ki a kettős rés kísérletet.

A fény természetével kapcsolatos diatribus Newtontól indult, aki azt hitte, hogy a fény testes természetű, majd ezt a hipotézist megkérdőjelezték, így 1801-ben Young megtervezte és végrehajtotta híres kísérletét.

Young fénysugarat küldött egy sorompó felé, amelybe két lyukat fúrtak. A sorompón túlra helyezett vevőképernyőn interferenciamintát kapott. Így Young arra a következtetésre jutott, hogy az akadályt inkább hullámok, mint részecskék lépték át, és megerősítette a fény hullámtermészetét. De vajon a fény valóban hullám?

A kettős rés kísérlet evolúciója.

A huszadik század elején kétségek merültek fel, amelyeket Planck fekete testekkel kapcsolatos tanulmányai és néhány Einstein által kiemelt szempont a foton viselkedésével kapcsolatban vezettek be. .

1916-ban az amerikai Robert Millikan feltételezte a foton mint részecske létezését, amit később a Compton-effektus 1922-es felfedezése is megerősített.

Ez komoly problémát okozott a fizikában, mivel úgy tűnt, hogy a fény egy titokzatos kettősséggel rendelkezik, amely hullámként vagy részecskeként jelenítette meg a különféle kísérletekben.

1924-ben Louis de Broglie francia fizikus és matematikus megfogalmazta azt a hipotézist, hogy nemcsak a fotonok, hanem minden anyagi test, és különösen minden részecske is rendelkezik a hullámokra jellemző fizikai tulajdonságokkal. Ez a hipotézis hamarosan kísérleti megerősítést kapott, és alapvető impulzust adott a kvantummechanika fejlődéséhez. A hullám-részecske kettősség kísérleti bizonyítékát 1927-ben szerezte meg Clinton Davisson és Lester Germer a Bell Laboratories-ban, Murray Hillben, New Jersey államban, az Amerikai Egyesült Államokban. Ezek a tudósok elektronsugarat lőttek ki egy nikkelkristályra, és diffrakciós mintákat figyeltek meg. Ez lehetővé tette a részecskenyalábok felhasználását kétréses interferencia-kísérletek elvégzésére, ahogyan Young tette.

A kettős rés kísérlet modern változata

A kettős réses kísérletet először 1961-ben hajtotta végre modern formában elektronok felhasználásával Claus Jönsson a Tübingeni Egyetemen, Baden-Württembergiben Németországban. Ezt követően 1974-ben a bolognai CNR LAMEL Intézetében megismételte Pier Giorgio Merli, a LAMEL, valamint Gian Franco Missiroli és Giulio Pozzi, mindketten a Bolognai Egyetem Fizika Tanszékéről.

A LAMEL Intézet a legmodernebb mikroszkóppal, a Siemens Eliskop 101-gyel rendelkezett, amelyet úgy kalibráltak és adaptáltak, hogy interferencia elektronmikroszkópos üzemmódban működjön.

A mikroszkópot interferométerként és elektronforrásként is használták, amelyeket egyesével egy kettős elektronprizmán kellett áthaladni, majd egy fényképezőlap felé küldeni.

A kísérlet leírása egyetlen foton indítása alapján

Most részletesen meg akarjuk vizsgálni a kísérletet a klasszikus modern változatában, amely egyedi fotonok vagy fénykvantumok felhasználásán alapul. Képzeljünk el tehát egy olyan eszközt, amely egyenként képes egyes fotonokat kibocsátani, egy vagy két réssel rendelkező sorompót és mögötte egy képernyőt. A hátsó képernyő egy sötét helyiségből áll, amely fotófilmet tartalmaz. A filmet az azt érő fotonok fogják "megjelölni", mivel a fotonok fényhordozó elemek.

Az egyrés konfigurációjú eszközt a 37. ábra mutatja. Az akadály által visszautasított fotonokat nem veszik figyelembe. A résen áthaladó fotonok egy pontot jelölnek a fotófilmen, ami egyértelmű jele annak, hogy részecskékként viselkedtek. Eddig semmi rendkívüli; a fotonok úgy viselkednek, mint a mi köveink, és a kísérlet azt sugallja, hogy a fotonok részecskék.

A 38. ábra egyetlen foton kilövését szemlélteti két réssel rendelkező gát felé. A kérdőjel a kérdést szimbolizálja: melyik résen fog áthaladni a foton?

A válasz egyértelműen látható a 39. ábrán: az egyetlen foton átment mindkét résen.

Valójában egyetlen rés előtt a foton részecskeként viselkedik, míg két rés előtt hullámként viselkedik, és mindkettőt keresztezi.

Az első esetben a visszajelzést a fotófilmen megjelenő egyedi fényes pontok adják. A második esetben ezen a sötét és világos sávok jelennek meg, vagyis a két résen áthaladó hullám által adott interferencia ábra, amely két kimenő hullámot hoz létre. Az akadályon túl a két hullám interferál és algebrailag összeadódik. A sötét vagy világos sávok jelzik az eredményt (39. ábra).

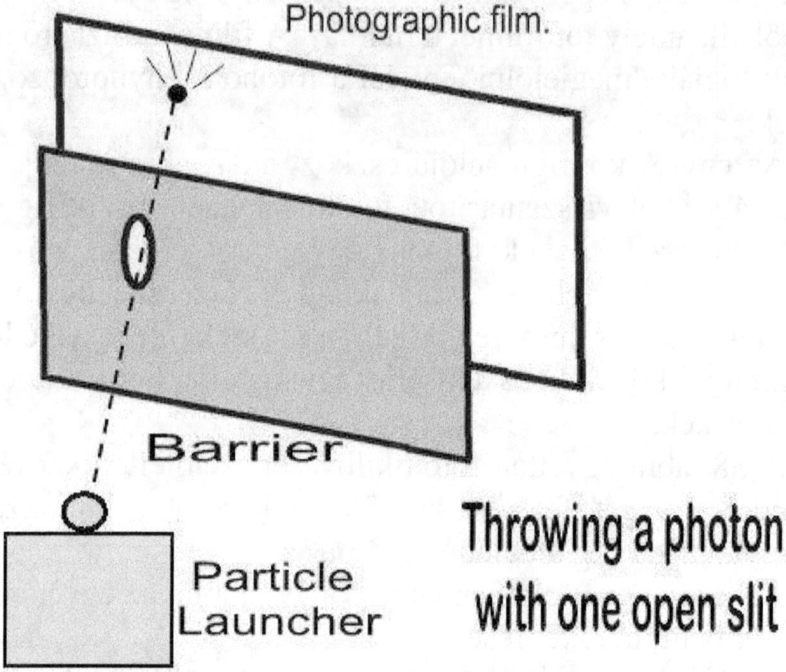

37. ábra - Egyetlen foton indítása egy réssel rendelkező akadály felé. A foton áthalad a résen, és hatással van a hátsó fényképezőlap egy pontjára. Így a foton részecskeként viselkedik.

A) Dobóeszköz.

B) Gát egy repedéssel.

C) fotófilm.

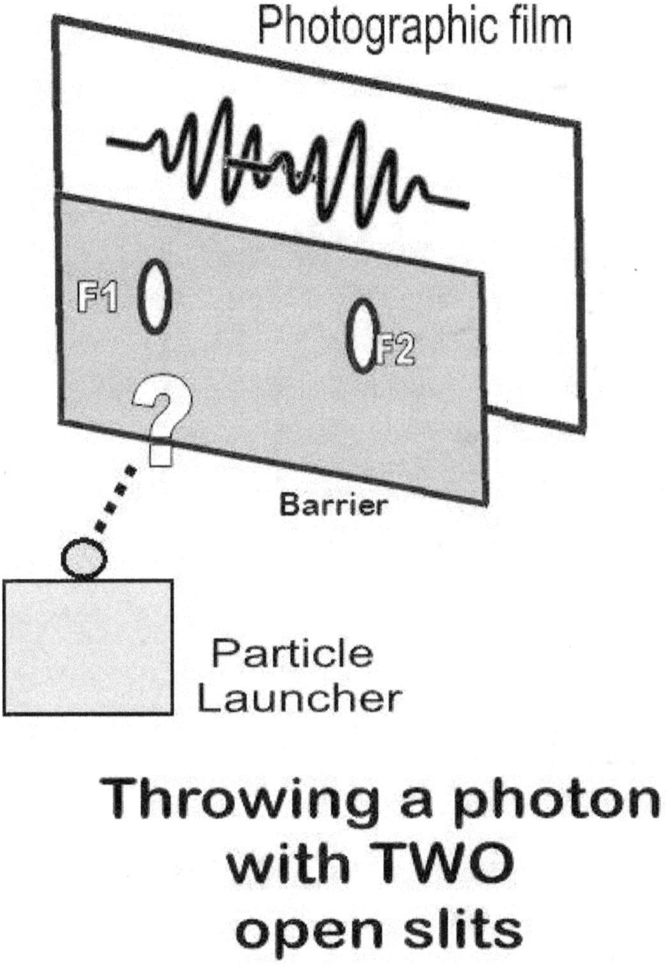

38. ábra - Ha egyetlen fotont indítunk el egy két réssel rendelkező gát felé, akkor ez részecskeként csak az egyiken, hullámként pedig mindkettőn haladna át.
A) Dobóeszköz.
B) Két nyílással rendelkező sorompó.
C) fotófilm.

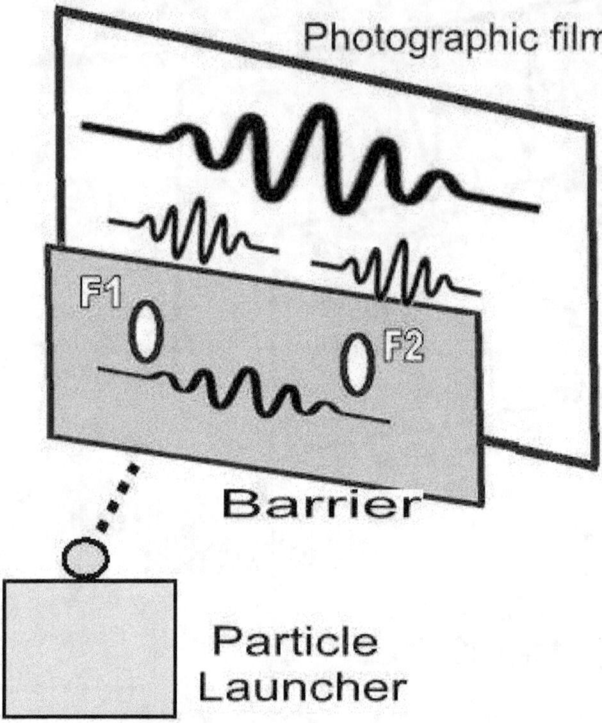

Throwing a photon with two open slits. The photon behaves like a wave

39. ábra – Valójában az egyetlen foton, ha csak egy réssel néz szembe, részecskeként viselkedik; ha kettő van előtte, hullámként viselkedik.

A) Indító .

B) Sorompó egy nyílással.

C) fotófilm.

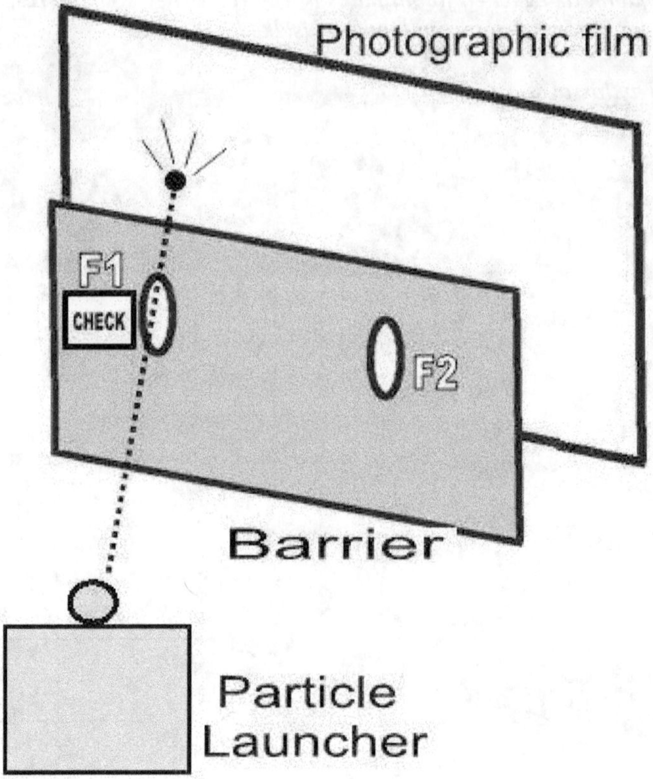

Launch of a photon with CONTROL DEVICE. The photon behaves like a particle

40. ábra - Ha egy fotont nekidobunk egy két réssel rendelkező gátnak, amelyek közül az egyik a fotonok áthaladását ellenőrző vezérlőkészülékkel van felszerelve, akkor a fotonunk a szabályozott rést választja és részecskeként viselkedik.
A) Dobóeszköz.
B) Sorompó egy nyílással.
C) fotófilm.
ELLENŐRZÉS) Eszköz ellenőrzése.

Az első megfontolandó szempont az, hogy a fotonok (de nem csak, ez a tulajdonság minden elemi részecskében közös) az esettől függően részecskékként vagy hullámként viselkednek. Ez látszik az eszközeink számára. Nyilvánvaló, hogy a részecskék egyszerre részecskék és hullámok is.

Ez lehetővé teszi, hogy egyetlen foton egyszerre haladjon át mindkét résen.

De a meglepetéseknek még nincs vége. Képzeljük el, hogy a kísérletvezető úgy dönt, hogy ellenőrzi, hogyan halad át a foton a résen, abból az elvből kiindulva, hogy a foton részecske, és valahol át kell haladnia.

Így a kísérletező a két rés egyike mögé helyez egy műszert. (40. ábra).

Nos, ebben az esetben, amikor a foton áthaladását egy műszer szabályozza, valami hihetetlen történik, mintha a foton megtagadná az együttműködést. Bár két nyitott rés van, a foton csak a műszerrel felszerelten halad át, és egy pontot hagy a hátsó képernyőn. Ha mindkét rést figyeljük, csak az egyiken halad át, miközben továbbra is részecskeként viselkedik. De ha kiveszed a szerszámokat, az visszamegy hullámszerűen viselkedni.

A gyakorlatban a foton kihívás elé állítja a kísérletezőt azzal, hogy bebizonyítja neki, hogy ez egy megfejthetetlen rejtély számára.

Leon Max Lederman amerikai fizikus "Quantum Physics for Poets" című könyvében a következőket írja:

„Úgy tűnik, egyetlen elektron, mintegy varázsütésre, egyszerre halad át a két résen, ha senki sem figyeli meg, miközben egy lehetséges utat választ, ha valaki vagy valami ránéz! Ez azért lehetséges, mert az elektronok sem nem részecskék, sem nem hullámok: valami más, teljesen új. A részecskék „kvantumállapotok”.

Meg kell mondani, hogy a kezdetben elemi részecskékre korlátozódó kísérletezést azután összetett testeken is elvégezték. A Bécsi Egyetemen Anton Zeilinger és munkatársai "bucky labdákat" használtak a kísérletezés során. Ezek hatvan vagy több szénatomból álló molekulák, amelyek egy geodéziai kupolára emlékeztető szerkezetet alkotnak; ezt az elrendezést Richard Buckminster amerikai építész tette híressé, és róla nevezték el. Nyilvánvaló, hogy egy hatvan atomból álló molekula gigantikus szerkezetté válik egyetlen fotonhoz képest. Ennek ellenére a kettős rés kísérletben, ahol fotonok helyett "bucky balls"-okat használtak, ugyanazokat az eredményeket kapták.

Ezzel bebizonyosodott, hogy egy anyagmolekula képes hullámjelenségeket előidézni, mint egy energiarészecske. Ezeknek az anyagmolekuláknak is megvan tehát a kettős jelenlét ajándéka, vagyis mindkét résen áthaladva képesek egyszerre két különböző helyen találni magukat.

Lehetséges a jelenlét két különböző helyen?

Lehetséges-e a jövőben a kísérletet bonyolultabb, több milliárd molekulából álló testen elvégezni, mint amilyen egy emberi test lehet? Ebben az esetben tudományos megerősítést nyernének az olyan ellentmondásos jelenségek, mint a megkettőződés, az asztrális projekció, a testen kívüli utazás vagy a bilokáció, azaz minden testen kívüli élmény, amelyet az OBE mozaikszóval is ismernek.

Ez utóbbi jelenség az angol "out of body experience" kifejezéssel ismert.

Ezek mind olyan tapasztalatok, amelyek értelmezése továbbra is ellentmondásos, és amelyek során az ember azt érzékeli, hogy "kimegy" fizikai testéből, vagyis saját tudatát a test határain túlra vetíti. Ezek a tapasztalatok a parapszichológiai diszciplínák területéhez tartoznak, amelyeket a tudományos és akadémiai világ nem ismer el, de számos – nyugati és keleti – kultúrában jelen vannak.

A bilokáció jelensége évszázadok óta része a védikus és buddhista hagyománynak. Úgy tűnik, ez a kultúra átadhatja a filozófiai és spirituális ismeretek alapjait a bizonyos hajlamú alanyoknak, hogy hosszú képzés során elsajátíthassák a bilokáció képességét.

Az ismert indiai filozófus, Paramahansa Yogananda könyveiben igen részletesen, önmagára vonatkozó epizódokról is tanúskodik.

Robert Allan Monroe amerikai író, 1978-ban megalapította az azonos nevű „emberi tudatkutatási" intézetet. „Az én utazásaim a testből" című könyvében leírja a keleti tudományokat, és hasznos technikákat ajánl ennek elősegítésére. .

A kereszténységben számos hagiografikus bizonyság létezik a bilokációról, többek között Páduai Szent Antalról, Assisi Szent Ferencről, Liguori Szent Alfonzról, Cupertinói Szent Józsefről, Paolai Szent Ferencről és Bosco Szent Jánosról.

A szubatomi részecskék prekognitív képességei.

A kettős rés kísérletből olyan következtetéseket vonhatunk le, amelyek a legtapasztaltabb fizikusokat is meghökkentik, és amelyek valószínűleg inkább a fizika filozófiájára vonatkoznak, mint magára a fizikára.

Képzeljük el egy pillanatra, hogy a fotonnak megvan a maga lelkiismerete, és képes "dönteni" viselkedését a különféle helyzetekben, amelyekben érintett.

A gyakorlatban azt kérdezzük: amikor egy foton elindul a gát felé, honnan tudja, hogy a gáton lesz-e egy vagy két nyitott rés?

Mert valójában a fotonnak csak a sorompó átlépése után kellene tudnia, hogy hány rés van előtte, ezt azonban nyilván a foton tudja először. Valójában a foton úgy dönt, hogy részecske vagy hullám formájában szembeszáll a gáttal, mielőtt áthaladna rajta.

Nem csak; a foton, mielőtt áthaladna egy lyukon, tudja, ha ezt a lyukat egy olyan műszer figyeli, amely képes ellenőrizni az áthaladását. A foton tudja, hogy a két lyuk közül melyiket figyeli a műszer, mielőtt áthaladna rajta. Fennállásának nagyon rövid pillanataiban, az indulás és a gáttal való találkozás között, a foton tudomást szerez arról, hogy mi vár rá. Tudja, hogy talál-e egy-két repedést, és hogy megfigyelik-e vagy sem.

Mivel a fotonnak sem elméje, sem tudata nincs, meg kell kérdeznünk, honnan ered az a képessége, hogy "előre tudja", mi vár rá a közeljövőben. Ennek a fejezetnek a provokatív címe, amely a foton prekognitív képességeiről szól, azt sugallja, hogy ezek valóban léteznek.

Valószínűleg igen. A foton „tud”, mert tudást kap, sőt, egy egyetemes bölcsesség része. A foton egy olyan tudás része, amely az egész kozmoszt összeköti. A foton tudja, mert az egész kozmosz tudja, és ennek a tudásnak nincs idő-, tér- vagy méretkorlátja.

A részecske nem "tudja korábban", hanem azért tudja, mert része a tudásnak.

A foton "tudja", mert része egy egyetemes kozmikus bölcsességnek, amely túl van minden határon és túl van minden, az anyag által meghatározott kötelezettségen. Tudása információ és intelligencia a tiszta pszichés vagy spirituális szinten. Ez az egyetlen foton és az univerzum többi részecske nem "látja előre a jövőt", hanem annak része.

Aztán egy másik kérdés is felmerül: miért nem rendelkezünk mi, alapvetően részecskékből álló tudással?

Természetesen a testünket alkotó összes részecske rendelkezik ezzel a tudással, mindegyik külön-külön; nekünk, végtelen számú részecske aggregátumának tekintve, rendelkeznünk kell egy aggregált tudással, az összes részecskénk tudásának összegével.

Nagy különbség van az egyetlen részecske és a részecskék halmaza között, amelyek vagyunk. Először is, a részecskék az egyetemes tudás tagjai, minden közvetítés nélkül. A részecskék közvetlenül részei ennek. Ehelyett testünket, amely részecskék halmaza, erőteljes közvetítők befolyásolják, amelyek valójában elválasztókká válnak.

Ezeknek a negatív közvetítőknek együttesen az „én” a neve. Tudatunk és személyiségünk a kozmikus tudás elválasztó funkcióját tölti be. Valójában, míg a részecskék alázatos tagok, akik engedelmesen ragaszkodnak ehhez a tudáshoz, mi magunkat helyezzük a világegyetem középpontjába. Minden, ami körülvesz bennünket, ami körülöttünk történik, a múlt emlékei és a jövővel kapcsolatos elvárások abszolút a saját személyes kozmoszunkra összpontosul.

Ez határozottan nem engedelmeskedik és nem túl átjárhatóvá tesz bennünket egy olyan tudás tekintetében, amely egyáltalán nem önmagunkra összpontosít.

Az ezekhez hasonló megfontolások ösztönösen felidézik az Isten jelenlétéből kivetett Lucifer rettenetes kiáltását: „Nem szolgállak téged!". Lehet, hogy mi magunk vagyunk a bukott angyalok, hiszen valójában nem akarunk mást szolgálni, mint az egónkat, és ez egy önzésből és önreferenciából álló egzisztenciális magányba sodor bennünket.

Hasonlóképpen, Ádám és Éva bibliai mítosza az édenből való kiűzetésről beszél az engedetlenség miatt. Isten gyümölcsöst ültetett, amelyből a házaspár teljes mértékben részesülhetett, egy kivétellel:

«A kert minden fájáról ehetsz; de a jó és rossz tudásának fájáról ne egyél; mert azon a napon, amikor eszel belőle, biztosan meghalsz."

A Jó és a Rossz ismerete Ádámot és Évát ítéletalkotásra képes alanyokká változtatja, de ezt a képességet sajnos beszennyezi az a törekvés, hogy Istenhez akarjanak hasonlítani.

Ennek ellenére sok olyan szempont van, amely – bár erőtlenül – kötődünk egy „kozmikus tudáshoz". Bár ezt a tudást visszatartották előlünk, birtokunkban van a létezéséről való tudatosság morzsái. Mindenekelőtt egy önmagunk feletti jelenlét sejtéseink vannak, amit megérzünk, és olykor szükségét is érezzük, mint például a távoli vagy eltűnt szülők emlékére. Egy ismeretlen szülő árnyéka, akitől átölelve érezhetjük magunkat, misztikusan lebeg gondolatainkban. Ez az árnyék lenyűgöz bennünket.

Ez az az érzés, amit sokan "Isten utáni vágyakozásnak" neveznek. Ez egy messziről érkező nosztalgia, amelyet olyan események idéznek elő, amelyek gyakran nem részei az élettapasztalatunknak; ez egy nosztalgia, amely a fizikai létezésünk előtti emlékekből merít.

Aztán ott vannak az extraszenzoros észlelések, vagyis azok a fényvillanások, amelyek időnként megvilágosodnak, és megvalósíthatóvá teszik azt az utat, amely összeköt bennünket a kozmikus tudással. Tudattalanunknak sikerül kapcsolódnia a kollektív tudattalanhoz, és bár kacskaringósan, az egyetemes tudatból az egyéni tudatunkba áramlik a tudás villanása. Amikor ez megtörténik, néhány pillanatig "ismerjük és látjuk" azokat a dolgokat, amelyeket az anyaghoz láncolt rabszolgák állapota miatt általában nem látunk. .

De a legkonkrétabb kapcsolatot a kozmosz bölcsességével a szinkronitásokban találjuk. A szinkronicitások megnyilvánulnak létezésünkben, de gyakran a közönyünk is kíséri. Annak ellenére, hogy elsüllyedtünk a bukott angyalok mélységébe, egy kéz nyúl felénk, hogy kiemeljen minket a gödörből, és vezessen a spirituális és kulturális evolúciós megváltás felé. A szinkronicitások bizonyítékai annak, hogy a „tudás” nem tekint minket örök átkozottnak, és látja bennünk azt az evangéliumi tékozló fiút, akit hazatérve apja nem utasít el, hanem örömmel fogad.

Az atomok és legfrissebb ábrázolásaik.

Az atom klasszikus ábrázolásában az elektronnak jól meghatározott energiamennyisége van, amely képes azt egy bizonyos pályán tartani. Ezt az energiát "a pálya energiaszintjének" nevezik. Következésképpen a pálya azt az utat jelenti, amelyet az elektron az atommag körül megtesz, míg az energiaszint azt az energiamennyiséget jelenti, amely elegendő ahhoz, hogy ezen a pályán tartsa.

Amint láttuk, a kvantummechanika képes leírni nagyon kis részecskék, például elektronok viselkedését, és azt is láttuk, hogy a klasszikus fizika szabályai ezekre a részecskékre nem vonatkoznak. A kvantumvízióban egy új, összetettebb atomi modellt vezettek be, amelyben már nem „pályáról", hanem „pályafelhőről" beszélünk.

„Orbit" és „Orbital Cloud"

A kvantummechanika bőven bebizonyította, hogy nem lehet meghatározni egy elektron pályáját, ezért a „pálya" kifejezés nem megfelelő. Fel kell hagynunk az elektron által megtett pálya fogalmával, hogy helyettesítsük a „pályafelhővel", amelyet „valószínűség felhőként" is definiálnak. Ez azért történik, mert nem tudjuk biztosan megállapitani, hogy egy adott pillanatban vagy a következő pillanatban mi az elektron helyzete az atomon belül. Bonyolult matematikai függvényekkel lehet információt szerezni az elektron helyzetéről, de csak az atommag körüli bizonyos térben való jelenlétének valószínűsége alapján (41. ábra).

Más szavakkal, míg az „Orbit" egy meghatározott pálya, az „Orbitális felhő" egy matematikai függvény, amely lehetővé teszi számunkra, hogy megállapítsuk, hol találja a legnagyobb valószínűséggel az elektront az atom körüli térben.

Mindez egyenes következménye a Werner Heisenberg német fizikus által felfedezett kvantummechanikai alapelvnek, a "Bizonytalansági elvnek" vagy "Heisenberg-elvnek", amely szerint nem lehet egyszerre ismerni az elektron helyzetét és sebességét. Ez megerősíti az elemi részecskék viselkedésének sajátosságát a testekhez viszonyítva makroszkopikus szinten, azaz méreteink és tapasztalataink szintjén.

A mi szintünkön tulajdonképpen egy kő röppályáját és sebességét is rendkívül pontosan ki lehet számítani még dobás előtt, ahogyan az égitestek útját vagy az űrműholdak utazási útvonalát is kiszámítják. Szubatomi szinten azonban ez a képesség lehetetlenné válik. Heisenberg elve ismét megalapozza a részecskék viselkedésének titokzatos sokféleségét.

Ami nemcsak az elektront, hanem bármely más elemi részecskét illeti, a térnek csak egy bizonyos tartományát tudjuk meghatározni, ahol a részecske megtalálható; pontosan ezt a térrégiót nevezik „pályafelhőnek", és a részecske által birtokolt energia határozza meg.

Az „Orbitális Felhőt" úgy képzelhetjük el, mint kompromisszumot a köztük lévő különböző elektronok taszítása és az atommag által kifejtett vonzás között. Ezért minél több protonja és elektronja van egy atomnak, annál bonyolultabbá válik a vonzás és taszítás belső viszonyainak helyzete; az atom darázsfészekké válik, amelyben a darazsak elképzelhetetlen sebességgel mozognak valószínűségi pályákon.

Ilyen körülmények között az egyetlen módja annak, hogy pontosan megtudjuk, hol van egy elektron, és milyen gyorsan mozog, ha hullámként kezeljük; az elektron az őt leíró hullám bármely X pontjában lesz. Ezt az elvet egy matematikai függvény, a "hullámfüggvény" határozza meg, egy Erwin Schrödinger osztrák fizikus és matematikus által kidolgozott fogalom.

Ez a függvény valójában nem határozza meg az elektron pontos koordinátáit, hanem lehatárolja azt a teret, amelyen belül nagyobb valószínűséggel megtalálható.

Ma már tudjuk, hogy a kvantumtörvények nemcsak az elektronra vonatkozhatnak, hanem az atommagokban, protonokban és neutronokban lévő részecskékre is.

Az atom dinamikus értelmezése.

Az eddig elmondottak sokkal dinamikusabb képet adnak az atomról, mint a klasszikus. Valójában, ha egy elektront részecskének tekintünk, nem tudhatjuk pontosan, hol van, kivéve, hogy az őt leíró hullámfüggvény bármely pontjában található (41A. ábra).

A modern fizika az univerzumot egy szétválaszthatatlan hálózatként fogja fel, amelyben a kapcsolatok abszolút dinamikusak, nem statikusak. A kvantummechanikában ez a dinamikus szempont, ha lehetséges, fokozódik, és a részecskék hullámtermészetének közvetlen következménye. Következésképpen a szubatomi részecskék tulajdonságai csak a dinamikájuk összefüggésében érthetők meg.

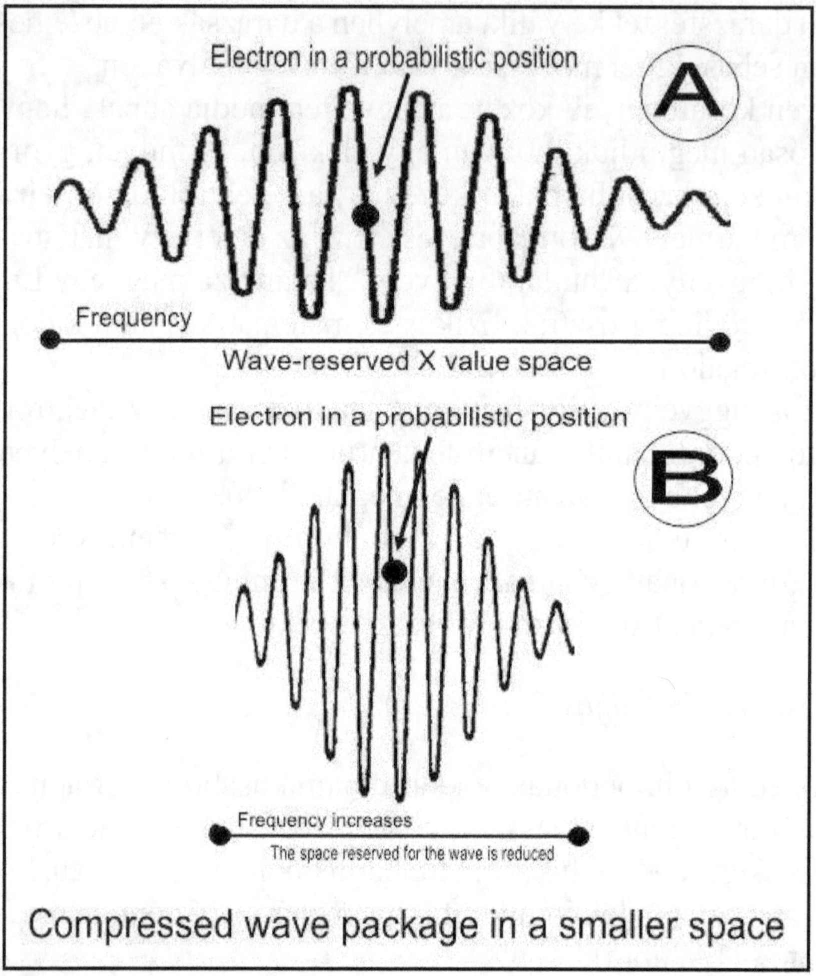

41. ábra - A hullám térrégiójának összenyomásával megnő a frekvenciája és ezzel a részecske forgási sebessége.

A. Az "X" értékű térben a hullám frekvenciája "a" értékű.

B. Szűkebb térben a hullám frekvenciája "b" értékű, nagyobb, mint "a "

Az a tény, hogy a részecskék is hullámok, látszólag bizarr viselkedést okoz, amelyet figyelembe kell venni. Ha egy részecskét kényszerítünk egy adott térbe, akkor az abban a térben mozogva reagál. A remegés gyorsabb, ha kisebb a hely.

Ez a tulajdonság a 41. ábra vizsgálatával válik érthetővé.

A felső részben egy elektron hullámfüggvényét ábrázoltuk, amely egy X értékű tértartományba van zárva, az elektron valószínűségi pozícióba helyezve.

A 41B. ábra alsó részén a rendelkezésre álló tér korlátozásával a hullám magasabb frekvencián rezeg, és ez az elektron sebességének növekedését okozza. Minél kisebb a határterület, annál jobban megnő az elektron mozgása.

Az a tendencia, hogy a részecskék a tér minden egyes szűkülésére sebességük növelésével reagálnak, az anyag szubatomi világra jellemző izgatottsági állapotát generálja.

Hiszen még a sejtmagban sincs mozdulatlanság, ha lehet, az izgatottság paroxizmális exaltációt ölt. Ezt megérthetjük, ha figyelembe vesszük, hogy az atommag térfogata billiószor kisebb, mint az atom teljes térfogata. Valójában, mint már említettük, ha az atommag mérete 3-4 milliméter lenne, akkor a legkülső elektron körülbelül 100 méter átmérőjű gömbtérfogatban forogna. Egy ilyen hihetetlenül kicsi atommag tértérfogatában két erő lép életbe: egyrészt a protonok közötti taszítás, amelyek mindegyike pozitív elektromos töltéssel rendelkezik, hajlamos "felrobbantani" az atommagot a térben. Másrészt azonban megjelenik az erős magkölcsönhatás, amely vonzerőt fejt ki az összes kvarkokból álló részecske között. Ezért az atommag rezgésben remeg a taszításból és a vonzásból álló örök konfliktusban, olyan sebességgel, amelyet nagyon kicsi méretei exponenciálisan megnövelnek.

Vannak "dolgok", vagy vannak események?

Mivel a részecskék nagyobb struktúrák, például molekulák és nagyobb anyagcsomók részei, még ezek a nagyobb szerkezetek is hajlamosak öröktáncban mozogni, azaz természetesen izgatottak. A kvantummechanika bebizonyítja, hogy az anyag soha nem tehetetlen, hanem állandóan mozgásban van. Bár makroszkopikus szinten a tárgyak mozdulatlannak és szilárdnak tűnnek számunkra, bensőséges összetételükben frenetikus tevékenységtől forognak.

Mindennapi valóságunk tárgyai atomokból állnak, amelyek egymáshoz kapcsolva alkotják az általunk ismert összes molekulaszerkezetet. Ezek a környezeti hőmérséklettel összhangban rezegnek. Az elektronokat az atomokhoz elektromos vonzási és taszító erők kötik, amelyek az atommag felé szorítják őket, így nagyon nagy forgási sebességet okoznak. Ugyanabban az atommagban a protonok és neutronok olyan parányi térfogatra redukálódnak, hogy nehezen elképzelhető sebességgel keverednek.

Minél tovább megy az atom tanulmányozása, annál nyilvánvalóbbá válik, hogy ez nem az anyag végső alkotóeleme, szilárd és tömör, ahogy azt Newton javasolta, hanem tevékenységek összessége, vagyis a részecskék által okozott rezgések. De ezek a részecskék egyszerre hullámok, amelyek örök, frenetikus mozgásban vannak egy többnyire üres térben.

Karl Raimund Popper osztrák filozófus és azoknak a módszereknek a tudósa, amelyekkel bizonyos és tudományos ismereteket lehet elérni a dolgokról, a metafizikának tulajdonítja, ha helyesen értelmezzük, a haladás serkentő funkcióját. A fizikai determinizmust Popper erősen vitatja, mind tudományos szempontból, mind a totalitarizmus előfeltételeként. „Az ego és agya" című kötetében Popper a következőképpen fejezi ki gondolatait az anyagi univerzumról:

> „A szilárd anyagról kiderül, hogy erősen koncentrált energia, amely más energiaformákká alakítható, és ezért valami folyamat jellegű, mivel más folyamatokká alakítható át, mint például fény, és természetesen mozgás és hő. Azt mondhatjuk tehát, hogy a modern fizika eredményei azt sugallják, hogy el kell hagyni egy anyag vagy esszencia gondolatát.
>
> Most (ahogyan A. N. Whitehead különösen hangsúlyozta) az univerzum nem dolgok gyűjteményeként jelenik meg, hanem egymásra ható események és folyamatok összességeként.
>
> Ezért egy modern fizikus nagyon jól mondhatja, hogy a fizikai dolgoknak - testeknek, anyagnak - atomi szerkezetük van. De az atomoknak viszont van egy olyan szerkezete, amelyet aligha lehet „anyagként" definiálni, és semmiképpen sem „szubsztanciálisként":(...)
>
> A materializmus és különösen az atomizmus történetében olyan idealista filozófusok, mint Berkeley és Hume, kételkedve nézték az anyag valóságát. De az anyagot a fizikusok, például Mach is így tekintették, éppen akkor, amikor a kvantumelmélet kialakult."

Richard Feynman fizikus kvantumelektrodinamikai elméletében a Heisenberg-féle bizonytalansági elvre hivatkozik. Azt állítja, hogy ezen elv alapján. a kvantumvákuumot, amelyet "nullapont mezőnek" is neveznek, hullámzások tengere hatja át. Ezek a fluktuációk virtuális részecskék és antirészecskék párokat hoznak létre, amelyek energiájukkal fordítottan arányos időben megsemmisítik egymást.

Einstein híres E=mc2 képlete kimondja, hogy az anyag és az energia egymásra konvertálható. Ezért az energia sokféle formát ölthet: lehet klasszikusan mechanikai, kétféle módon: kinetikus vagy potenciális. Ezenkívül az energia lehet kémiai, elektromágneses, gravitációs, termikus, nukleáris. Mindezek az energiakifejezések ugyanannak a globális energiának az összetevői, amelyek formáját változtathatják, de nem kerülhetik meg azt a szabályt, hogy a mennyiség mindig ugyanaz marad. Az energia megváltoztathatatlanságában és átalakíthatóságában azt a szerepet tölti be, hogy az összes fizikai jelenséget átalakulások hálózatába kapcsolja, de minden fizikai átalakulásnak szükségszerűen biztosítania kell, hogy az energiamennyiség előtt és után is változatlan maradjon. Ezért az energia nem semmisíthető meg, hanem különböző formákat ölthet. Még jobb, hogy állandó átalakulásban van.

Lokális és nem lokalitás.

The locality defines the area in which there are manifestations of energies and events delimited by the laws of classical physics; in the local reality there is causality or determinism (each event is determined by a previous event), all reality is subject to the arrow of time that moves only forward and, in any case, it is not possible to exceed the speed of light so there can be no instant communication of information over long distances. Moreover, any energy that carries any information, undergoes a decrease in power that is much higher, the further it moves away from the source, as happens for a light or a sound that becomes increasingly dim as the distance increases.

In the non-local domain, on the other hand, there are events and manifestations that do not undergo the typical restrictions of the local domain: they are not limited either by time or by distance. In the non-local level it does not exist yesterday and today, before and after, but only "now and always". Likewise, there is no high and low, near and far, but only "here and everywhere”.

Kvantumösszefonódás.

Az „összefonódásban" részt vevő entitások, a részecskék vagy fotonok azért kapcsolódnak egymáshoz, mert egy olyan folyamat állította elő őket, amely különleges módon kötötte össze őket. Például két foton, amelyet ugyanaz az atom bocsát ki. Az ilyen fotonok vagy részecskék örökre „összegabalyodva", azaz összekapcsolva maradnak. Ha a kettő közül az egyiket valamilyen módon befolyásolják, az "ikertestvére", bárhol legyen is az univerzumban, szintén azonnal reagál.

(Amir Dan Aczel, izraeli matematikus és fizikus)

Az anyag hullámszerű viselkedése egy másik meglepő kvantumjelenség, a "kvantumösszefonódás" alapja. Az összefonódás az egyik legtitokzatosabb és még mindig lényegében megmagyarázhatatlan jelenség az egész modern fizikában. Erwin Schrödinger, a kvantummechanika egyik alapító atyja szerint kétségtelenül az egész elmélet jellemző eleme.

Az összefonódásnak olyan hihetetlen tulajdonságai vannak, hogy Einsteint kétségbe vonták a jelenség valóságában. 1935-ben Borisz Podolszkijjal és Nathan Rosennel együtt megfogalmazta a híres "EPR-paradoxont" (ezt a három tudós vezetéknevének kezdőbetűiből hívják), amely az összefonódás jelenségét paradoxonként emelte ki.

Valójában az eredetileg az összefonódás érvényes cáfolatának tekintett EPR-paradoxon egy alapvető hibát tartalmazott, amelyet 1964-ben John Stewart Bell emelt ki, és 1982-ben Alain Aspect kísérletei megerősítették. Később, 1998-ban Anton Zeilinger és mások továbbfejlesztették Aspect kísérleteit, és megerősítették eredményeit.

Ma már azt a következtetést vonhatjuk le, hogy a kvantumfizika számtalan tanulmányban bizonyult alkalmasnak a korábban soha nem elért pontosságig korrekt kísérleti előrejelzések előállítására, és a részecskék közötti, a kvantumösszefonódásra jellemző korrelációs jelenségeket valóban megfigyelték. Jelenleg ez az elmélet az olyan feltörekvő technológiák alapja, mint a kvantumszámítógépek és a kvantumkriptográfia, és lehetővé tette a teleportációval kapcsolatos kísérletek elvégzését, amelyekre a technológiai világ elvárásai összpontosulnak.

A kvantum-szuperpozíció elve.

Az egyszerre csak egy részecske küldésével végzett kettős rés kísérlet vizsgálatakor azt láttuk, hogy a részecske áthalad mindkét résen, és interferenciajelenséget hoz létre. Nyilvánvaló, hogy a részecske, mivel az egyedüli jelen van, önmagát zavarja. Ez egy lenyűgöző, de valóságos jelenség, amely az „Államok szuperpozíciójának kvantumelvének" nevet viseli.

A szuperpozíció elve megerősíti, hogy két vagy több kvantumállapot „egymásra rakható", azaz összeadható. A szuperponált állapotok összege egy másik érvényes kvantumállapot.

Valami hasonló a vízben átfedő hullámokhoz.

Ezért egy rendszer állapota két vagy több állapotból is állhat, hogy megosszák az azt alkotó állapotok egyes tulajdonságait.

Ha A-val és B-vel megjelöljük ugyanannak a részecske két különböző tulajdonságát, mint pl.

A állapot: a részecske az F1 helyen van

B állapot: a részecske az F2 helyén van

akkor az adott részecske állapotainak szuperpozíciója felírható A+B-ként, mert van valami közös az A és a B állapottal (42. ábra).

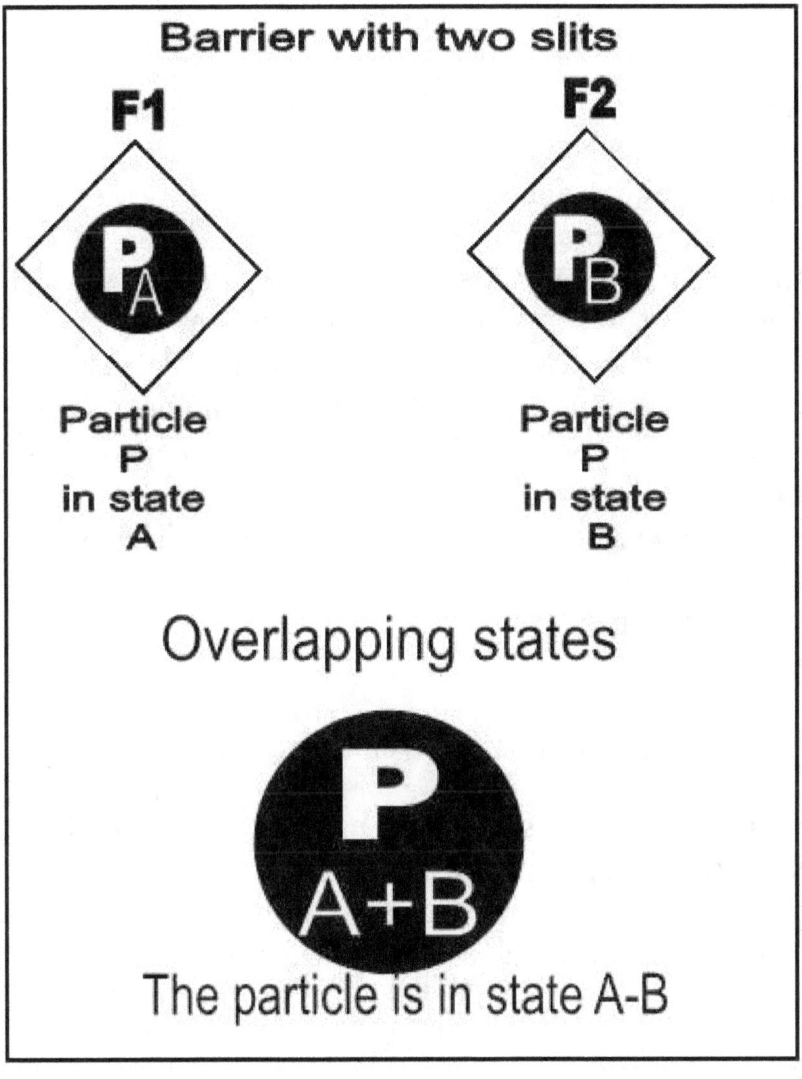

42. ábra – A mindkét résen áthaladó P részecske "kvantum szuperpozíció" állapotban van.

F1 A P részecske áthalad az F1 résen, és Pa állapota van

F2 Ugyanez a P részecske áthalad az F2 résen is, és Pb állapotú

A P részecske „állapotok szuperpozíciójában" van. Állapota P(a+b)

A részecske A állapotban van, amikor áthalad az F1 résen, és B állapotban, amikor áthalad az F2 résen. Mivel a részecske egyszerre halad át mindkét résen, egyszerre van mindkét állapotban, azaz szuperpozíciós állapotban, amit A+B-vel írunk, és a két állapot kombinációja.

„A részecske A állapotban van"

„A részecske B állapotban van".

Ha megfigyelnénk a részecskét, amint áthalad a korláton, akkor azt látnánk, hogy a két rés közül csak az egyiken halad át, és nem kapnánk meg az interferencia jelenséget; ha viszont nem figyeljük meg, akkor áthalad mindkét résen, generálja a szuperponálás állapotát, és a hátsó képernyőn lévő interferenciafigurák előállításával jelzi azt.

A szuperpozíciós elv a kvantumfizika egyik legnagyobb titka, és nélkülözhetetlen kulcsa az összefonódás jelenségének megértéséhez.

A szubatomi részecskék korrelációja.

A korrelációt az összefonódás eredményének tekinthetjük. Két részecske, amelyek "összegabalyodtak" egymással, azt mondják, hogy "korrelálnak". Ez azt jelenti, hogy a részecskék összekapcsolódnak és egy összefonódó rendszert alkotnak, és egységesen reagálnak a másikat érintő eseményekre. Úgy viselkednek, mint az ikrek, mint azok, akiknek a történetét a könyv elején bemutattam.

Ezért két rokon részecske tekinthető ikernek. Ahogyan az emberi ikrek ugyanabban a születésben vesznek részt, az elemi részecskék is belegabalyodnak, amikor olyan jelenségbe keverednek, amely nem triviális módon érdekli őket.

A McWhirter fivérek és a Furness nővérek esetei azért tekinthetők rendkívülinek, mert a főszereplők minden látható ok nélkül reagáltak az ikerpárjukat érintő eseményekre, felborítva ezzel az ok-okozati összefüggés elvét, amely szerint az univerzumban minden eseménynek kell az okának lennie. egy másik, korábban bekövetkezett eseményről. Valójában még a korrelált részecskék is ok-okozati összefüggés nélkül reagálnak a másikat (vagy másokat) érintő eseményekre. Valójában az egyik iker reakciója akkor következik be, amikor egyáltalán nincs tudatában annak, hogy mi történik a másikkal.

Ugyanez történik az összegabalyodott részecskék esetében is: az állapotváltozások nem egymás után, hanem egyszerre, ugyanabban a pillanatban következnek be; és ez, ne feledje, bármilyen távolságban vannak is a részecskék.

Ez a körülmény igazi rejtvény a fizikusok számára, mivel csak két dolgot jelenthet:

- a részecskék gyakorlatilag végtelen sebességgel kommunikálnak egymással, de minden esetben nagyobb sebességgel, mint a fényé,
- van egy másik kommunikációs forma, amely figyelmen kívül hagyja a teret és az időt. Tehát ez egy tisztán pszichés forma, hasonló a gondolathoz. azonnal képes eljutni az univerzum minden helyére, a múltban a jövőben, minden fizikai korlát nélkül.

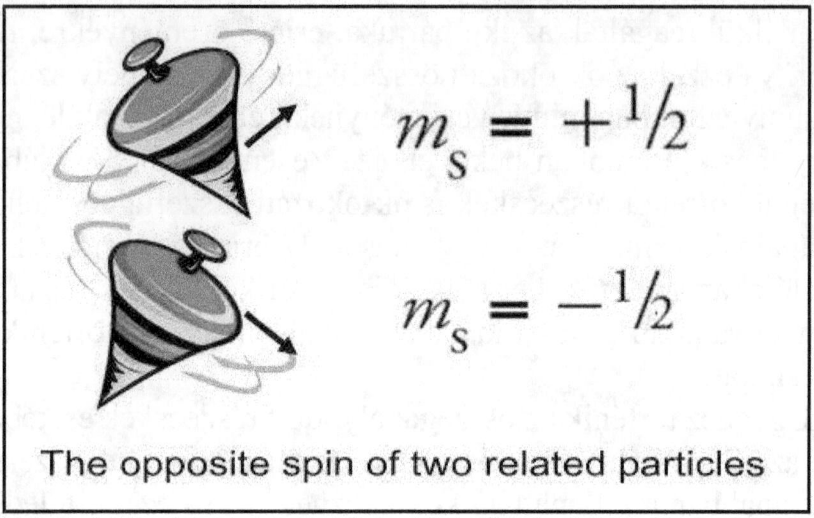

43. ábra – A spint (forgást) kezdetben az elektron "belső mágneses momentumához" viszonyítva vezették be.

Azonban még ez a példa is tökéletlen, mert azt jósolná, hogy a két részecske közül az egyik "hívást" indítana a másik felé, bár gondolati sebességgel.

Ehelyett a két részecske egyszerre dönti el a változását; egyik részecske sem dönti el először. Ha ez megtörténne, az ok-okozati összefüggések újra életbe lépnének, még ha rendkívüli sebességgel is. Nem ez a helyzet: a részecskék úgy viselkednek, mintha egyetlen részecske lennének.

Az összefonódás egy „konzisztencia-kényszer". Például, ha két ellentétes spinű foton korrelál, és egy összefonódott rendszert alkot, akkor az egyik spinjének változása (43. ábra) a másik spinjének változásával egyidejűleg következik be. Nincs mód annak ellenőrzésére, hogy melyik változat volt előbb.

A 31. ábra a laboratóriumokban korrelált részecskék előállítására használt módszert szemlélteti. Az A pontban egy tetszőleges pályára helyezett elektron energiája 10 (példaérték). A B pontban az elektron belső pályára ugrott; most a szükséges energia kisebb, és 9-nek tekinthetjük. A szükségtelen mennyiséget (egy kvantumot) egy foton előállítására használták fel.

Két korrelált foton előállításához egy elektront kettős ugrással kell végrehajtani.

Képzeljük el, hogy így két korrelált fotont kaptunk, és vizsgáljuk meg a köztük lévő kapcsolatokat.

Két részecske szuperpozíciója.

Pretpostavljamo da svaka od dvije čestice (P1 i P2) može biti na dva mjesta u isto vrijeme i stoga ima dva stanja. Čestica P1 će imati stanja P1A i P1B, dok će čestica P2 imati stanja P2Y i P2Z. Podsjetimo da stanja A, B, Y i Z predstavljaju različita mjesta na kojima se čestice mogu nalaziti (Slika 44).

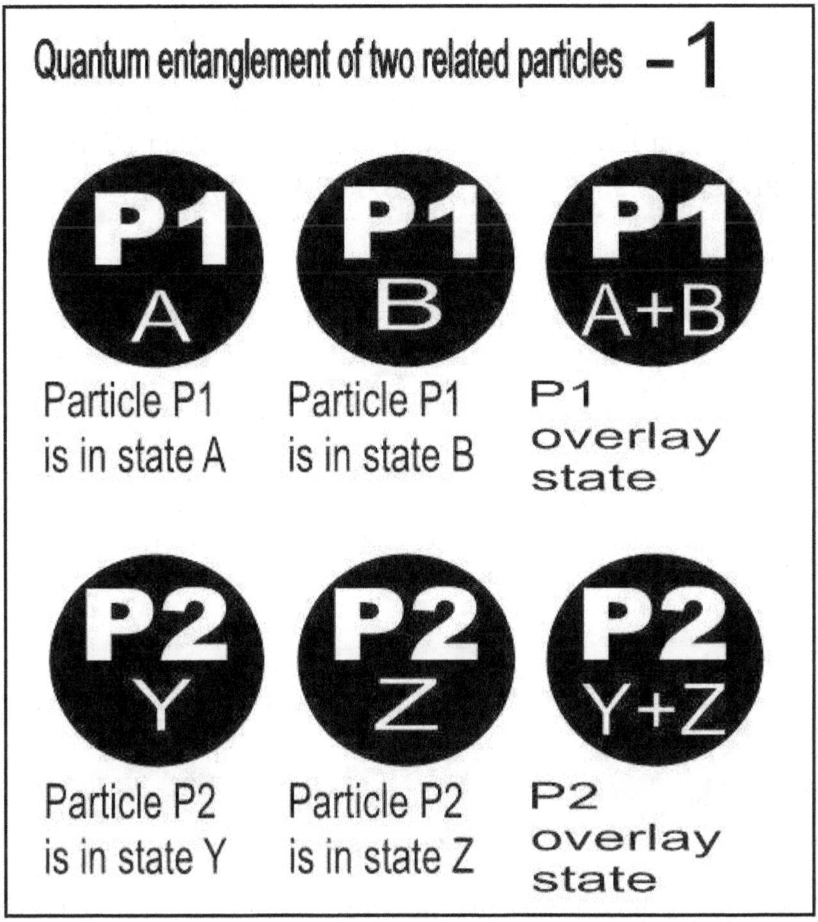

Slika 44 -
"Kvantno zapletanje" dvije povezane čestice. (prva faza)
Dvije čestice P1 i P2 imaju dva stanja.
Čestica P1 je u superpoziciji (P1(a+b)
Čestica P2 je u superpoziciji (P2(a+b).

Dvije povezane čestice imaju svojstvo posjedovanja dva stanja. Zamislimo sada da je čestica P1 u stanju A, a čestica P2 u stanju Y. Rezultat je sistem od dvije čestice sa stanjem AY, koje se naziva "stanje proizvoda". Ako, s druge strane, zamislimo da je čestica P1 u stanju B, a čestica P2 u stanju Z, rezultat je stanje proizvoda BZ (slika 45).

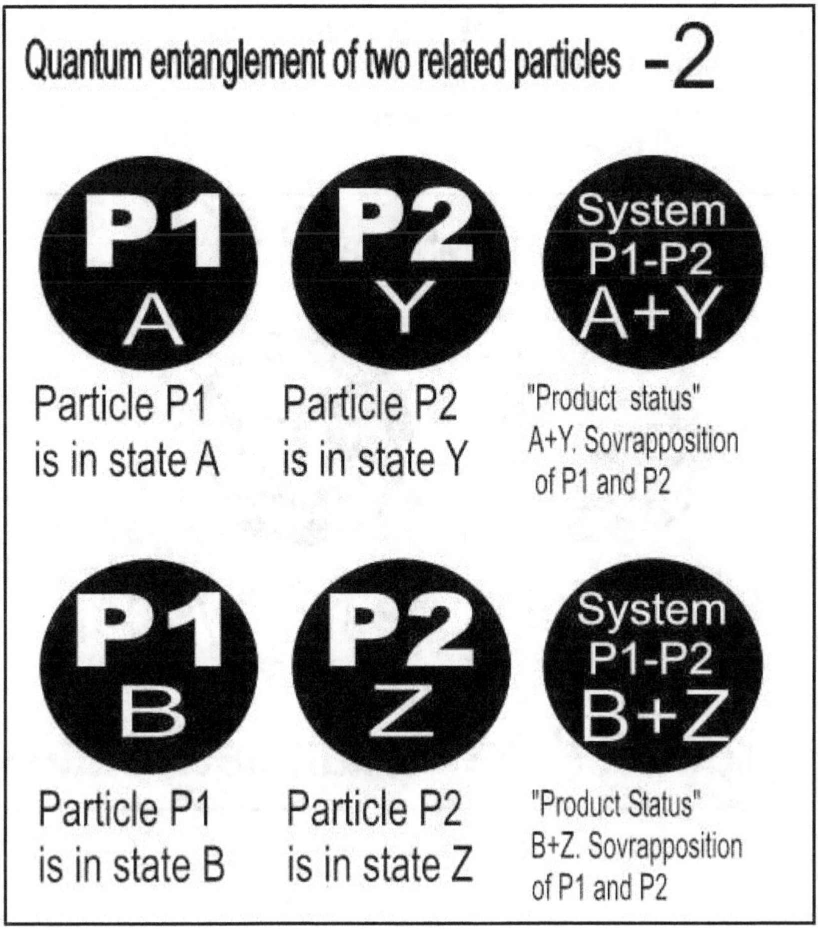

Slika 45 -
"Kvantno zapletanje" dvije povezane čestice. (Druga faza)
"Stanje proizvoda" srodnih čestica P1 i P2
Dvije čestice P1a i P2y proizvode stanje superpozicije P1-P2(a+y)
Dvije čestice P1b i P2z proizvode stanje superpozicije P1-P2(b+z)

.

U ovom trenutku, s daljnjim korakom, možemo primijeniti princip superpozicije na skup dva sistema AY + BZ. Ovo stanje se naziva "zamršeno stanje" (slika 46).

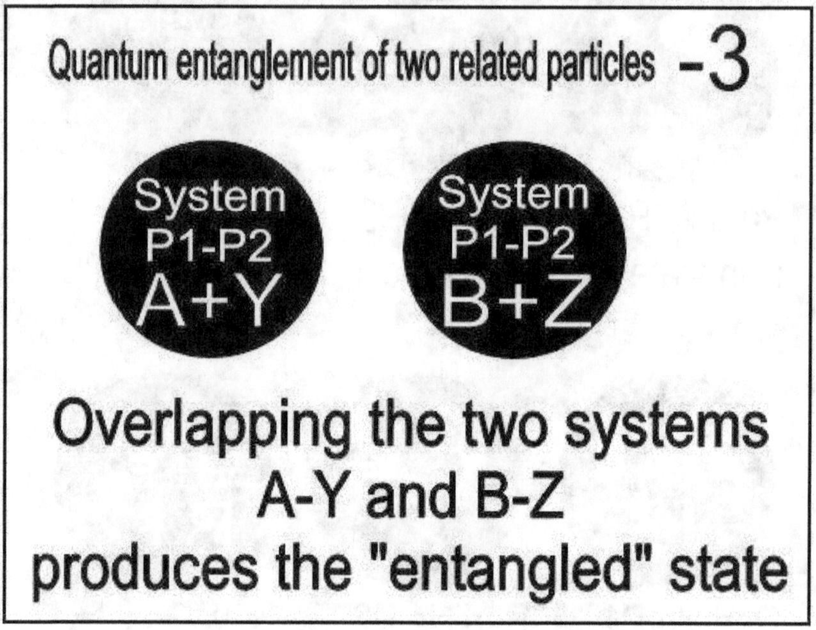

Slika 46 – „Kvantno isprepletanje" dvije povezane čestice. (Treća faza). Superponiranje dva sistema AY i BZ proizvodi "upleteno" stanje.

Preklapanje dva sistema naziva se "preplitanje". "Stanje proizvoda" AY označava da je čestica P1 u stanju A, a čestica P2 u stanju Y.

Slično, stanje proizvoda BZ ukazuje da je čestica P1 u stanju B, a čestica P2 u stanju Z.

Zamršeno stanje AY + BZ, koje predstavlja superpoziciju stanja, ukazuje da postoje obavezni zaključci u vezi s dvije čestice.

Zaista, ako se izvrši mjerenje koje pokazuje da je čestica P1 u stanju A, onda čestica P2 mora nužno biti u stanju Y, i obrnuto.

Isto tako, ako se mjerenjem utvrdi da je čestica P1 u stanju B, onda čestica P2 nužno mora biti u stanju Z.

Drugim riječima, kada su dvije čestice u zapletenom stanju, nije moguće razmatrati jednu pojedinačno bez obzira na drugu. Konačno, zapleteno stanje je rezultat superpozicije dvaju "stanja proizvoda".

Jednom kada su dvije čestice u korelaciji, između njih nastaje zapetljano stanje koje ne uzima u obzir vrijeme ili prostor. Svaka intervencija na jednoj od dvije čestice istovremeno proizvodi recipročnu promjenu u drugoj, gdje god se ona nalazila u svemiru.

Danski fizičar Niels Bohr, osnivač vrlo poznate Kopenhagenske škole, dao je fundamentalne doprinose razumijevanju strukture atoma i kvantne mehanike, i za to je dobio Nobelovu nagradu za fiziku 1922. godine. Što se tiče korelacije čestica on je rekao:

> "Čak i da su dva korelirana fotona na dvije različite galaksije, uvijek bi i dalje ostali jedan entitet, a radnja

koju izvrši jedan od dva fotona također bi utjecala na drugu".

Ovim, isprepletenost svečano objavljuje da svemir nije sav podložan zakonima klasične fizike, ali, barem na subatomskom nivou, ti zakoni više ne vrijede.
Činjenica da se dvije "zamršene" čestice nastavljaju ponašati unisono bez obzira na udaljenost između njih predstavlja naizgled nerješiv problem.
Kako te dvije čestice komuniciraju jedna s drugom? Sigurno ne sa signalima poslanim klasičnim metodama; oni bi, u stvari, izblijedjeli kako se udaljenost povećava i u svakom slučaju ne bi mogli premašiti brzinu svjetlosti. Svakako mora postojati mogućnost nefizičke komunikacije.

Nem lokalitás és extraszenzoros jelenségek.

A legmeglepőbb és legérdekesebb tulajdonság az eddigiek közül az, hogy a szubatomi részecskék azonnali információcserére képesek, azaz nem lokális módon kapcsolódnak egymáshoz; leegyszerűsítve, az információ nem halad át semmilyen fizikai helyen, hogy összekapcsolja a két részecskét; a nem lokális szint egy tisztán pszichés szint (hogy ne használjuk a spirituális kifejezést), vagyis tiszta információból, vagy intelligenciából áll.
Az is lehet érvelni, hogy a két részecske csak látszólag különálló, miközben gyakorlatilag egy marad, mivel pontosan így viselkednek. Ez nem oldja meg a problémát. Ha azonban a két részecske egy lenne, akkor az egész univer-

zumnak egynek kellene lennie, azaz nem különálló objektumokból állna (kivéve a makrofizikai szinten), míg szubatomi szinten egyetlen valóság lenne

Talán az "Unus Mundus"-ról beszélünk, a Jung és Pauli együttműködéséből kialakult koncepcióról, vagy talán a David Bohm által elméletileg megfogalmazott implikált univerzumról. Azonban még ebben az esetben is egyetlen egyetemes intelligenciára lenne szükség a Kozmosz irányításához.

Albert Einstein határozottan ellenezte a nem lokalitás elvét, mert az megsértette az általa megfogalmazott fizikai törvényeket, amelyek mind lokalitáson alapulnak. Életében folyamatosan próbált olyan elméletet kidolgozni, amely képes egyesíteni a klasszikus fizika és a kvantum fogalmait; sajnos nem sikerült neki.

1982-ben Alain Aspect kísérletei nyomán az összefonódás elmélete és ezzel a nem lokalitás fogalma végérvényesen megerősítést nyert. Azóta tudjuk, hogy a "helyi realizmus", amelyet a mi dimenziónkban érzékelünk, nem a természet abszolút törvénye.

Ezen a ponton elképzelhető, hogy a tér és az idő inkonzisztensek, és csak észlelési szinten léteznek. Az Aspect kísérlete megmutatta nekünk, hogy a részecskék között olyan kapcsolat van, amely túlmutat a téridőn. Sőt, mivel az egész univerzum részecskékből áll, feltehetjük magunknak a kérdést, hogy a nem lokalitás jelensége csak a szubatomi valóságra korlátozódjon, vagy megnyilvánulhat-e nagyobb objektumok, sőt élőlények között is.

Lehetséges, hogy a biológiai szervezetek, például az emberek hozzáférjenek a nem helyi szinthez? Ha a válasz igen, akkor elképzelhetnénk egy információcserét a különböző organizmusok között nem szokványos eszközökkel, azon a titokzatos dimenzión keresztül, amely a nem lokalitás.

Valójában ezt a lehetőséget nem szabad kizárni, éppen ellenkezőleg, létezik, és nagyon elterjedt és ismert. Ezt hívják telepátiának.

A telepátia sajátossága, hogy jobban működik olyan emberek között, akiket különleges vonzalom vagy rokonság köt össze, mint például az anyák és a gyerekek, vagyis érzelmileg "összegabalyodtak" közöttük.

Agyunk minden bizonnyal képes feldolgozni a hozzánk legközelebb álló emberekkel való kapcsolat iránti vágyakat. Talán a nem lokalitás jelenti azt az eddig ismeretlen eszközt, amellyel az ilyen kommunikáció ténylegesen megvalósulhat. Még ha az emberi lények nem is tudják, hogyan kell maradéktalanul használni a telepátiát, akkor is megvannak az eszközeik, nevezetesen egy olyan elméjük, amely képes feldolgozni a gondolatokat és át akarja adni azokat. Néha ez spontán módon történik, vagyis akkor is megtörténik, ha nem tudjuk megmagyarázni, hogyan történik.

A telepátia valószínűleg az elmék közötti korrelációs jelenségből áll. A tudat a szándékok kibontakoztatására irányuló képességének gyakorlása során képes korrelálni két agyat azáltal, hogy összegabalyodott állapotba hozza őket.

A nem lokalitáshoz köthető másik szempont az előrelátás és az előérzet jelenségeivel kapcsolatos.

Valóban, a nem lokális szinten nagy összefüggéseket lehetett felismerni a kollektív tudattalannal, a Jung által elméletileg megfogalmazott kozmikus szinttel, amely az emberiség fejlődésének minden történelmét és bölcsességét tartalmazza. A nem lokális szinten kialakuló "összefonódás" lehetősége egybeesik a kollektív tudatszint lehetőségével, és valószínűsíti, hogy az egyéni lelkiismeret hozzáférhet annak múltbeli, jelenbeli és jövőbeli tartalmaihoz.

Ebben az értelemben Alain Aspect és munkatársai kísérletei a kvantummetafizikai kísérleteknek is tekinthetők. A nem lokalitás bemutatásával a téridő valóságát meghaladó szint létezését is kimutatták, és megcáfolták a tisztán anyagi világegyetem hipotézisét.

Brian Josephson walesi fizikus, Cardiffban született 1940-ben. 22 évesen fedezte fel a Josephson-effektust, és ennek eredményeként 1973-ban megkapta a fizikai Nobel-díjat.

Josephson az egyik leghíresebb tudós azok között, akik támogatják a parapszichológiai jelenségek valóságosságát. Különösen a keleti miszticizmus tanulmányozásába merészkedett, és annak lehetséges következményeit, amelyeket a tudományos jelenségek misztikus vagy metafizikai kulcsú értelmezésével kapcsolatban jelenthet.

Josephson különösen azt állítja, hogy az egyik irányadó módszere: "nullius in verba" (Ne bízz senki szavaiban), utalva arra, hogy:

> „...ha minden tudós elutasít egy ötletet, akkor ez nem feltétlenül tekinthető annak bizonyítékának, hogy a fent említett elképzelés abszurd, ellenkezőleg, alaposan meg kell vizsgálni e vélemények motivációit, fel kell mérni, vajon támogatják-e egy gondos vizsgálatot. vizsgálat.".

Egybefonódó univerzum.

Brian Greene amerikai fizikus, a húrelmélet egyik legjelentősebb tudósa. Kiadta a "A kozmosz szövete. Tér, idő, valóság" című könyvét.

Ebben a könyvben, amely az idő rejtélyére összpontosít, Greene megállapítja, hogy egyetlen fizikai szabály sem erősíti meg azt az elképzelést, hogy az idő bármilyen irányban folyik. Továbbá a könyv témái között a "húrelmélet" alapfejezetén túl megtalálható a kvantumösszefonódás kezelése is. Lényegében a valóság természetének elemzése, kirándulásokkal olyan témákról, mint a téridő, a kozmológia és az univerzum eredete (az úgynevezett mindenek elmélete).

Greene valójában úgy véli, hogy az univerzum önmagával összefonódott és koherens egész.

Egy másik hiteles megerősítés a "The Non-Local Universe: The New Physics and Matters of the Mind" című könyvből származik, amelyet két fizikus, Robert Nadeau és Menas Kafatos írt. Íme egy gyakran ebből a szövegből vett idézet:

> „A kozmosz történetében minden részecske kölcsönhatásba került más részecskékkel az Aspect kísérletei által észlelt módon. Közvetlen fizikai környezetünkben gyakorlatilag minden olyan kvantumokból áll, amelyek ily módon kölcsönhatásba léptek más kvantumokkal az ősrobbanástól a jelen pillanatig. (…) Azt is figyelembe kell venni, hogy a kvantumösszefonódás exponenciálisan növekszik az eredeti kvantumállapotban részt vevő részecskék számával, és nincs elméleti korlát ezeknek az összegabalyodott részecskéknek a számának.
>
> Ha ez a helyzet, akkor az univerzum alapszinten részecskék hatalmas hálózata lehet, amely minden távolságon keresztül, nulla időn belül kapcsolatban marad egymással, energia- vagy információátadás

nélkül. Ez arra utal, bármilyen furcsának vagy bizarrnak tűnik is, hogy az egész fizikai valóság egyetlen kvantumrendszer, amely egyhangúan reagál a további kölcsönhatásokra.”

Valójában, ha figyelembe vesszük az ősrobbanás-elméletet, amit korábban leírtam, akkor az alapfeltevés az a nagyon erős robbanás, amely körülbelül 15 milliárd évvel ezelőtt történt, egy pontszerű energia "szingularitás". Ebből a "szingularitásból" egy még folyamatban lévő tágulásnak köszönhetően az egész univerzum született volna. Ez azt jelenti, hogy kezdetben az egész univerzum szinte végtelen sűrűségű valósággá sűrítette össze. Az a tény, hogy az összes részecske olyan szorosan összekapcsolódott, és hogy mindegyik ugyanabból a robbanásveszélyes eseményből született, jogos azt gondolni, hogy az univerzumban lévő összes részecske valójában összegabalyodik egymással

Nemcsak ez, hanem feltételezhető, hogy az univerzum összes részecskéje emlékezik az összes többi részecskével való ikerkapcsolatára. Ez azt jelenti, hogy a „különböző dolgokra” töredezett valóság csak illúzió. A szétválás annak köszönhető, ahogyan az univerzum makroszkopikus szintjét észleljük. A valóságban az univerzum, noha több milliárd évnyi távolságra galaxisok milliárdjaira tágult, mégis egy dolog, mert mélységében nem lokális kötésekkel egyesül, minden téren és minden időn túl. Ha ez az intuíció tudományosan kimutatható lenne, akkor bebizonyosodna, hogy mindannyian egy hatalmas holisztikus valóságban élünk, ahol minden egyes rész megéri az egészet, mert magában foglalja az egészet.

Bizonyára még mindig sok olyan dolog van, amit nem tudunk, és ami még a képzeletünket is felülmúlja.

Az összefonódás kísérleti megerősítései.

Einstein tévedett, amikor azt mondta: "Isten nem kockáztat." Valójában a fekete lyukak tanulmányozása azt sugallja, hogy Isten amellett, hogy kockáztat, néha összezavar minket azzal, hogy oda dobja őket, ahol nem látjuk őket.
(Stephen Hawking)

Valószínűleg valaki emlékezni fog a "Noeinre". Ez egy 2005-ös sci-fi animációs sorozat, amelyet a Satelight stúdió készített, és 24 epizódból áll, az ötletgazdája és a rendezője Kazuki Akane.

Noein, a karakter, akiről a sorozat a nevét kapta, egy elillanó figura, akit egyik szemével aranyszínű maszk jellemez. Ő az, aki a kezdetektől fogva szövi az események cselekményét. Noeint mélyen átitatják a kvantummechanika elméletei.

Noein az idő fogalmát olyan dimenzióként kezeli, amely más idővonalakra rezonál. Különösen azt látja, hogy az univerzum végtelen számú valószínűségre ágazik, ami kedvez Hugh Everett „sok világ"-értelmezésének. Noein azonban számos szempontot beépít Bohr és a Koppenhágai Iskola interpretációjából is, amely szerint a megfigyelő jelenléte elengedhetetlen a valószínűségi hullám összeomlásának egy mérhető helyzetben történő meghatározásához.

Haruka, egy női karakter „megfigyelő" ereje van a multiverzumban, amely képessé teszi arra, hogy meghatározza egy cselekvés kimenetelét egyszerűen „megfigyeléssel".

Az „Overlays" című epizódban Uchida elmagyarázza a Schrödinger macskaparadoxonát testőrének, Koriyamának. Ez a paradoxon egy példa arra az ideális helyzetre, amikor csak egy megfigyelő tudja megerősíteni a macska halálát, amikor kinyitja a dobozt. Ugyanebben az epizódban hivatkoznak az "Isten nem kockáztat" kifejezésre, amely Albert Einstein híres idézete.

„Isten nem kockáztat, tudtad ezt? Tegyük fel, hogy dobsz egy kockával, és ez a dobás a hatossal jön."
"Inkább az elsőt választanám, mert ez az első."

– Oké, egy vagy hat mindegy. Szóval, mondjuk kijött az első számú. Az ötös szám is megjelenhet, vagy a negyedik. Ugyanannyi a valószínűsége, nem?

– Tulajdonképpen igen.

„El tudsz képzelni egy olyan világot, ahol megjelent az ötös, és egy másik világot, ahol a negyedik? Lehetséges, hogy számtalan világ létezik, ahol önmagad számtalan másolata dob végtelen számú kockával?"

"Isten nem játszik kockával a világegyetemmel"

Ez az idézet Einstein egyik leghíresebb maximája. Különböző alkalmakkor többször megismételte. A tudós ezt a metaforát használta a kvantummechanika nem-determinisztikus vonatkozásaival szemben, amelyeket Niels Bohr és koppenhágai iskolája támogat.

Az a tény, hogy egy elektron helyzetét és sebességét nem lehetett biztosan megállapítani, és ezeket az adatokat csak valószínűséggel lehetett kifejezni, erősen sértette Einstein szigorúan tudományos érzékét, amely szilárdan a lokalitás és a determinizmus bizonyosságán alapul.

Bohr elmélete szerint, ha egy elektront többször, azonos kísérleti körülmények között "megfigyelünk", nem mindig ugyanazt az eredményt kapjuk. Ez attól függ, hogy pályája mindig ki van téve a valószínűség "instabil felhőjének".

Képzeld el, hogy sokszor dobsz egy kockát az asztalra, ugyanazzal a mechanikus eszközzel. Azt hiszi, mindig ugyanazt a számot fogja kiadni? Nyilvánvalóan ez nem történik meg a kockadobást befolyásoló számtalan variáció miatt.

Például a készülék durvasága, a környezeti hőmérséklet és páratartalom.

Einstein aforizmájával azt akarta mondani, hogy a kvantummechanika nem tekinthető hasonlónak a kockadobáshoz, de szükségszerűen nagyon pontos eredményeket kellett szolgáltatnia a számításai során.

Sok idézet van, amelyben Einstein határozottan kifejezi kétségeit. 1926. december 4-én ezeket a szavakat írta naplójába:

> "A kvantummechanika minden tiszteletet megérdemel, de egy belső hang azt súgja, hogy ez még nem a megfelelő megoldás. Ez egy olyan elmélet, amely sok mindent elmond, de nem engedi, hogy mélyebbre hatoljunk "Isten" titkába. minden esetben meg vagyok győződve arról, hogy a „Nagy Öreg” nem játszik kockakockát a világgal."

1942-ben Einstein Cornelius Lanczosnak, magyar matematikusnak, fizikusnak és nagy barátjának írta:

> "Milyen nehéz rápillantani Isten kártyáira. De egy pillanatra sem hiszem el, hogy kockával játszik vagy "telepatikus" módszereket használ, ahogy a jelenlegi kvantumelmélet tenné."

Különösen Einstein és Niels Bohr, két ellentétes tézis támogatója közötti számos eszmecsere ismert. Sok tanú és maga Bohr emlékszik vissza az 1927-es Solvay-kongresszus alkalmából lezajlott verbális összecsapásra. Bohr a következőket írja:

"A maga részéről Einstein tréfásan megkérdezte tőlünk, hogy valóban elhisszük-e, hogy az isteni Gondviselés "kockázott". Azt válaszoltam, hogy az ókori gondolkodók arra figyelmeztettek bennünket, hogy legyünk nagyon óvatosak a Gondviselés tulajdonságainak hétköznapi nyelven való meghatározásakor."

Werner Heisenberg is jelen volt ezen az alkalmon, és felidézi Einsteini viccét, amelyre Bohr így válaszolt:

"De nem rajtunk múlik, hogy megmondjuk Istennek, hogyan kell feldobni a világot!"

1944-ben, szeptember 7-én Einstein a következőket írta Bohrnak:

"Tudományos perspektíváink most pólusok vannak egymástól. Ön azt hiszi, hogy Isten kockakockát játszik a világgal; én inkább abban hiszek, hogy minden törvénynek engedelmeskedik. Hiszek az objektív valóságok világában, és igyekszem megragadni őket dühösen spekulatív módon. Remélem hogy valaki az enyémnél reálisabb utat fog felfedezni.Még a kvantumelmélet kezdeti nagy sikere sem tud meggyőzni arról, hogy mindennek a véletlenszerűség az alapja. Tudom azonban, hogy a fiatalabb kollégák ezt a hozzáállást a szklerózisom hatásának tekintik. Egy napon kiderül, hogy e két ösztönös hozzáállás közül melyik volt a helyes."

Einstein tézise a rejtett változók koncepcióján alapult. Szerinte ha a Koppenhágai Iskola kvantummechanikai változata nem determinisztikus eredményeket adott, az minden bizonnyal azon múlott, hogy néhány fontos paramétert figyelmen kívül hagytak.

Az EPR paradoxon.

A koppenhágai értelmezésből fakadó kvantumösszefonódást paradoxnak tekintették, mert összeegyeztethetetlennek tartották a speciális relativitáselmélettel, amely a fénysebességet tekinti annak a maximumnak, amellyel bármilyen típusú információ eljuthat. Ezenkívül a kvantumösszefonódás összeegyeztethetetlen a lokalitás elvével. Innen ered Einstein azon meggyőződése, hogy a kvantumelmélet hiányos. Szerinte az elmélet hiányos volt a "rejtett változók", azaz olyan paraméterek miatt, amelyeket nem vettek figyelembe a számításoknál.

1935-ben Borisz Podolszkijjal és Nathan Rosennel Einstein gondolatkísérletet javasolt a „Tekinthető-e a fizikai valóság kvantummechanikai leírása teljesnek?" című esszéjében.

Az esszé a "Physical Review" XLVII, 1935, pp. 777-780). Ebben a munkában, amelyet nevük kezdőbetűiből "EPR Paradox" néven ismernek, a három alkotó azt kívánta bemutatni, hogy a kvantummechanika érvényes eredményekhez vezetett, de paradox következményekkel járt. Ebből következően szerintük ez nem volt teljes fizikai elmélet.

Öt hónappal később Niels Bohr válaszolt azzal, hogy ugyanabban a folyóiratban közölt egy cikket azonos címmel (Physical Review XLVIII, 1935, 700. o.).

A valóságban akkoriban a két tudós összecsapásának mindenekelőtt azért nem volt nyertese, mert az akkori műszerek nem tették lehetővé a támogatott tézisek valódi kísérleti igazolását. A mai napig használatos „kísérleteket" „mentális kísérleteknek" vagy „Gedankenexperiment"-nek hívták, a Hans Christian Ørsted dán fizikus által megalkotott német kifejezés szerint. A gondolatkísérlet továbbra is egy hipotézis vagy elmélet tesztelésére, megerősítésére vagy megcáfolására irányul. Sajnos ennek a kísérletnek képzeletbeli és nem empirikus jellege van. Ennek az az oka, hogy a gyakorlati korlátok anyagilag kivitelezhetetlenné teszik.

Azt is el kell mondani, hogy a három tudós által kigondolt EPR-kísérlet olyan bonyolultságú volt, hogy kétségessé tette az abból levonható következtetéseket.

Ennek ellenére nem Einstein volt az egyetlen, aki kételkedett, hanem más tudósok is kiemelték munkáikban a kvantummechanika koppenhágai értelmezésének paradox oldalait.

47. ábra - Fent Erwin Schrödinger egy vintage fotón és egy osztrák emlékbélyegen. Alább egy játékos bejegyzés a híres macskaparadoxonról, a "Cenacolo Jung-Pauli" blogról

Schrödinger macskaparadoxona.

1935-ben Erwin Schrödinger osztrák fizikus, aki 1933-ban Nobel-díjat kapott, megjelentette azt a cikket, amelyben leírta a híres "macskaparadoxont", megpróbálva bemutatni, milyen bizarr az állapotok szuperpozíciójának elmélete. Valójában Schrödinger, aki ezt a paradoxont javasolta, Einsteinhez hasonlóan a kvantumfizika határait kívánta bemutatni, bár ő maga is e tudomány alapítói közé tartozott. Mint már említettük, a kvantumfizika szerint egy elemi részecske viselkedését nem lehet pontosan megjósolni, csak valószínűségi módon.

A makroszkopikus, azaz több millió aggregált atomból álló rendszerek esetében ez nem így van: ha bizonyos adatok ismertek, akkor pontosan ki lehet számítani, hogy mi fog történni bennük, és mikor fog megtörténni.

Schrödinger gondolatkísérlete meglehetősen bonyolult. Ez azt jelenti, hogy egy macskát egy radioaktív anyagot tartalmazó dobozba zárnak. Biztosan tudjuk, hogy ennek az anyagnak egyetlen atomja sugárzást bocsát ki, de nem tudjuk pontosan megmondani, hogy ez mikor fog megtörténni.

A dobozban a macskával együtt egy olyan eszköz található, amelynél a radioaktív anyag sugárzást bocsát ki, ami egy cianidos fiola felszakadását okozza, ami megöli a macskát.

Az idők bizonyosan megváltoztak, és egy tudós, aki ma egy ilyen jellegű kísérletet javasolt, azonnal azt találná, hogy laboratóriumát állatjogi aktivisták ostromolják. Azt azonban tudjuk, hogy Schrödinger soha egyetlen macskát sem tett egyetlen dobozba sem, sőt, valószínűleg volt egy macskája, akit nagyon szeretett.

Visszatérve a kísérletre, tudjuk, hogy a kis állat elpusztulására csak akkor kerül sor, ha a radioaktív anyag sugárzást bocsát ki, de nem tudjuk, hogy ez megtörténik-e, és esetleg mikor.

A dobozt egy órán keresztül zárva kell tartani. Tudva, hogy 50% esély van arra, hogy az atom elbomlik ezen az órán belül, megállapíthatjuk, hogy a doboz kinyitásakor egyenlő eséllyel találjuk a macskát holtan vagy élve.

A koppenhágai értelmezésben a kvantummechanika szerint, ha az atom viselkedését nem figyeljük meg kifejezetten, az utóbbi halmazállapotok szuperpozíciójában van, azaz elbomlott, de ugyanakkor nem bomlott le; az atom addig marad ebben a szuperpozícióban, amíg valaki fel nem nyitja a "hullámfüggvény összeomlását" okozó dobozt.

Schrödinger paradoxonát alkalmazva a kvantummechanikára, amíg a doboz zárva marad, van egy bomlott és el nem bomlott atomunk, egy egész és törött ciánfiola, valamint egy halott és élő macska.

A doboz kinyitásakor azonban a rendszer meghatározott állapotba omlik. Ez hasonló a kettős rés kísérletnél elmondottakhoz: ha egy fotont a gát felé dobnak, az hullámként viselkedik, áthalad mindkét résen, és interferencia jelenséget okoz. Ha ehelyett egy műszert alkalmazunk a két rés egyikére, hogy megfigyeljük annak áthaladását, a hullámfüggvény összeomlik, és a foton részecskeként viselkedik, egyetlen résen áthaladva.

Ezért a radioaktív atomból, cianid fiolából és macskából álló rendszer csak a doboz kinyitásakor vesz fel egyetlen, koherens, nem átfedő állapotot.

Viccesen mondhatjuk, hogy ebben a helyzetben tisztában lennénk azzal, hogy a doboz kinyitásával megállapíthatjuk a macska halálát.

Ehelyett a macska továbbra is életben marad (vagy legalábbis élve és halva), amíg a doboz zárva marad.

Nyilvánvaló, hogy Schrödinger macskaparadoxona olyan helyzetet ír le, amely teljesen távol áll a valóságtól. A kvantumfizika védelmében azt mondhatjuk, hogy bizonyos értelemben Schrödinger csalt, amikor összerakott két valóságot, a kvantumot és a makroszkopikust. Természetesen még nem jutottunk el a két szint eltérő fizikai törvényeinek egyesítéséhez.

John Stewart Bell egyenlőtlensége.

Erwin Schrödinger nem volt egyedül Einstein kétségei mellett. Sok más tudós konceptuálisan kritizálta a koppenhágai iskola tézisét. A tudományos közösség többsége azonban fokozatosan meggyőződött arról, hogy Einstein álláspontja téves. Az érvelést fokozatosan elvetették, és bár bizonyítékok nélkül, a tudósok többsége elismerte Bohr „nem lokális" elméletének érvényességét.

A kérdést John Stewart Bell (48. ábra) elevenítette fel, egy csendes, vörös hajú szeplős fiatalember, aki az északírországi Belfastban született 1928-ban.

Bell 1948-ban végzett kísérleti fizika szakon a Queen's University of Belfast-on. Több év elteltével, különböző intézetekben eltöltött, a CERN-ben (Európai Nukleáris Kutatási Szervezet) kezdett dolgozni a világ legnagyobb részecskefizikai laboratóriumában, amely a 2000-ben található. Svájc és Franciaország határa, Genf városának nyugati szélén, Meyrin községben.

48. ábra – John Stewart Bell egy kísérletet javasolt, amelyet 1982-ben Alain Aspect valósított meg, és amely bemutatta az Einstein, valamint Podolski és Rosen által megfogalmazott kétségek pontatlanságát (EPR paradoxon). Alain Aspect megerősítette a kvantumösszefonódást.

A CERN-ben eltöltött évek során Bell elméleti fizikával foglalkozott, és részecskegyorsítók területén dolgozott. A CERN komplexum jelenleg hét nagy gyorsítóból áll, amelyeket az intézmény alapítása óta különböző időpontokban építettek.

A részecskegyorsító olyan gép, amely nagy kinetikus energiával képes ionok vagy szubatomi részecskék, köztük elektronok, pozitronok, protonok és antiprotonok nyalábjainak előállítására. Ezeket a gépeket ipari és gyógyászati célokra, valamint anyagok szerkezetének tanulmányozására használják. Az elméleti kísérletezés szintjén a részecskefizikában használatuk lehetővé teszi nagy energiájú részecskék nyalábjainak előállítását, amelyeket nagyon kis méretű objektumok vizsgálatára használnak. Konkrétan a genfi "nagy hadronütköztető" (LHC), amely 2008. szeptember 10-én lépett működésbe, 27 kilométeres kerületen halad át. Az LHC-t úgy tervezték, hogy felgyorsítsa a protonokat, hogy lehetővé tegye a tanulmányozásukat az Univerzum életének első pillanataihoz hasonló körülmények között, közvetlenül az Ősrobbanás után.

Miközben Bell elmerült ezekben az elköteleződésekben, talált időt arra is, hogy a kvantumelmélet feledésbe merült alapvető kérdéseinek szentelje magát. 1964-ben, körülbelül harminc évvel az EPR-paradoxonról szóló esszé után, Bell újra megnyitotta a vitát erről a témáról, amelyről úgy tűnt, hogy leálltak, és cikket írt a "Physics" folyóiratba "Az Einstein-Podolsky-Rosen paradoxonról" címmel. A cikkben Bell a rejtett változók problémájával foglalkozott.

Bell azt a kérdést tette fel, hogy a kvantumelméletnek szüksége van-e rejtett változókra, ahogy Einstein érvelt, hogy megnyugtatóan a determinisztikus jelenségek kategóriájába kerüljön. Úgy vélte, ez elengedhetetlen ahhoz, hogy a kvantumfizika kikerüljön a nem lokalitás zsákutcájából, vagyis abból a lehetőségből, hogy két részecske nem lokális módon kommunikálhat egymással, térbeli és időbeli korlátok nélkül befolyásolva egymást. .

Mint már láttuk, Einstein annak ellenére, hogy a kvantumelmélet egyik megalapítója volt, kételkedett annak teljességében. Véleménye szerint egy teljesebb elméletnek előre kellett volna látnia a valóságelemek vagy rejtett változók létezését, hogy megőrizze a lokalitás fogalmát. Ráadásul a nem lokalitás ellentétes lett volna relativitáselméletével. Valójában a relativitáselmélet kizárja, hogy a fizikai cselekvés hatásai azonnal, távolról is megfigyelhetők legyenek. Ez a fénysebességnél gyorsabb információátvitelt eredményezett volna. Einstein relativitáselméletének alapjai között szerepel egy nagyon pontos fénysebesség, ami 299 792,458 kilométer per másodperc. Ez egy olyan paraméter, amelyet ha nem vennénk figyelembe, az egész relativitáselméletet lerombolná.

Sajnálatos módon abban az időben, amikor Einstein kifejtette kifogásait, a munka még kizárólag elméleti területen folyt, tekintettel arra, hogy a kísérleti hardver elégtelensége miatt nem lehetett ellenőrzéseket végezni. Ennek eredményeként Einstein „lokális realizmusa”, amely elméleti szinten érvényes, de ellentétben az elméletileg ugyanilyen érvényes hipotézisekkel, a filozófiai vita témájának szintjére korlátozódott.

Ennek a zsákutcának a felszabadulása akkor következett be, amikor 1964-ben John Bell újra az asztalra tette a kérdést azzal, hogy kísérletekkel igazolható módon tette fel a problémát. Ezeknek a gyakorlati kísérleteknek az volt a célja, hogy az egymástól távol eső részecskék fizikai tulajdonságait mérjék, amelyek kvantumhatások révén kapcsolódnak egymáshoz (korrelálnak).

Bell megfogalmazta a híres "Bell-egyenlőtlenséget". Ez az elmélet bebizonyította, hogy a rejtett változók hozzáadása semmilyen esetben sem képes reprodukálni a kvantummechanika által megjósolt összes tulajdonságot, különösen azokat, amelyek az összefonódásra vonatkoznak.

Bell egyenlőtlensége rávilágított egy alternatívára:

- Einsteinnek igaza volt. Helyes volt az a kvantumelmélet, amely a rejtett változók hozzájárulásának köszönhetően az einsteini lokalitás ernyője alá került.

vagy:

- Bohrnak igaza volt. A koppenhágai iskola kvantummechanikája helyes volt, annak nem lokális vonatkozásaival együtt.

Valójában Bell abból a feltevésből indult ki, hogy a kvantumelmélet rejtett változókkal való integrálásának lehetősége elképzelhető, ahogy Einstein javasolta.

Ezzel egyetértett David Bohm más tanulmányaival, amelyek szerint a rejtett változók információvektorok lettek volna. Vagyis Bohm azt javasolta, hogy a részecskéknek már van egy utasításkészletük, amely előre megmondta nekik, hogy minden körülmények között milyennek kell lenniük.

Bell-egyenlőtlenségének megvolt az az előnye, hogy lehetővé tette a kísérleti igazolást a fotonok polarizációjának mérésével. A későbbi kísérletek „füstölgő fegyvert" jelentettek a helyi realizmus ellen, és bebizonyították, hogy az EPR-paradoxon által elképzelt „borzasztó távoli akció" szilárdan a valóság része.

Ezek a kísérletek mindenekelőtt kétségtelenül azt bizonyítják, hogy a „nem lokalitás” elve a rejtett változók létezésének hipotézisében is beigazolódott volna.

Hans Christian von Baeyer amerikai akadémikus "Információ. A tudomány új nyelve" című könyvében ezt írja:

> "Einstein megérzésével ellentétben Isten nemcsak kockáztat, de úgy tűnik, ő az egyetlen, akiben megbízhatunk a tisztességes játékban."

Kísérletek, amelyek megerősítik a nem lokalitást.

1969-ben Bell levelet kapott a fiatal berkeley-i fizikustól, John Clausertől, amelyben elmondta, hogy kísérletet dolgozott ki az egyenlőtlenség elméletének tesztelésére. John Clauser nem volt egyedül az ilyen jellegű kísérletek végrehajtásával. A kísérleti eredmények ellenőrzése arra irányult, hogy megbizonyosodjon a valós fizikai világ lokális vagy nem lokális természetéről. A technológia fejlődése az évek során jelentős hatékonyságjavulást eredményezett, de mindenesetre minden kísérlet megerősítette a nem lokalitás kvantumelméletét, és olyan eredményeket hozott, amelyeket még rejtett változók hozzáadásával sem lehetett megmagyarázni.

1972-ben John Clauser Stuart Freedmannel együttműködve kalciumatomokat használt, hogy egy elektron kettős kvantumugrásával korrelált fotonpárt hozzon létre. Körülbelül 200 órán keresztül végzett méréssorozattal Clauser és Freedman megerősítést nyert az összefonódás és a lokalitás hiánya jelenségére. Ez az eredmény magát Clausert is megzavarta, aki hajlamos volt bebizonyítani a kvantumelmélet következetlenségét. Talán emiatt a kísérlet nem kapta meg a megérdemelt figyelmet.

Az Alain Aspect által végzett kísérletek (49. ábra) esete más volt, 1947-ben született Agenben, egy kis francia faluban, Bordeauxtól nem messze.

Clauserrel ellentétben Aspect megértette, hogy a kvantumelmélet elméleti szinten nagy tudományos sikert arat, és hogy a lokalitás és a nem lokalitás közötti konfliktus, amelyet Bell egyenlőtlensége sugalmaz, olyan kísérletekkel feloldható, amelyek legyőzik a lokalitás tézist; Aspect biztos volt benne, hogy be tudja bizonyítani a kvantumelméletet és annak nem lokális hatásait.

Az 1970-es évek közepén, amikor még doktorandusz volt, valódi kísérletet javasolt, amely két egyedi, de egymással korrelált fotonon alapult, mivel azokat együtt bocsátották ki ugyanabból az atomforrásból. Kísérletében a két foton ellentétes irányban haladt volna egymással, és két, egymástól távolabb elhelyezett detektorral figyelték volna őket.

Az ötlet határozottan eredeti volt. Bell, amikor megkérdezték, jóváhagyását adta; de fenntartásokkal. Először azt akarta ellenőrizni, hogy a fiatal franciának már fix fizetése van. Valójában Bell úgy vélte, hogy Aspect ötlete olyan bizarr volt, hogy veszélybe sodorhatta volna a karrierjét.

Hosszas előkészítő munka után Aspect és munkatársai, Jean Dalibard és Gérard Roger, az "Institut d'Optique Graduate School" két kutatója 1981 és 1982 között háromszor végezte el a kísérletet. Elkötelezettségük a gazdasági nehézségek miatt sem csökkent. Többek között kézzel készítették azokat a polarizátorokat, amelyek gyors forgásuknak köszönhetően választ adhattak volna a hely kérdésére.

Jelenleg ezek a polarizátorok az Institut d'Optique történelmi kirakatában vannak kiállítva, amely lehetővé tette a kísérletek elvégzését az Orsay-i ágában. Ehelyett az Institut fő irodája Palaiseau-ban található, a Paris-Saclay Egyetem campusán.

Aspect munkája sikeres volt. Ő és csapata a kvantummechanikában találta meg a nem lokalitás lehető legjobb megerősítését, és határozottan megcáfolt minden lehetséges lokális rejtett változó elméletet.

A kísérletek következményei messze túlmutattak a kvantummechanika érvényességének bizonyításán, de rávilágítottak az összefonódás alapvető szerepére. Amint láttuk, az összefonódott állapotban egy foton állapotának megfigyelése lehetővé teszi számunkra, hogy megismerjük a másik állapotát.

Az Aspect kísérleteinek óriási visszhangja volt, és utat engedtek az összefonódás elméleti és kísérleti betekintéseinek hosszú sorozatának. Elmondható, hogy Alain Aspect kísérletei a kvantumszámítástechnika kezdetét jelentették.

Az Aspect 2013-ban a következő motivációval kapta meg a rangos Balzan-díjat:

> „Az élvonalbeli kísérleteiért, amelyek megerősítették a kvantummechanikát, szemben a helyi rejtett változókat tartalmazó elméletekkel. Munkái megnyitották az utat az összefonódott kvantumállapotok kísérleti szabályozása előtt, ami a kvantumszámítástechnika lényeges eleme."

49. ábra – Alain Aspect, Nobel-díj 2022. Az 1980-as évek elejétől többször is elvégezte a John Bell által javasolt kísérletet, hogy megerősítse az EPR paradoxont. A kísérlet éppen ellenkezőleg, megerősítette a rokon részecskék összefonódási elméletét.

2022-ben három fizikus, Alain Aspect, az amerikai John F. Clauser és az osztrák Anton Zeilinger kapott Nobel-díjat az információs és kommunikációs jövő alapjainak lerakásáért. Kísérleteik a "kvantumösszefonódásnak" nevezett jelenséggel kikövezték az utat a nagy teljesítményű és nagyon gyors kvantumszámítógépek számára.

A későbbi kísérletek közül érdemes megemlíteni Wolfgang Tittel kísérletét. Ez a tudós a Genfi Egyetemen szerzett PhD fokozatot, posztdoktoriként dolgozott az Aarhusi Egyetemen és a Genfi Egyetemen, majd 2006-ban csatlakozott a Calgaryi Egyetemhez (Kanada) az ipari kutatások elnökeként. A kriptográfiára alkalmazott kvantumkommunikációs tanulmányok kezdete óta úttörő kísérletekkel foglalkozik.

1988-ban a Genfi Csoporttal közösen végzett egy kísérletet, amellyel bebizonyította, hogy a távolság nem befolyásolja az összegabalyodást. Az elemzés előtt a fényt optikai kábeleken keresztül küldték több kilométeres távolságra, anélkül, hogy az eredmények változtak volna.

Tíz évvel később, 1998-ban Gregor Weihs és innsbrucki csoportja Anton Zeilinger vezetésével olyan kísérletet hajtott végre, amely javította az Aspect 1982-es kísérletét, megerősítve ugyanazokat az eredményeket.

Sajnos Bell 1990-ben váratlanul meghalt agyvérzésben, anélkül, hogy megkaphatta volna a Nobel-díjat, amelyre éppen jelölték.

Harmadik rész. A kilátások.

Minden „egy”

Ha Isten teremtette a világot, nem mondhatjuk, hogy sokat törődött volna a világ megértésének megkönnyítésével.
(Albert Einstein)

Alain Aspect kísérletei a kvantummechanika, és különösen a non-determinizmus és a nem lokalitás előrejelzéseinek végleges megerősítését képviselték.

Ezen elvek általános elfogadásával összefüggésben még mindig voltak olyan tudósok, akik nonkonformistákként tüntették ki magukat, és nem akarták feladni azt a kísérletet, hogy a kvantummechanikát determinisztikus kontextusba foglalják. David Bohmra hivatkozom. A nem ésszerűsíthető racionalizálására törekvő vágyában azonban az ortodox kvantumelmélet még metafizikaibb, lehetőleg metafizikai változatát dolgozta ki.

Ezzel Bohm teljesen kiérdemelte a helyét a tudományfilozófusok Olimposzában.

A történet, amelyet ebben a harmadik részben elmondok, egy rendkívül őszinte és merész tudományos elméleteiben határozott ember története. Nem habozott átültetni elméleteit társadalmi viselkedésformákra. Ez erős ellenszenveket váltott ki számára, valahányszor konformista és politikailag bigott kontextusban tevékenykedett, mint amilyenek a korára jellemzőek.

David Bohm

David Bohm amerikai fizikus és filozófus 1917. december 20-án született Wilkes-Barre városában, az Amerikai Egyesült Államokban, a Wyoming-völgy közepén, Pennsylvania északkeleti részén, Luzerne megyében.

Bohm arról ismert, hogy kidolgozta a kvantummechanika értelmezését, amelyben kidolgozza Louis de Broglie „pilothullámának" fogalmát, és bevezeti a „kvantumpotenciál" fogalmát.

Szülei zsidó származásúak voltak. Apja, Samuel Bohm magyar emigráns, édesanyja Litvániából származott.

Édesapjának volt egy bútorboltja, és a helyi rabbi asszisztensei is volt, így ő maga gondoskodott Dávid ifjúsági neveléséről. David 17 évesen, 1930-ban kezdett járni a Pennsylvania State College-ra, ahol megismerkedett a kvantummechanikával. Azonnal vonzotta ez a téma, amely tanulmányai tárgyává vált. 1939-ben szerzett fizikát.

David Robert Oppenheimer irányítása alatt folytatta tanulmányait. Emlékeztünk arra, hogy Oppenheimer hírneve mindenekelőtt az első atombomba megépítéséhez köthető a manhattani projekt részeként. Ezt követően Oppenheimernek lelkiismereti válsága volt, és nem volt hajlandó dolgozni a hidrogénbombáért.

Talán Oppenheimer tanításai segítettek tovább fejleszteni Bohm erős erkölcsi igazságérzetét.

Tanulmányait a pasadenai CalTech-en (California Institute of Technology) folytatta, majd beiratkozott a berkeley-i UC-ra (University of California), ahol 1943-ban doktorált. Bohm elméleti fizikusként a legfontosabb amerikai egyetemeken gyakorolta tevékenységét.

1947 és 1951 között a Princetoni Egyetemen tanított, miközben a plazmák tanulmányozásának szentelte magát.

A plazma erősen ionizált gáz, összességében elektromosan semleges: a gyakorlatban szabad, pozitív és negatív ionokból álló rendszer, azonos koncentrációban.

Az "ionizált" kifejezés azt jelzi, hogy az elektronok jelentős hányada levált atomjairól.

A plazmát az anyag negyedik halmazállapotának tekintik, amely különbözik a három klasszikus halmazállapottól, a szilárd, folyékony és gáz halmazállapottól. Ebben az értelemben a plazma hozzáadása reprodukálja és kiegészíti a négy elem (tűz, föld, levegő és víz) gondolatát, amely történelmileg Empedoklész görög filozófusig nyúlik vissza.

A plazmát Sir William Crookes azonosította 1879-ben, de a "plazma" név Irving Langmuirtól származik, aki 1928-ban alkotta meg.

A múlt század végéig a plazmákkal kapcsolatos kutatások inkább érdekességnek számítottak, nagyon kevés kivétellel, ezek között említhetjük Nikola Tesla plazmakisülésekkel, plazmalámpákkal és az ózon előállításához használt hidegplazmával kapcsolatos tanulmányait. 1920 után Irving Langmuir tanulmányozta a plazmák kölcsönhatását annak a tartálynak a falával, amelyben kialakultak, és 1932-ben Nobel-díjat kapott ezért a kutatásért.

Konkrétabb érdeklődés a plazmák iránt akkor alakult ki, amikor az "Atomok a békéért" genfi konferencia tanulmányokat kezdeményezett a magfúzió békés célú kiaknázásáról.

A plazmák tanulmányozása során Bohm azonnal észrevett egy, az elektronokra jellemző sajátosságot. Amikor az elektronok a plazma részévé válnak, elveszítik "individualizmusukat", és egy nagyobb, egymással összefüggő valóság részeként kezdenek viselkedni. Ebben az esetben az elektronok olyan benyomást keltenek, mintha egy olyan intelligencia éltetné őket, amely képes koordinálni tevékenységüket.

Hamarosan kollégájával, Yakir Aharonovval együtt felfedezte az Aharonov-Bohm-effektust, azt a kvantummechanikai jelenséget, amelyben egy töltött részecskét elektromágneses mezők hatnak azokon a területeken, ahol az ilyen mezők nulla.

1947-ben Bohm az elektronok viselkedését vizsgálta fémekben. A plazmáknál megfigyeltek alapján észrevette, hogy az egyes elektronok egyéni mozgása még fémekben is képes szervezett "kollektív" hatásokat kiváltani.

Filozófiai értelmezésében Bohm az elektrontömegek viselkedését az emberi közösségek viselkedésével azonosította. Kapcsolatot teremtett a fémekben lévő egyes elektronok összehangolt viselkedése és az egyének társas környezetükben tanúsított viselkedése között. Bohm szerint a plazmák tipikus viselkedése érvényes metafora a szervezett emberi viselkedésekre. Kifejlődött benne az a meggyőződés, hogy a fő hasonlóságok a "plazmatársadalmak" és a marxista elméletek szerint szerveződő emberi társadalmak között vannak. Ezek az elképzelések megerősítették Bohm marxista eszméit ifjúkorában. A későbbi években azonban határozottan feladta ezeket az elképzeléseket anyagi alapjaik miatt, és inkább a kozmosz spirituálisabb szemléletének szentelte magát.

Az elektronok fémekben való viselkedését vizsgáló tanulmányainak eredményei meggyőzték régi tanárát, Oppenheimert, hogy vegye fel a Los Alamosban, a Manhattan Projectben, egy katonai kutatási és fejlesztési programban dolgozó tudósok közé, amelyek a bomba atombomba a második világháború alatt. Sajnos Bohm politikai múltja nem volt túl megnyugtató abban az időben, és Leslie Groves tábornok ellenezte Bohm részvételét a projektben, fiatalkorában vallott elképzelései miatt.

50. ábra – David Bohm fizikus a kvantummechanika lenyűgöző holisztikus értelmezését javasolta, amely a „koppenhágai értelmezésként" ismert ortodox nézet ellenpontjaként szolgált".

Valójában az 1940-es évek vége és az 1950-es évek közepe között az Egyesült Államok az úgynevezett "boszorkányüldözés" vagy "mccarthyizmus" virágkorát élte. Ez egy széles körben elterjedt politikai attitűd volt az Amerikai Egyesült Államokban, amelyet a felforgatónak ítélt emberekkel vagy csoportokkal szembeni gyanakvás és üldöztetés fokozódó légköre jellemez. Nevét J.R. szenátorról kapta. McCarthy, aki az Amerika-ellenes tevékenységek visszaszorításával foglalkozó bizottság igazgatója volt.

Több ezer embert figyeltek meg, és sokan szenvedtek el személyes támadásokat, gyakran megalapozatlan állításokon alapulva.

Különös figyelmet fordítottak a kormányzati tisztviselőkre, a szórakoztatóiparosokra és a kultúremberekre, valamint az ipari középosztály prominens tagjaira, akiket "kommunistáknak neveztek, akik elkötelezettek az amerikai társadalom alapjainak aláásása iránt".

Ilyen körülmények között 1948-ban Bohmot tanúskodni hívták kommunista párti tagsága miatt, amely 1942-ben megtörtént, de kilenc hónap után megszűnt. Bohm megtagadta a megjelenést azzal, hogy fellebbezett az ötödik kiegészítéshez, vagyis a hallgatáshoz való joghoz.

Egy év elteltével ismét meghívták a nagy esküdtszék elé, de ugyanezen alkotmányos rendelkezésre hivatkozva ismét visszautasította.

A hangsúly azonban ezen a ponton rajta volt. 1949-ben a bíróság megsértése miatt letartóztatták, és néhány napot börtönben töltött, míg óvadék ellenében szabadon engedték.

1950-ben felmentették. Sajnos időközben elveszítette állását a Princetoni Egyetemen, amely az intézetet finanszírozó néhány befolyásos ember nyomása miatt elbocsátotta.

Mostanra Bohm a kutatók "tiltólistáján" volt, és még Einstein sem tudta felajánlani neki a lehetőséget, aki asszisztensnek akarta volna. Kénytelen volt Brazíliába emigrálni, hogy a S. Paolo Egyetemen dolgozzon, de még mindig amerikai állampolgár volt; ezért az amerikai nagykövetség visszavonta az útlevelét attól tartva, hogy esetleg a Szovjetunióba kerül.

A teljes elszigetelődés elkerülése érdekében Bohm felvette a brazil állampolgárságot. Ez lehetővé tette számára, hogy 1955-ben elhagyja Brazíliát, és két évre Izraelbe utazzon, a haifai Technion Institute-ba. Innen négy évre a brit Bristoli Egyetemre költözött, majd 1961-ben végleg Londonban telepedett le, ahol a Birkbeck College elméleti fizika professzorává nevezték ki.

1951-ben Bohm kiadta a kvantumfizikáról szóló "Quantum Theory" című szövegét, amelyben a kvantumelmélet értelmezését elemezte, és az EPR gondolatkísérletéből néhány ötletet átvetve a koppenhágai értelmezés kritikusai közé sorolta magát. Valójában Bohm kiemelte az elmélet homályos aspektusait, és vitatta a véletlenszerűség és a determinizmus kiterjesztésének lehetetlenségét a kvantummechanika tárgyaira. Bohmot Einsteinhez hasonlóan mélyen megzavarta a tudományos közösség álláspontja, amely mára "passzívan" elfogadta a határozatlanság és a nem lokalitás valóságát.

Bohm annak a küldetésnek szentelte magát, hogy bevezesse a determinizmus egy olyan formáját, amely még a rendkívül kicsiben is működött. Örömét fejezte ki azzal, hogy Einsteinnek adott egy példányt könyvéből.

A kvantumpotenciál.

A Heisenberg-elv kimondja, hogy egy részecske, például egy elektron pályáját nem lehet megállapítani, hiszen egyszerre kellene ismerni a sebességét és a helyzetét. Mint már említettük, az egyetlen lehetőség egy hullámfüggvény kiszámítása, amelyen belül a részecske valószínűségi pozíciót foglal el. Amikor mérést végeznek a részecskén, "kvantum-összeomlás" keletkezik, és a részecske egy pontos helyen jelenik meg. Egy-egy mérés között azonban a részecske "eltűnik" a valószínűségek felhőjében.

Ez nem tetszett Bohmnak. Elutasította azt az elképzelést, hogy a valószínűségi hullámfüggvény a lehető legjobban reprezentálja a részecskéket. Ezért úgy döntött, hogy megvizsgálja, hogyan határozza meg egy elektron azt a pályát, amelyet meg kell haladnia. Egyszerűen fogalmazva, Bohm megpróbálta újra bevezetni az okság fogalmát, vagy azonosítani egy pontos mechanizmust, amely képes irányítani a részecskéket. Ily módon a részecskék megszabadultak volna a határozatlan és valószínűségi kontextustól.

Bohm a Heisenberg-féle bizonytalansági elvből indult ki, és átdolgozta a képletet, hozzáadva egy új paramétert, a "kvantumpotenciált". Ezzel megalkotta az új kvantummatematikát, a „bohmi mechanikát", amelyről máig sokat vitatkoznak metafizikai vonatkozásai miatt.

A "bohmi mechanika" azt javasolja, hogy a részecske ne véletlenszerűen mozogjon, hanem egy erőre, a "kvantumpotenciálra" reagálva. Ez az erő azonnali, azaz nem lokális kapcsolatokon keresztül látja el a részecskét információval.

A nem lokális működéshez a kvantumpotenciálnak meg kell őriznie intenzitását a távolságtól függetlenül. Vagyis a kvantumpotenciálnak az összes többi elektromágneses erővel ellentétes módon kell működnie. Mint ismeretes, a többi elektromágneses erő a távolság fordított négyzetével csökken.

Bohm szerint a kvantumpotenciál olyan módon hajtja az elektront, ami nem véletlenszerű és nem mechanikus, hanem intelligens. Más szóval Bohm egy információs mező létezését állítja, amelynek köszönhetően a részecske nincs kitéve a véletlenek titokzatos szeszélyeinek, hanem folyamatosan tájékozódik a környező környezetről, ugyanabból a környezetből szerez információt. Bohm nyilvánvalóan metafizikai, tér nélküli és időtlen környezetet sugall.

Ezért amikor a részecskék mozognak az útjukon (és emlékszünk arra, hogy a részecskék állandó keveredésben vannak), nem véletlenszerűen teszik azt, hanem a kvantumpotenciál által biztosított információs csomagra reagálnak. Ily módon Bohm visszaállítja az elemi részecskék determinisztikus viselkedését, ami azonban egy abszolút titokzatos erőnek köszönhető.

Bohm ezt a koncepciót egyik híres metaforájával, a hajóval képviseli.

Egy hajó (51. ábra) a hajtóművek erejének köszönhetően képes mozogni, de navigációs műszerek irányítják, amelyek nélkül soha nem jutna ki a kikötőbe, és bármelyik pillanatban kockáztatná, hogy egy zátonyra zuhanjon.

A motorok azt az erőt, a klasszikus fizika bizonyosságait képviselik, amelyek mozgásra késztetik a hajót a tengerben. Ehelyett a navigációs műszerek, az ősi iránytűtől a modern radarig azok az információk, amelyek meghatározzák a biztonságos útvonalat és reprezentálják a kvantumpotenciált.

Metaphors by David Bohm.
The Ship
Quantum potential represents the information that drives the ship
The engines represent the force that drives the ship

51. ábra – A hajó metaforájában Bohm a részecskét olyan hajóként ábrázolja, amelyet a hajtóművek „nyers ereje" „hajt", de a műszerek intelligenciája „vezeti céljához". A műszerezés az a kvantumpotenciál, amely megragadja a globális információkat és továbbítja azt a hajónak.

David Bohm metaforái. A hajó

A- A kvantumpotenciál azt az információt jelenti, amely a hajót mozgatja

B- A motorok azt az erőt képviselik, amely a hajót löki.

Egy kis radarjel, nem túl erős, elég a hajó irányításához. Bohm szerint a kvantumpotenciál nem az intenzitástól, hanem az "alaktól" függ. Ez egy olyan energia, amely bár szerény, de nagyon tájékozott, és képes formát adni a motorok nagy energiájának, amely önmagában "nyers" és "alaktalan".

Sok konkrét elem arra utal, hogy a kvantumpotenciál nem csupán Bohm elméleti absztrakciója. Az egész univerzumot átható hatalmas energiatenger létezését maga a klasszikus kvantumelmélet jósolja meg. Ez a szinte végtelen lerakódás a „kvantumvákuum”, amelyet gyakran „nullaponti mezőnek” vagy „Kázmér-effektusnak” is neveznek. Ez utóbbi meghatározás abból a tényből ered, hogy a „kvantumvákuum” létezését Hendrik Casimir holland fizikus már 1948-ban kimutatta.

A Kázmér-effektus abból a vonzásból áll, amely két, vákuumban elhelyezkedő test között jön létre, vagyis ahol nincs ok a vonzásra. Mivel azonban a vonzalom megvan, ez azt jelenti, hogy az űr nem igazán üres. Valójában azt feltételezzük, hogy létezik egy „nullapont mezőnek” nevezett erő. Ez a mező a vákuum energiájából származik, amelyet virtuális részecskék határoznak meg, amelyeket folyamatosan hoznak létre a kvantumfluktuációk hatása, ahogyan azt Heisenberg bizonytalansági elve is előírja.

Így a vákuumnak van egy "mögöttes energiája", amely meghaladja az anyag valóságát.

Ez az „erő” az univerzum minden „üres” területére kiterjed. Energiájának sűrűségét hatalmas értékekkel becsülték, amelyek mérhetetlenül kiegyensúlyozatlan kapcsolatot hoznak létre az általunk ismert és anyag formájában megjelenő kozmoszéval.

Ha felvesszük az atom képét, akkor eszünkbe jut, hogy szinte teljes egészében ürességből áll. Nos, a Kázmér-effektus azt jósolja, hogy ez az űr nem üres, hanem energia. Ebből megértjük, hogy a vákuum energiája mérhetetlenül nagyobb, mint a „nem üresé”. Ha mindezt az energiát megadjuk arra, hogy kvantumpotenciál formájában fejezze ki magát, akkor felismerjük a Bohm által kidolgozott koncepció erejét.

A megfigyelő szerepe.

A kvantummechanika azt jósolja, hogy a kozmikus valóság két tényező eredménye. Az első tényező az anyagban rejlő „nyers erő", a második egy „irányító rendszer", amely az anyagnak olyan utasításokat ad, amelyek képesek intelligens működésre késztetni az anyagot.

Az első tényező, a nyers erő azt a makroszkopikus szintet vagy közepes szintet jellemzi, amelyben élünk, és amelyet a newtoni fizika és az Einstein-féle relativitáselmélet törvényei szerint értelmezünk.

Ezen a szinten a megfigyelő szerepe nincs befolyással. Valójában nagyon nehéz valakinek megváltoztatni egy esemény menetét azzal, hogy „megfigyeli”. Egy széket sem fogunk tudni elmozdítani, ha ránézünk. Ugyanakkor, ha nem nézünk egy székre, a kvantumelmélet szerint nem fog magától mozogni a valószínű pályákon.

A második tényező, vagyis a vezetési rendszer megköveteli, hogy a megfigyelő része legyen magának a jelenségnek, és pusztán megfigyelésével befolyásolja annak fejlődését. Mint már említettem. ez történik olyan fotonok esetében, amelyek megfigyelésükkor részecskeként, nem megfigyelésükkor hullámként viselkednek. Szubatomi szinten a megfigyelő szerepe nagyon sajátos jellemzőket ölt. A megfigyelő egy egyedi rendszer részévé válik, amely magában foglalja önmagát és a megfigyelt objektumot is. A megfigyelő és a megfigyelt megkülönböztethetetlenné válik, és kölcsönös befolyást gyakorolnak, amelyet nem lehet figyelmen kívül hagyni.

A kvantumfizikában a tudós nem tudja elképzelni, hogy "külső" objektív megfigyelő legyen, mert már a jelenléte is hozzájárul a megfigyelt valóság formálásához.

John Wheeler amerikai fizikus volt, a fizika karizmatikus alakja az 1930-as és 1940-es években; sok híres fizikus, köztük Richard Feynman is az ő irányítása alatt készült. Wheeler többek között megalkotta a "féreglyuk" kifejezést, amely a téridő különböző régiói között lehetséges alagutakat vagy térátjárókat jelöli.

Wheeler úgy véli, hogy a megfigyelő részvétele a megfigyelt szubatomi valóságban még a kvantumfizika legfontosabb aspektusa is, egészen addig a pontig, hogy a „megfigyelő" kifejezést a „résztvevő" kifejezéssel helyettesítve javasolja megszüntetni. Ezt a meggyőződését egy híres idézetben fejezi ki:

> „A kvantummechanikában semmi sem fontosabb, mint az, hogy a „valami kívülálló" fogalma megsemmisül.
>
> Ez akkor is igaz, ha a megfigyelő biztonságos távolságban van, húsz centiméter vastag üveglapokkal elválasztva a megfigyelt tárgytól. Egy apró tárgy, például egy elektron megfigyelésekor a megfigyelőnek

túl kell lépnie az üvegen: „be kell lépnie", hogy felszerelje az általa választott mérőeszközt. A megfigyelőnek választania kell, hogy pozíciót vagy lendületet akar mérni. Az eszköz beszerelése a két mennyiség egyikének mérésére megakadályozza, hogy egy másik eszközt telepítsen a másik mennyiség mérésére.

Továbbá a mérés megváltoztatja az elektron állapotát. A mérés után az univerzum már nem a régi. A történtek leírásához a régi „megfigyelő" szót el kell hagyni, és az új „résztvevő" kifejezéssel helyettesíteni. Bizonyos értelemben az univerzum részvételi univerzum.":

Nincs töredezettség.

Bohm szerint a szubatomi részecskék a kvantumpotenciálnak köszönhetően „formamezőbe" merülnek. Ebből a mezőből a részecskék minden szükséges információt megkapnak, hogy eldöntsék, hogyan mozogjanak mindenkor.

De mivel a makroszkopikus szint szinte végtelen számú szubatomi részecskéből áll, minden élőlény ki van téve egy olyan formamezőnek, amely minden pillanatban testének minden részecskéjének mikroszkopikus mozgásának koordinátáit sugallja.

A két tényező (makroszkópos és mikroszkopikus) között az a különbség, hogy az elsőnek térre és időre van szüksége ahhoz, hogy kifejlődjön, azaz lokális sajátosságai vannak, míg a mikroszkopikus tényezőnek, azaz a hajtórendszernek sem térre, sem időre nincs szüksége. A mikroszkopikus szintet a "nem helyi" dimenzióban fejezik ki. A vezetési rendszer a téren és időn kívül elhelyezkedő "végtelen" kifejezése. Az irányító rendszer nem úgy állít elő információt, hogy azt egy pontos helyről kapja, hanem egy "univerzális egészben", egyfajta "térbeli előkamrában" birtokolja az információt, amely az univerzum tudatát tartalmazza.

A Bohm-féle mechanika összefüggésében egy rendszer részecskéi kvantumpotenciállal "nem lokálisan" kapcsolódnak össze. Ez megtörténik, függetlenül attól, hogy milyen messze vannak egymástól. A legközvetlenebb következmény az a megfigyelés, hogy nincsenek különálló és független objektumok, hanem minden összekapcsolódik és egyetlen dolgot alkot.

Sőt, ahogy már láttuk, nincs rajtunk „kívül" semmi, amit kívülről is megfigyelhetnénk. Mi magunk is aktív részesei vagyunk az egésznek. A kvantummechanika egy teljesen összekapcsolt univerzumot mutat meg. Valóság, amit nem tudunk önálló élettel felruházott elemi részekre bomlani. Az anyag bensőségességének tanulmányozása során megértjük, hogy a részecskék, amelyekből az anyag áll, nem képviselik az alapvető építőköveket Démokritosz szándéka szerint. A részecskék tiszta idealizációk, tanulmányi hipotézisek, amelyek képesek egy olyan valóság ideális ábrázolására, amelyet lehetetlen ábrázolni. Valójában a részecskék hagyományos absztrakciók.

A valóságban létezik egy kozmikus összekapcsolódás, amely valószínűségi vibrációs energiákból áll, amelyek nem helyezhetők el pontosan az általunk értelmezett térben. A lényeget tekintve Bohm így fejezi ki magát a Basil Hiley-vel közösen írt esszében a "Foundation of Physics" folyóirat számára, amely 1975-ben jelent meg "A kvantumelmélet által feltételezett nonlokalitás intuitív megértéséről" címmel:

> Megdöntöttük azt a szokásos klasszikus felfogást, amely szerint a világ független "elemi részei" jelentik az alapvető valóságot, és a különböző rendszerek csak ezeknek a részek partikuláris és esetleges formái és elrendezései.
>
> Inkább azt mondjuk, hogy az alapvető valóság az egész univerzum kvantumösszefüggése. A viszonylag önálló viselkedésű részek csak partikuláris és esetleges formák ezen az egészen belül.

Mintha azt mondaná, hogy Milinda király szekere nem a kerekek, tengelyek és lovak véletlenszerű összege, ahogyan azt a materializmus állítja. Ehelyett a különböző részek intelligensen kiválasztott elemek, hogy egy egészet alkossanak, ami a szekér:

Bármilyen formájú is legyen a tengely, bármilyen számú küllővel rendelkezzenek a kerekek, bármilyen színű vagy lovak száma is legyen, lényegtelen részletek a „kocsi" transzcendens projektje szempontjából.

Szubatomi szinten az objektumok, amelyekben a szilárd anyag materializálódik, a valószínűségek hullámaiban oldódnak fel, amelyek egy "univerzális egésszé" kapcsolódnak össze.

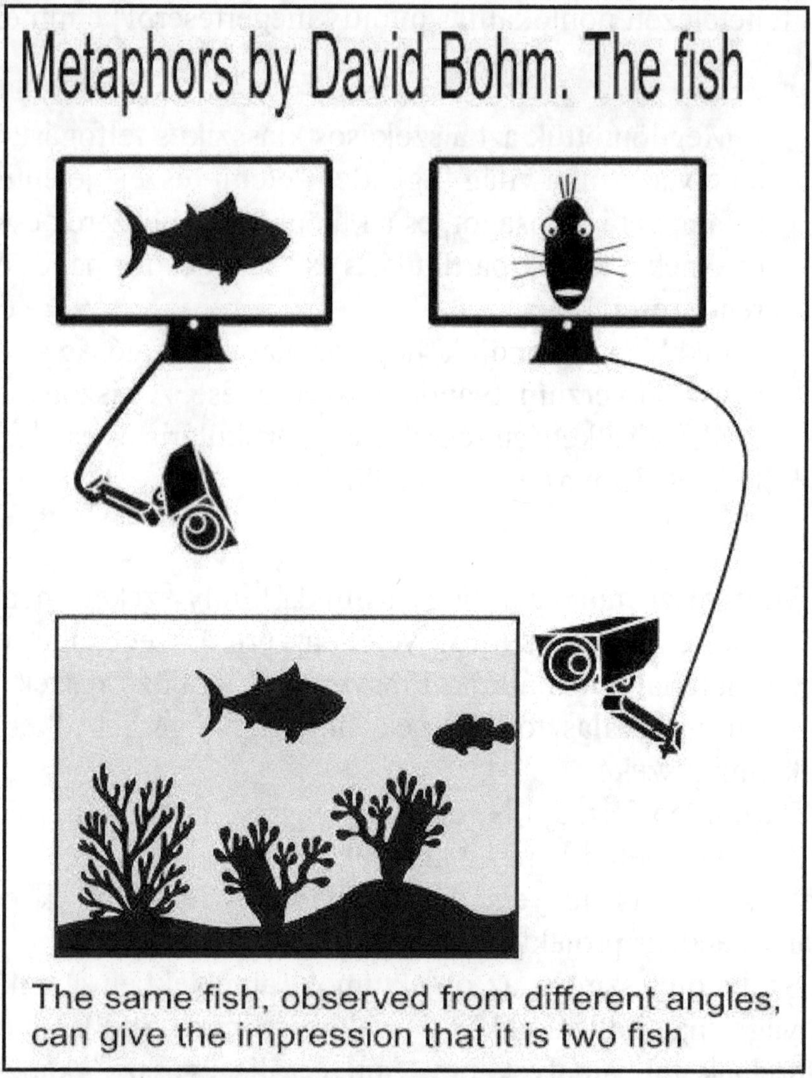

52. ábra – Bohm metaforája a kvantum-szuperpozícióról.
David Bohm metaforái. A hal.
Ugyanaz a hal különböző szögekből nézve azt a benyomást keltheti, mintha két különböző halról lenne szó.

53. ábra - A kihajtott lapon megjelenő sok lyuk valójában egyetlen vágás eredménye.

David Bohm metaforái. Az összehajtott papírlap.

Vágjon be egy háromszor magára hajtogatott papírlapra.

Amikor kihajtja a lapot, sok külön vágást kap.

Nincs töredezettség, csak egy rezgésektől hemzsegő unicum. Ha kvantumfizikai szemüveget viselünk, többé nem láthatjuk az univerzumot különböző objektumok gyűjteményének, a pollenszemektől a galaxisokig, amelyek jól meghatározottak és különböznek egymástól. Ami számunkra úgy tűnik, az energiák hatalmas hálózata, amely egy egészben kapcsolódik össze, amely magában foglalja önmagunkat is.

"A kvantumelmélet S-mátrix értelmezése" című esszéjében Henry Pierce Stapp amerikai fizikus kijelenti:

> „A világ az események bonyolult szöveteként jelenik meg, amelyben különféle összefüggések váltakoznak, átfedik egymást és egyesülnek, meghatározva az egész szerkezetét".

A hal metaforája, amelyet különböző szögekből vettünk (52. ábra), kiválóan írja le azt a koncepciót, amely szerint bár látszólag különböző megnyilvánulásai vannak egy tárgynak, amelyek azt hihetik, hogy ezek több különálló tárgy, valójában egyetlen tárgyat alkotnak.

"Implicit rendezés" és "Explicit rendezés".

„Nagyon mély szinten az anyag és a tudat teljesen elválaszthatatlanok és összefüggnek egymással, ahogy a videojátékban a játékost és a képernyőt egy közös folyamatban való részvétel köti össze. Ebben a felfogásban az elme és az anyag egy „egész" két aspektusa, amely „egy". Az „elme és az anyag" nem különíthető el jobban, mint a „forma és a tartalom". Nagyon mély szinteken az emberiség tudata egy.

(David Bohm)

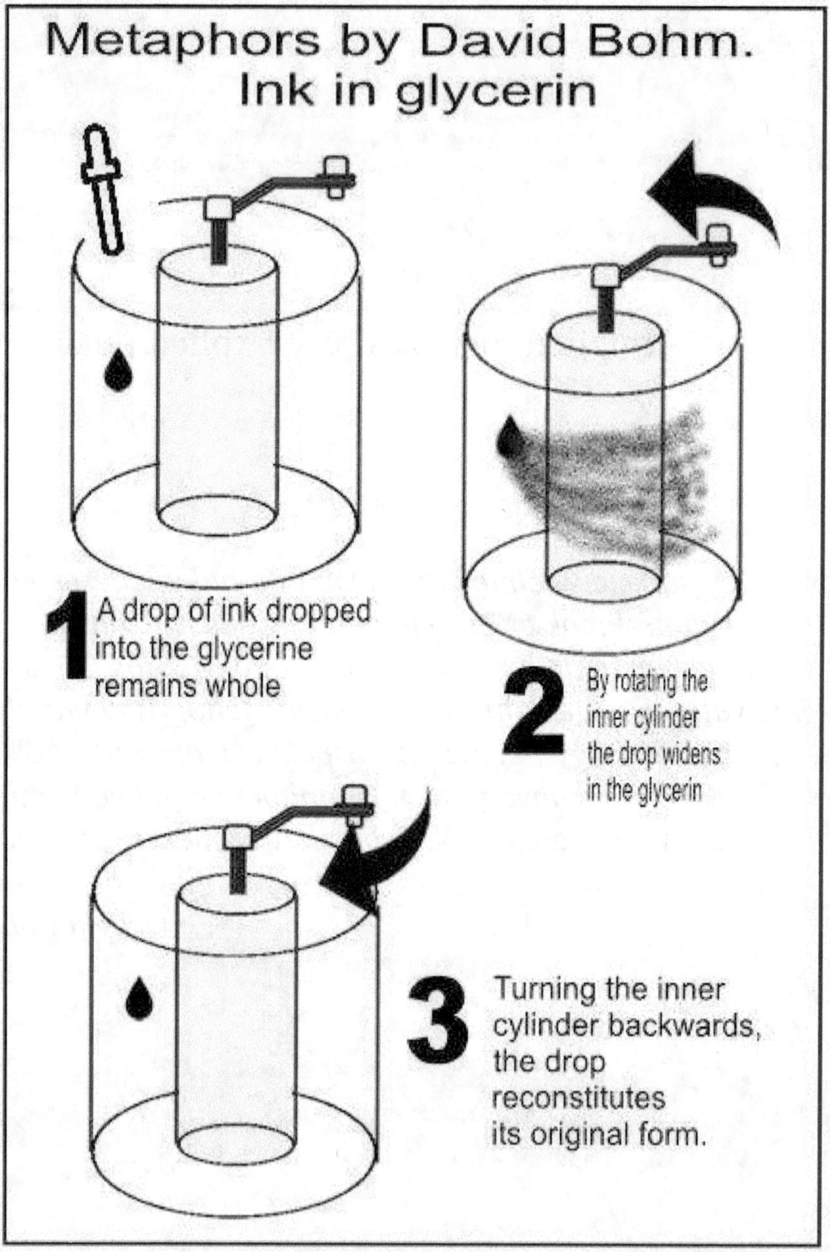
Metaphors by David Bohm.
Ink in glycerin
1 A drop of ink dropped into the glycerine remains whole
2 By rotating the inner cylinder the drop widens in the glycerin
3 Turning the inner cylinder backwards, the drop reconstitutes its original form.

54. ábra – David Bohm metaforája a glicerinben diszpergált tintacseppről.
David Bohm metaforái. A tinta a glicerinben
1 A glicerinbe cseppentett tintacsepp ép marad
2 A belső henger forgatásával a csepp kitágul a glicerinben
3 A belső henger ellenkező irányba forgatásával a csepp visszanyeri eredeti alakját.

A plazmával kapcsolatos tanulmányai során Bohmot lenyűgözte, hogy a látszólagos káosz felületes szituációjában hogyan tud hirtelen kialakulni egy mélyebb rétegből érkező rend. Ez az élmény annyira megdöbbentette, hogy minden tanulmányának jellemző elemévé tette. Minden intuíciója abból a lehetőségből indult ki, hogy egy jelenséget a legbensőségesebb konnotációiban lehet megérteni, kiindulva egy mögöttes, vagy implicit "szabályozási intelligencia" létezésének feltételezéséből.

Ez arra késztette, hogy elméletbe vesse az időt és a teret meghaladó rend létezését, amely a valóság legmélyebb redőiben rejlik, és amelyet „bevont rendnek" vagy „beburkolt rendnek" nevezett. Bohm feltételezte, hogy ez a rend nem csak az elemi részecskék világában létezik, hanem az egész univerzumban. A kozmosz legrejtettebb részének jellemző implikált rendje szemben áll a "megmagyarázott renddel". Ez a dolgok rendje, ahogyan mi látjuk őket, vagy amilyennek a tapasztalatunkban megjelennek.

Bohmnak akkor támadt az első megérzése az implikált rend létezéséről, amikor egy végtelen számú, egymást visszaverő gömbtükörből álló univerzumról álmodott. Az anyagot atomokból állónak képzelte el, ahol minden atom, mint egy tükör, végtelen visszaverődést tükröz.

Az 53. ábra metaforája azt szemlélteti, hogy milyen kapcsolat létezhet az implikált sorrend és a megmagyarázott sorrend között. Képzeljen el, ha egy papírlapot három vagy több részre hajtogat. Az ollóval egyetlen ablakot nyitunk meg bárhol a lapon. Elég lesz kibontanunk a lapot, hogy észrevegyük a sok, egymástól térben elválasztott kis ablak létezését: ez az elválasztás teljesen illuzórikus, ha a hajtogatott lapot tekintjük, de érzékszervünk szerint kis ablakok összegeként magyarázható. amikor kihajtjuk a lapot. Nyilvánvalóan az összehajtott papírlap a rejtett vagy implicit sorrendet, míg a kihajtott papírlap az explicit sorrendet képviseli.

Bohm szeretett metaforákat kidolgozni tézisei alátámasztására. Az implikált és az explicit rendet illetően egy implikált dimenziót képzelt el, amely a valóság információit olyan formában tartalmazza, amely érzékszerveink számára nem érthető, de képes önmagát számunkra érthető formában és módon megmagyarázni. De a mi megértésünk nem felel meg a valóságnak.

A TV-jel metaforájában (55. ábra) az implikált rendet a számunkra láthatatlan és érthetetlen rádiófrekvenciák alkotják, amelyek az éterbe nyúlnak, és egy antennával felvehetők. Amikor a rádiófrekvenciákat átvisszük a vevőkészülékre, azok úgy bontakoznak ki, hogy szemünk és fülünk megértse őket. Természetesen, amit a képernyőn látunk, az csak egy olyan frekvenciákból álló valóság formákba és színekbe való transzponálása, amelyeket nem tudnánk megfejteni.

Még találóbb, ha lehet, a videojáték-metafora (56. ábra), ahol a környezetünktől és a lelkiismeretünktől idegen intelligencia, vagyis a konzolba helyezett patronból érkező szoftver egy fantasztikus világ illúzióját kelti bennünk. amelyekkel úgy tudunk kölcsönhatásba lépni, mintha valóban elmerülnénk benne, miközben a valóságban ez tiszta illúzió.

Egy másik metafora azt vetíti előre, hogy a két sorrend az 54. ábra eszközének elrendezésével illusztrálható, amelyet maga Bohm magyarázott el az "oubliettemagazine.com" oldalnak adott interjújában:

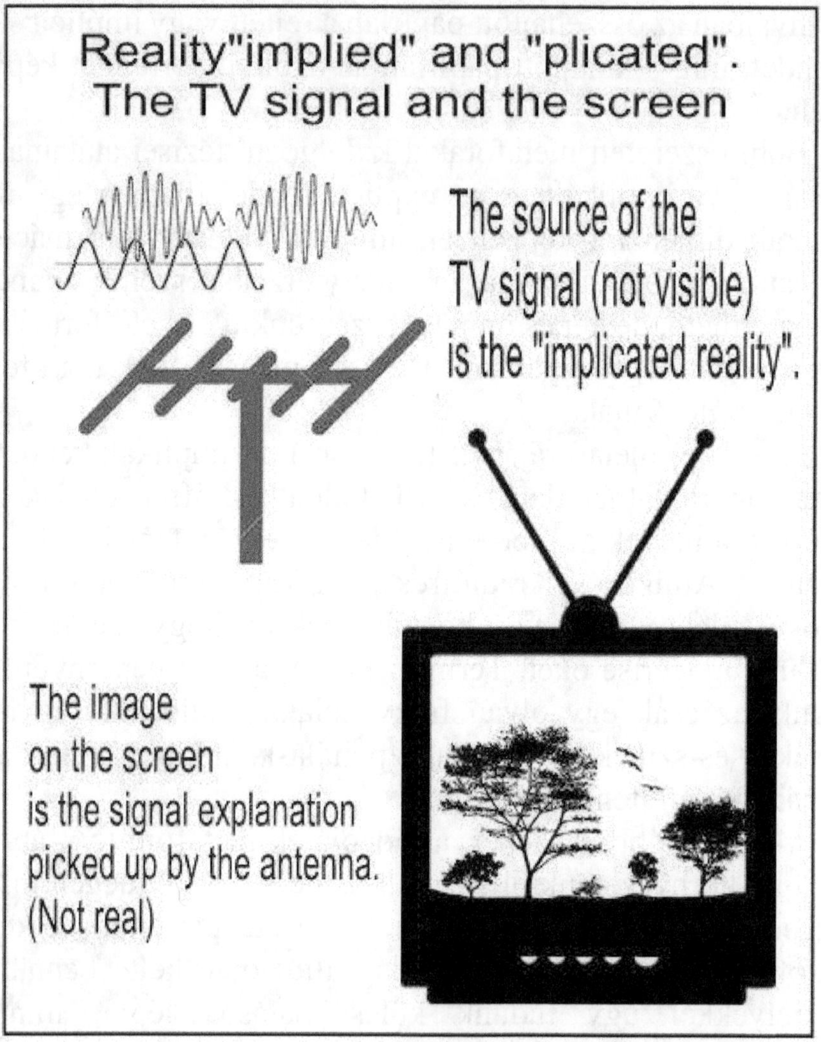
Reality"implied" and "plicated".
The TV signal and the screen
The source of the
TV signal (not visible)
is the "implicated reality".
The image
on the screen
is the signal explanation
picked up by the antenna.
(Not real)

55. ábra - A "megmagyarázott valóság" csak egy irreális értelmezése a külső forrásból az antennán keresztül kapott jeleknek.

Az „implikált" és „kifejtett" valóság.

A TV jel és a képernyő

a - A TV-jel forrása (nem látható) az „implikált valóság".

B - A képernyőn megjelenő kép az antenna által felvett jel érthető magyarázata..

Reality"implied" and "explicated".
The video game
The events that develop on the screen are the "reality explicated"
The software that guides events is the"implicated reality"

56. ábra - A megmagyarázott valóság (amit a képernyőn lát) az implikált valóság, azaz a konzolba betöltött kazettából származó szoftver, érzékszerveinkhez igazított reprezentációja.

Az „implikált" és „kifejtett" valóság. A videojáték

a – A képernyőn megjelenő események „megmagyarázott valóság"

b - Az eseményeket irányító szoftver az "implikált valóság".

„Amíg az „implikált univerzum" elméletét dolgoztam ki, a BBC egyik tudományos műsora bemutatott egy eszközt, amely jól illusztrálja a koncepciót. Két koncentrikus üveghengerből áll. Ezek között van viszkózus folyadék, például glicerin. Ha egy csepp oldhatatlan tintát helyezünk glicerinbe, és a külső hengert lassan forgatjuk, a tintacsepp nyomot képez. Végül a nyomvonal annyira diffúz lesz, hogy szinte láthatatlanná válik. Ebben a pillanatban úgy tűnik, nincs rend.

Ha azonban lassan hátrafelé forgatja a hengert, a glicerin visszanyeri eredeti alakját, és hirtelen újra láthatóvá válik a tintacsepp. A glicerinben szétszóródott tintacsepp a fordított forgatásnak köszönhetően helyreáll."

Két koncentrikus üveghengerünk van, amelyek közül az egyik képes lassan forogni. A két henger közötti teret viszkózus folyadékkal, például glicerinnel töltik meg. Amikor egy hengert forgatnak, a közeli folyadékot vele együtt sodorják. De tegyük fel, hogy a mozgatható henger most fordított irányban forog. Ha a folyadék nagyon viszkózus, mint például a glicerin, és a hengert nem forgatják túl gyorsan, akkor a folyadékelem pontosan követi az eredeti tintacsepp visszaállításához szükséges lépéseket.

Ez a metafora azt tanítja, hogy a látszólagos káoszban is van egy rejtett rend. Amikor a tintacsepp alakja eltűnik a szem elől, a sorrendje nem romlik meg, hanem a glicerinben marad. Ez az oldott tintacsepp az implikált rendet képviseli, míg az egész csepp a megmagyarázott rendet, vagyis a valóságot, ahogy az érzékszerveink számára látszik. A henger forgása döntő szerepet játszik, és a két rendet egyesítő dinamikát képviseli. A bohmi feldolgozásban ez a dinamika a „holomovement" nevet veszi fel.

Egy óriási kozmikus hologram.

A hologram kifejezés általában háromdimenziós képeket jelöl, különösen a sztereoszkópikus képeket, vagyis azokat, amelyek a megfigyelési ponttól függően eltérő perspektívával jelennek meg. Ezért a hologram a valóság háromdimenziós ábrázolása, és egy normál fényképhez hasonlítható, ha a fénykép nem lenne kétdimenziós. Ha a klasszikus módszerekkel fényképez egy tárgyat, akkor csak abban a részben láthatja újra, amelyet az objektív keretezett. Ha elölről fotózol egy személyt, mindig látni fogod az arcát, de soha nem láthatod a hátát. Ezzel szemben a hologram visszaadja a felvett jelenet háromdimenziós képét, ahol a tárgyak és az emberek úgy jelennek meg, mintha egy színpad közepén lennének elhelyezve.

A hologramokat meghatározott technikákkal állítják elő. A rögzítés a reprodukálandó tárgy és egy érzékeny anyagból készült lemez felé sugárzó lézersugáron keresztül történik.

A tükrök játékának köszönhetően a forrásból érkező fény zavarja a tárgy által visszavert fényt. Ennek eredményeként a lemezen vonalak képződnek, úgynevezett interferenciaperemek. Egyszerűbben fogalmazva: nem a fényképezett tárgy képe jelenik meg a tányéron, hanem olyan vonalak szövevénye, amelyek a háromdimenziósságra vonatkozó információkat tartalmaznak.

Holographic information.
Each part contains the whole

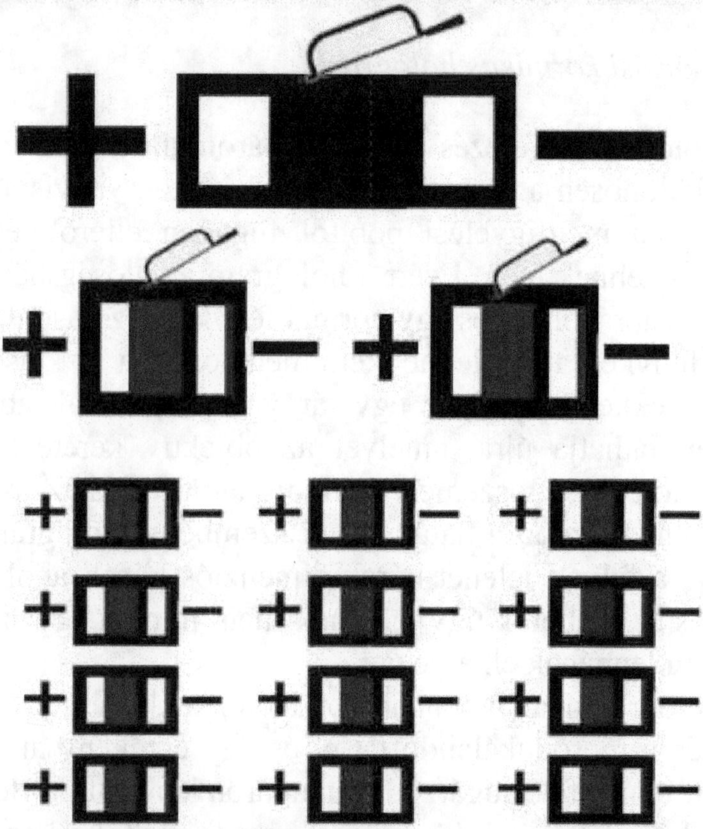

A magnet can be divided then many parts.
Each part retains the positive and negative poles.

57. ábra – A mágnes holografikus valóságot jeleníthet meg. Ha a mágnest tetszőleges számú részre bontják, mindegyik rész megőrzi az egész jellemzőit.

Holografikus információ. Minden rész tartalmazza az egészet

A mágnes sok részre osztható. Mindegyik rész megtartja a pozitív és negatív pólust.

A rögzített kép természetesen figyelemreméltó pontossággal reprodukálható, pusztán a lemez másik lézersugárral történő megvilágításával. Ez a nyaláb valójában úgy tudja dekódolni az információt, hogy rekonstruálja a leképzett tárgy háromdimenziós képét, amely úgy tűnik a néző számára, mintha fizikailag jelen lenne. A technikai fejlesztéseknek és fejlesztéseknek köszönhetően a hologramok mostantól "fehér fényben" vagy napfényben is láthatóak lehetnek.

Ma már nyomtatott hologramok is léteznek, amelyekben a diffrakciós rácsot egy átlátszó műanyag hordozón reprodukálják, amely viszont egy ezüstrétegen nyugszik. Hasonló hologramokat láthatunk például egyes hitelkártyákon.

A hologramnak van egy nagyon érdekes sajátossága, ami egyértelműen megkülönbözteti egy normál fotótól, amelyen az információ papíron kristályosodik. Ha egy fényképet két részre vág, és az egyik részt kidobja, az abban található információ véglegesen elveszettnek tekinthető. Soha nem lesz képes a túlélő feléből rekonstruálni a hiányzó tartalmát, csak intuitív közelítéssel.

Ezzel szemben a hologram tetszőleges számú részre osztható, és mindegyik rész megtartja a teljes információt.

Bohm a mágnes metaforáját javasolja (57. ábra). Ez az általánosan mágnesnek nevezett tárgy egy fémtest, amely az emberi szem számára láthatatlan mágneses teret hoz létre, és általánosan ismert hatásokat vált ki: vonzhat vagy taszíthat más mágneseket, valamint természetesen vastartalmú anyagokat. A mágnesnek két pólusa van, északi és déli. Ha a mágnest szabadon forogni hagyjuk, akkor az északi pólus észak felé néz. Természetesen a másik végén a Déli-sark.

Azt gondolhatnánk, hogy a mágnes középső fűrészelésével két részt kapunk, az egyikben csak az északi pólus, a másikban pedig csak a déli pólus. Nem így van. Mindkét oldal azonnal helyreállítja a hiányzó polaritást. A mágnest tetszőleges számú részre oszthatja; mindenesetre, bármilyen kicsi is, minden résznek lesz egy északi pólusa és egy déli pólusa, azaz mindegyik rész érintetlenül fogja tartani az eredeti mágnes összes információját, amelyből származott.

Ha egy hologramot két, tíz, száz vagy ezer részre vágunk, ugyanez történik. Mindegyik rész megőrzi annak a mátrixnak az összes információját, amelyből származik.

Ráadásul a hologram hihetetlen mennyiségi tárolókapacitással rendelkezik: elegendő megváltoztatni azt a szöget, amelyben két lézersugár érinti a filmet, hogy egyetlen köbcentiméternyi térben több millió milliárd információ halmozódjon fel.

Nyilvánvaló az analógia az "implikált univerzummal": itt is minden rész összekapcsolódik az összes többivel, egyetlen dolgot alkotva, és ebben a kapcsolati hálózatban a legkisebb rész, például egyetlen részecske is tartalmazza a globális információt.

Mivel az egész kozmosz információit a legkisebb részecskében is fel lehet ismerni, a bohmi elmélet holografikus jellemzőket vesz fel, és az univerzumot, amely egy ráutaló és kifejezett rendként érti, hatalmas hologramként képzelhető el.

A holografikus univerzum.

A holografikus modellben az volt a legmegdöbbentőbb, hogy hirtelen értelmet nyert a homályos jelenségek széles skálájának, például a tudomány határain kívül esőnek. Ide tartozik a telepátia, a prekogníció, az univerzummal való egység misztikus érzése, sőt a pszichokinézis, vagy az elme azon képessége, hogy az anyagi tárgyakat anélkül tudja mozgatni, hogy bárki hozzájuk érne."
(Michael Talbot, "All is One")

Bohm megérzései hamarosan pontos irányt vettek, egy gigantikus hologramnak képzelt univerzum irányát. Azonban szükségszerűen figyelembe kellett venni azt a tényt, hogy a világegyetem nem statikus valóság, hanem dinamikus, vibráló energiák és izgatott anyag hatalmas sorozata; Valójában a szubatomi univerzumban semmi sem statikus, amint azt az atom leírásakor láttuk.

Így Bohm megalkotta az új „holomovement" kifejezést. Az univerzum a bohmi felfogás szerint egy hatalmas holomozgás, amelynek minden része, még a legkisebb is, tartalmazza az összes történelmet és kozmikus intelligenciát, ahogyan azok időben és térben kibontakoznak.

Pontosan azért, mert az „összevont" univerzum magában foglalja az összes fizikai univerzumot és azok érzékszervünkké válását, az így létrejövő hologram még a statikus fogalmát sem ismeri, hanem az „implikáció" és „magyarázat" örök mozgását alkotja.

Az implikált rend magában foglal minden időt, múltat, jelent és jövőt, és minden helyet. Az idő és a hely, amelyek a kifejtett sorrendben (vagyis tapasztalatunkban és megértésünkben) külön valóságokban bontakoznak ki, egy az implikált rendben.

A holomovement lehetővé teszi, hogy az implikált sorrend tartalmazza a megmagyarázott sorrend összes diverzitását. Egy interjúban Bohm ezekkel a szavakkal magyarázza a holomozgást:

> „Ugyanezt az implikált sorrendet észlelték az elektromágneses mezők fényhullámok formájában történő összetett mozgásában is. A fényhullámok ilyen mozgása mindenhol jelen van, és minden régióban

felöleli a tér és idő teljes univerzumát. Ez a bezáródás és kibontakozás nemcsak az elektromágneses tér mozgásában megy végbe, hanem más olyan mezőkben is, amelyek engedelmeskednek a kvantummechanika törvényeinek, amelyek folytonossági és nem lokalitási tulajdonságokat vonnak maguk után. A záró és nyitó mozgás összessége mérhetetlenül túlmutat azon, amit megfigyeléseink során észleltünk. Ezt a totalitást holomozgásnak nevezzük".

Ugyanebben az interjúban Bohm ismét ezt mondja:

„Valami ilyesmit javaslok: Képzeljünk el egy végtelen energiatengert, amely kitölti az üres teret, hullámok vonulnak át rajta, időnként összegyűlnek, és intenzív lüktetést produkálnak. Azt mondjuk, hogy egy bizonyos impulzus összegyűlik és kitágul, létrehozva a téridő és az anyag univerzumunkat. Több ilyen impulzus előfordulhat. Számunkra ez az impulzus ősrobbanásnak tűnik; nagyobb összefüggésben ez egy kis hullám. A „holomovement"-ben való bevetésből minden kiderül. Minden visszahajt önmagára a rákövetkező sorrendben. A hajtogatás vagy bezárás folyamatát „implikálásnak" nevezem. Ezzel szemben a kibontakozás vagy nyitás folyamatát "magyarázónak" nevezem. Az implicit és az explicit egy folyékony és osztatlan dolog. "

Bohm ezután kitűnően misztikus módon egészíti ki az univerzumról alkotott vízióját azáltal, hogy, mint egy matrjoskában, nagyon hosszú elméleteket képzel el a mások mögött meghúzódó implikált valóságról, amíg el nem éri a „szuper-implikált rendet", azaz a „kozmikus elmét". Bohm szerint ez az Elme kreatívan éli meg önmagában a magasabb rendek tevékenységét. Minden élőlény tudatosan részt vesz az egészben azáltal, hogy értelmet ad az egésznek. Az élőlények tudata nélkül a világegyetem hiányos lenne. Minden élőlény részvételének köszönhetően a "kozmikus elme" a tudatosság és az önismeret felé halad.

Karl Pribram

Karl Pribram 1919-ben született Bécsben, és 2015-ben vetett véget életének. Idegsebész, pszichiátria és pszichológia professzora volt különböző amerikai egyetemeken, köztük a Stanford és a Georgetown Egyetemeken.

Legfontosabb tanulmányai az emberi agyat és az idegrendszert érintik: elsősorban a limbikus rendszer természetének, valamint a frontális kéreggel való kapcsolatának meghatározásában segített.

Furcsának fog tűnni, hogy ebben a kontextusban beszélünk róla, túlnyomórészt fizikusoknak vagy filozófusoknak szenteljük, de ennek nagyon konkrét oka van. Valójában Pribram elsősorban David Bohmmal együttműködve kifejlesztette az úgynevezett „holonomikus agyi modellt", amelyet „Pribram és Bohm holografikus modelljeként" vagy „holografikus paradigmaként" is ismernek.

58. ábra – Karl Pribram, Bohmtól függetlenül, a holografikus elme fogalmának kidolgozásához jutott.

Ezzel a modellel Pribram elmélete szerint az agyunkban tárolt információ és így az emlékek is nem „rögzülnek" az idegsejtekben, hanem a „mintákat" létrehozó hullámformák kölcsönös kölcsönhatásának eredménye. Ezzel magyarázza az agy azon képességét, hogy viszonylag kis helyen hatalmas mennyiségű információt tároljon.

Pribram úgy vélte, hogy az emlékek az agyban összefonódó idegimpulzusok hálózatában tárolódnak, ahogyan a lézersugarak metszik egymást a holografikus képet tartalmazó filmen, és a szögtől függően hatalmas mennyiségű információ feltárását teszik lehetővé.

Idegsebészeti tanulmányaiban Pribram Bohmhoz hasonlóan arra a következtetésre jutott, hogy az emlékezet működése érthetőbb, ha a holografikus valósághoz hasonlítja. Természetesen mindketten teljesen más utakon érlelték meg meggyőződésüket. Bohm kvantumfizikai tanulmányai nyomán fogalmazta meg elméletét, míg Pribram bizonyos neurofiziológiai kérdések magyarázatának sok, olykor leküzdhetetlen nehézsége miatt meggyőződött a holografikus valóságról.

Az 1970-es években Pribram a holografikus valóság hipotézisét kutatta, abból az elvből kiindulva, hogy agyunk a szemtől kapott jeleket dolgozza fel, hogy a hologramhoz hasonló közvetített valóságot jelenítsen meg.

Mivel fia fizikus volt, arra gondolt, hogy hozzá fordul, hogy összehasonlítson néhány ötletet, de a fiú azonnal azt tanácsolta neki, hogy lépjen kapcsolatba David Bohmmal, aki minden bizonnyal a legalkalmasabb személy. Pribram így is tett, és találkozásukból sziklaszilárd nézetazonosság született arról a lehetőségről, hogy az univerzum holografikus valóság.

Michael Talbot a "Holográfiai univerzum: A valóság forradalmi elmélete" című könyvében így írja le a két tudós találkozásának gyümölcsét:

„Összefoglalva Bohm és Pribram elméletei mélyrehatóan új módot adnak a világra nézve. Agyunk matematikailag konstruálja meg az objektív valóságot, olyan frekvenciákat értelmez, amelyek végső soron egy másik dimenzióból, a téren és időn túli létezés mélyebb rendjének vetületei: az agy egy hologram, amely egy holografikus univerzumban rejtőzik.

Pribram azzal érvel, hogy ez a szintézis tudatosította benne, hogy az objektív világ nem létezik, vagy legalábbis nem abban az értelemben, ahogyan azt hinni szoktuk. Ami „odakint" létezik, az a hullámok és frekvenciák hatalmas óceánja, és a valóság csak azért tűnik számunkra konkrétnak, mert agyunk képes átalakítani ezt a homályos holografikus formát a világunkat alkotó alapvető építőelemekké és ismerős tárgyakká. (…)

A valóságnak két nagyon különböző aspektusa van. Láthatjuk magunkat anyagi testeknek, amelyek a térben mozognak. Ellenkező esetben az egész kozmikus hologramban elrejtett interferencia-mintázatok elmosódott képének láthatjuk magunkat.

Bohm úgy véli, hogy ez a második nézet helyesebb."

Létezik a valóság vagy nem?

Pribram holografikus agymodelljének kombinálása Bohm holomozgáselméletével meglepő eredményt ad. Ha a valóság az általunk észlelt konkrétságban illúzió, és minden létező nem más, mint frekvenciák és vibráló energiák tömege, mi marad? Ha az agy nem más, mint egy hologram, amely dekódolja a kapott frekvenciákat, és azokat érzékszervi észlelésekké alakítja, akkor valóban létezik objektív valóság?

A válasz a következő: nem, az "objektív valóság" nem létezik, ezzel igazolva azt, amit a keleti filozófiák mindig is támogattak, miszerint a világ csak illúzió.

Nem csak ez: ezzel a válasszal rehabilitáljuk sok nyugati filozófus, például George Berkeley túlságosan elhamarkodott elméletét, amely szerint minden tárgynak, amelyről úgy gondoljuk, nincs teste. A tárgyak csak ötletek, amelyeket érzékszerveink továbbítanak az agynak. Az agyban ezek az elképzelések az anyagiság hamis benyomásával konfigurálódnak és öltözködnek.

Pribram holografikus paradigmája és Bohm holomozgása olyan következtetésekhez vezet, amelyeket sokan vitatnak, de sokan mások úgy vélik, hogy ez a valóság eddigi lehető legpontosabb leírása.

Hová megyünk.

„Az egész életet meg kell értened, nem csak egy részét. Ezért kell olvasni, ezért kell az eget nézni, ezért kell énekelni és táncolni, verset írni, szenvedni és érteni, mert ez az egész élet.
(Jiddu Krishnamurti)

Kiváltságos korszakot élünk, amelyben a kozmikus dimenziókkal való titokzatos szinkronizmus nem sejtett célok felé terel bennünket. Ha ezeket a célokat elérjük, akkor megtörténik, hogy a szellem és az anyag, végre ugyanazzal a létjogosultsággal, képes lesz bevonni az egész emberiséget a ma még felfoghatatlannak és elérhetetlennek tűnő tudásba és lehetőségekbe. Ez a szinkronicitás vezérel bennünket a tudattalan anyag és a világító szellem korszaka közötti átmenetben.

Az első fontos lépés már megtörtént a materializmus legyőzésével, annak ellenére, hogy még ma is vannak helyek, intézmények és emberek, akik nem adják fel a materializmust szellemi gyakorlásuk alapelvévé. Sok esetben ez azért történik, hogy megvédjék a kiváltságos vagy érdekes pozíciókat.

Mára a materialista elméletek teljesen elavultak a legfejlettebb tudományos területeken. Elkezdünk azon tűnődni, hogy vajon tényleg csak „véletlenül összeállított gépek" vagyunk-e, vagy nincs-e olyan „tudatunk", amely képes formálni a minket magában foglaló univerzumot.

Ebben az összefüggésben egy olyan kérdés, amely a múlt századig a metafizika homályos birodalmára korlátozódott, rendkívül aktuálissá válik, és elkezdi gyötörni a legfelvilágosultabb tudósok elméjét: vajon mi teremtjük meg a valóságunkat?

A lélek tanulmányozása a fizika részévé válik.

A múlt századig a lélek létezéséről folytatott minden diskurzus a teológiai vagy filozófiai szférára korlátozódott.

Mostanra meglepő módon a kérdés az elméleti fizika napirendjének részévé vált, szilárdan a továbbtanulmányozásra érdemes témakörök élén.

Különösen Henry Pierce Stapp fizikus végez tanulmányokat, amelyeket bizonyos hangsúllyal hirdetnek a weben, ehhez hasonló címeken keresztül: "Henry Stapp be akarja bizonyítani a lélek létezését" (Henry Stapp a lélek létezését akarja demonstrálni). Valójában Stapp nem annyira a lélek létezését akarja demonstrálni, hanem azt, hogy az élőlény tudataként értelmezve nem hagyható figyelmen kívül. A léleknek, vagyis a tudatnak aktív és befolyásoló változóvá kell válnia az univerzum működését leíró egyenletekben és képletekben.

Stapp 1928-ban született az Ohio állambeli Clevelandben, az Egyesült Államokban. Részecskefizikából szerzett PhD fokozatot Emilio Segrè és Owen Chamberlain Nobel-díjas felügyelete alatt a Kaliforniai Egyetemen, Berkeleyben. A kvantummechanika területén végzett munkáiról ismert, különösen az axiomatikus S-mátrix elmélet kidolgozásáról; számos publikációja jelent meg többek között a kvantummechanika nem lokális vonatkozásaival és Bell-tételével kapcsolatban.

1958-ban Wolfgang Pauli meghívta a zürichi ETH-ra, hogy személyesen dolgozzon vele a kvantummechanika alapvető problémáin. 1969-től Werner Heisenberg közvetlen munkatársa volt a müncheni Max Planck Intézetben. Ezt követően 1976-tól John Wheelerrel dolgozott együtt. Ez egy tudományos karrier, amelyet mindig a legmagasabb szinten folytatnak.

Henry Stapp. Kvantumelmélet és szabad akarat.

2017-ben Stapp kiadta a "Kvantumelmélet és szabad akarat. Hogyan alakulnak át a mentális szándékok testi cselekvésekké" című könyvét.

Ez a könyv egyszerű, de pontos kifejezésekkel magyarázza el az ortodox kvantummechanika működését, és bemutatja, hogy ez a reálisan értelmezett elmélet hogyan tulajdonít fontos szerepet tudatos és szabad döntéseinknek. Stapp abból az elvből indul ki, hogy a hagyományos biológia és idegtudomány továbbra is támogatja a lényegében megcáfolt és megbukott klasszikus előítéleteket, miszerint a mentális szándékok nem befolyásolják az anyag viselkedését. Megmutatja, hogy a kvantummechanika racionális alapot nyújt a tudat és a viselkedés közötti összefüggések jobb megértéséhez, és lehetővé teszi bizonyos, jelenleg "paranormálisnak" tartott jelenségek magyarázatát is. Ezek az elképzelések fontos következményekkel járnak önmagunk és gondolkodási folyamataink megértésére, és így életünk értelmére is.

A könyvben Stapp a valaha volt egyik legkényesebb kérdéssel foglalkozik, a szabad akarat kérdésével. Ez egy olyan fogalom, amelyet az "Enciclopedia Italiana Treccani" a következőképpen határoz meg:

> Szabad akarat. A kifejezés az ember szabadságát jelzi, akinek cselekedeteit nem felsőbbrendű (természetfölötti vagy természeti) erők határozzák meg, hanem az ő autonóm döntéseiből fakadnak.

A kifejezés a keresztény teológiai viták talaján született, az isteni mindenhatóság és mindentudás, valamint az emberi szabadság összeegyeztethetőségével kapcsolatban. A humanizmus és a reneszánsz főszereplői különösen a szabad akarat tézisét támogatták különös melegséggel.

Vallási szempontból nagyon nehéz összeegyeztetni a szabad akaratot a mindentudó Isten gondolatával: ha Isten már ismeri a jövőt, és ezért tudja, hogyan fog cselekedni az ember, akkor az ember szabadnak tekintheti-e magát a döntések meghozatalára?

Tegyük félre a vallást egy pillanatra, mivel ez egy személyes és nem objektív fogalom, és gyakran még a különböző vallások hívei is nézeteltérésben találják magukat.

A tudomány, mint tudjuk, az általunk objektívnek definiálható módszereivel halad tovább: kísérleteket végez, amelyekből konkrét következtetéseket von le. Ha a kísérleti eredmények megdönthetetlen módon megerősítik a hipotézist, ez fizikai törvényszerűséggé válik, ellenkező esetben az ítélet megtagadható vagy felfüggeszthető.

A szabad akarat esetében soha senki nem állíthatta, hogy ez érvényes törvény. Valójában soha nem lehetett bizonyítani, hogy egy adott helyzet többszöri vizsgálatával mindig ugyanazt az eredményt kapjuk.

Ebből a tudományos alapból kiindulva megfogalmazhatunk egy tágabb érvelést, amely ahhoz a bizonyossághoz kapcsolódik, hogy az ember atomokból és részecskékből áll.

Tudjuk, hogy az atomok állandó izgatottságban vannak, és tudjuk, hogy ennek a mozgásnak a részeként hajlamosak aggregálódni más atomokkal. De egy dolgot nem tudunk: miért vonzzák egymást és aggregálódnak az atomok? Milyen erővel egyesül három atom (két hidrogén és egy oxigén) vízmolekulává? Van-e olyan "lelkiismeret", amely arra készteti őket, hogy az összesítésnek éppen ezt a rendkívül hasznos formáját hajtsák végre, nem pedig a sok más lehetséges formát?

Valójában az atomnak ne legyen tudata, ezért nem szabad "tudatosan" eldöntenie, hogy milyen típusú aggregációt végezzen. Ráadásul még a vízmolekula sem határozható meg tudatosként. De az atomok összetettebb módon is aggregálódhatnak, például biológiailag "élő" lényt alkotva, vagyis minden bizonnyal tudattal, vagy legalábbis ösztönnel felruházva. Csodával határos módon a tudattal felruházott lények atomok milliárdjainak aggregációjából születnek tudat nélkül.

Miért? Ez egy igazi rejtvény. Mi lehet a megoldás? Az atomok vagy tudattal rendelkeznek, a közhiedelemmel ellentétben, vagy egy rajtuk kívül álló tudat vezérli őket: mindenesetre az aggregációs folyamatban léteznie kell egy „pilot-tudatnak”.

Vallási szempontból azt lehetne mondani, hogy mindent Isten rendelt el; a tudat, amelyből minden tudat és minden tudatos viselkedés származik, az Istené.

A tudomány azonban nem tartja érvényesnek ezeket a metafizikai érveléseket, és folytatja a munkát, hogy feltárja, melyek azok a mechanizmusok, amelyek meghatározzák az anyag aggregációját.

Az atomok aggregációjának és miértjének megértése azt jelentené, hogy felfedezzük, hogyan jön létre az élőlények, mindenekelőtt az ember lelkiismerete, és arra a következtetésre jutnánk, hogy a lelkiismeret kialakulása egy jól körülhatárolható folyamat alapján történik. Ez egy képletbe átvihető folyamat lenne.

Ha ez így lenne, a tudat "kialakulása" egy előre látható és megismételhető folyamat része lenne. Ezért feltehető a "standard" tudatok létezése. Ilyen körülmények között egyszer s mindenkorra világos lenne, hogy a szabad akarat nem létezik.

A kvantumfizika egészen más nézetet fejleszt ki, amelyet Stapp könyvében vizsgál. Egy részecskét nem figyelhetünk meg úgy, hogy meghatározzuk a helyzetét és a sebességét, vagy inkább csak valószínűségi módszerrel. A mérést ugyanazon adatokkal többször megismételve több helyen is megtaláljuk a részecskét. Nem csak: a részecske megfigyelésével összecsukjuk az azt tartalmazó hullámfüggvényt; ezért mi döntjük el, hol található.

Valójában a részecske ködös állapotban van felfüggesztve, amíg egyszerűen megfigyelve, azaz ránézve mi magunk döntjük el, hova helyezzük el azt a részecskét.

Ennek felmérhetetlen etikai és filozófiai következményei vannak. Ha ezek megfigyelésével eldöntjük, hova helyezzük a részecskéket, vagyis ha rajtunk múlik az anyag tulajdonságainak megválasztása, akkor az azt jelenti, hogy létezik a szabad akarat. Már nem az anyag által uralt gépek vagyunk, hanem lények, akik akaratunkkal képesek uralkodni az anyagon.

Henry Stapp számos interjúja egyikében így fejezi ki magát az általa kidolgozott elmélettel, a „tudat kvantumelméletével” kapcsolatban:

Számunkra, egyénekként és együttesen is fontos, hogy korrigáljuk azt a jelenleg széles körben elterjedt elképzelést, hogy a tudomány kimutatta, hogy mechanikus automaták vagyunk. Ez az elképzelés a klasszikus mechanikán alapul, most empirikusan érvénytelenítették. Utódja, a kvantummechanika pszicho-fizikai lényekként jelenít meg bennünket, akiknek tudatos szándékait nem a természet fizikai vonatkozásai határozzák meg, de ok-okozatilag befolyásolják a fizikai események menetét.

Azonnal felmerül a kérdés: "Mi a kapcsolat tudatos tapasztalataink és a fizikailag leírt világ között?".

A 18. és 19. században a tudományban elterjedt klasszikus fizikai elméletek kijelentették, hogy minden fizikai tulajdonságot csak a korábbi fizikai tulajdonságok határoznak meg, a tudat által hozzáadott elemek nélkül. Ez az állítás, ha igaz, azt sugallná, hogy életünk értelmetlen; mindannyiunkat lényegében esztelen mechanikus automatákká redukálna, amelyek képtelenek befolyásolni a jövőbeli fizikai események lefolyását sem a saját, sem mások javára.

Ma már ismert, hogy a klasszikus fizikai technikák alapvetően hamisak. Ezeket az elavult elméleteket a kvantummechanika váltotta fel. Ebben az elméletben tudatos „szabad döntéseink" alapvető dinamikus szerepet játszanak a jövő meghatározásában. Az ilyen választásokat "szabadnak" nevezik, mert nem korlátozza őket az elmélet semmilyen más jellemzője, sem statisztikai, sem egyéb.

Az Univerzális Szellem energiája.

Az elemi részecskék megfigyelésének képessége meghatározza annak valóságát, amit megfigyelünk, és ezért szabad akaratunkról tanúskodik. De akkor feltehetjük magunknak a kérdést: ki az, aki megfigyeli részecskéinket, hogy megállapítsa, ezeknek pontosan kell alkotniuk testünket, és így tudatunkat? Mi, ki figyel minket?

Van-e megfigyelő, aki meghatároz minket? Vagy: van-e olyan játék, amelyben megfigyelők és megfigyelők, teremtettek és alkotók vagyunk? Ki vezeti ezt a játékot? Vagy talán a játék egy olyan „kezdetből" született, amely már a kezdetektől fogva játékosnak és játékvezetőnek tekinti magunkat?

Talán a valóság egy gigantikus Ouroboros, a mitikus sárkány, amely a saját farkába harap, és kört alkot, amelynek nincs kezdete és vége?

Látszólag mozdulatlanul, de örök mozgásban az Ouroboros az önmagát felemésztő és újratermelő erőt, az állandóan elfogyasztott és megújuló univerzális energiát képviseli. Ezért mindennek egységét és teljességét jelképezi, a végtelent, az örökkévalóságot, a ciklikus időt, az örök visszatérést, a halhatatlanságot és a tökéletességet.

Érdekes megfigyelni, hogy ez a szimbólum hogyan van jelen minden időben és helyen a misztikus és filozófiai hagyományok sokaságában.

Az a tény, hogy minden anyag megfigyelésből ölt alakot, elkerülhetetlen szükségszerűséget rejt magában: megfigyelnünk kell.

George Berkeley „Esse est percipi" (Lenni azt jelenti, hogy észlelni) mottója ismét megvilágító.

Ebből a szempontból érthetővé válnak a zsoltáros szavai is, aki Istenhez fordul, hálát adva neki, hogy megnézték, sőt, nem kerülheti el a tekintetét. Nem csak ez: elismerve, hogy Isten figyelte őt, mióta anyja méhében megalkotta, elismeri, hogy ez a tekintet tette tökéletessé "mint egy csoda".

David Bohm, aki egy rabbi asszisztensének fia volt, valószínűleg sokszor imádkozott gyermekkorában a 138. zsoltár szavaival.

> "Uram, keresel engem és ismersz engem,
> tudod mikor ülök és mikor kelek fel.
> Messziről behatol a gondolataimba,
> figyelsz, amikor sétálok és amikor pihenek.
> Hová menjek el szellemed elől, hova menekülj jelenléted elől?
> A szemed látott engem, amikor még formátlan voltam"

Élete utolsó éveiben Bohmot lenyűgözték az 1895-ben Indiában született Jiddu Krishnamurti elméletei. Kulturális és spirituális partnerséget épített ki ezzel a filozófussal, olyannyira, hogy együtt írtak néhány könyvet, köztük az "Ahol az idő véget ér" című könyvet.

E barátság során Bohm nagyon közel került a keleti miszticizmushoz, és fiatalkori vágyát egy igazságosabb társadalom felépítésére (amelyet a szovjet materializmus beszennyezett) olyan törekvéssé alakított át, amely ugyanazt a célt szolgálja, de a spirituális növekedés.

Ezzel a kulturális és spirituális partnerséggel összefüggésben Bohm kifejtette azt a gondolatot, amelyet a „Bohm. A végtelen fizikája" Massimo Teodorani:

> „A „határolt" mezője minden, amit láthatunk, hallhatunk, tapinthatunk, emlékezhetünk és leírhatunk. Ez a mező alapvetően az, ami nyilvánvaló vagy kézzelfogható. A végtelen, a kontraszt lényeges tulajdonsága a megfoghatatlansága. Ez a tulajdonság a Szellem szó formáját ölti, melynek eredeti jelentése „szél, lehelet".
>
> Ez egy láthatatlan, de mindent átható energia létezésére utal, amelyre a véges megnyilvánult világa reagál. Ez az energia, ó, Szellem, minden élőlényt áthat, és enélkül minden szervezet alkotóelemekre bomlik. Ami igazán él az élőlényben, az a Szellem energiája. Ez az energia soha nem született meg és nem is fog meghalni."

Bohm úgy emlegette a szellemet, mint a világ Lelkét, egy szuper-implikált rendet, amely minden későbbi implikáció és kifejtés mögött és életre kelt. Olyan rendet értett, amely a legfelsőbb szabadság szintjén helyezkedik el, és mint ilyen, mentes minden filozófiai vagy dogmatikai konnotációtól.

Ahogy az életében is bebizonyosodott, Bohm nagy jónak tartotta a szabadságot, és arra törekedett, hogy a maga abszolútságában meghódítsa, hogy megoszthassa azt. 1992. október 27-én, Londonban szívinfarktusban halt meg, nagy űrt hagyva a tudományos közösségben, és hatalmas ötletek örökségét, amelyek tudományosan és filozófiailag is kidolgozásra várnak.

Bibliográfia.

Acheson David # One thousand eighty-nine and other magic numbers.
Aguirre Anthony # Zen and Multiverses
Allen Steve # Deceptions of logic
Ambesi Alberto # Panteismo
Amir Dan Aczel #Entanglement. The greatest mystery of physics. Amir Dan Aczel # The Mystery of the Alef
Amir Dan Aczel # The God Equation
Anderl Sybilla # The universe and me. A philosophy of astrophysics
Angier Natalie # The canon of science. Guided tour from the infinitesimal to infinity for enthusiastic beginners...
Anthes Emily # Quick Guide for Brainiacs: The Mind
Arecchi Tito & Eva # Simboli e realtà
Argentieri Niccolò # Ci sono elettroni nel mondo della vita?
Armstrong David # What is metaphysics
Asimov Isaac # The Physics Book
Asimov Isaac # In the beginning. The book of genesis interpreted.
Asimov Isaac # The invisible universe
Astrolabio Ubaldini # Neuroscienze e spiritualità. Mente e coscienza nelle tradizioni
Baker Stephen # The secret power of mathematicians
BakerJoanne # Quantum Physics. 50 great ideas
Barbour Julian # The point of Janus. A new theory of time

Julian Barbour # The End of Time.
Barcelli Simone # La storia che verrà
Baron Vincenzo # Albert Einstein. Il costruttore di universi
Barrow, Tipler # The anthropic principle.
Barrow John David # 1+1 does not (always) do 2
Barrow John David # Zero to . The great story of nothing. Oscar Mondadori.
Barrow John David # From the Self to the Cosmos
Barrow John David # The numbers of the universe
Barrow John David # The Book of Universes. Complete guide to possible universes
Barrow John David # The mono within the world
Barrow John David # Infinity
Barrow John David # The universe as a work of art
Barrow John David # The Pictures of Science
Barrow John David # The Origins of the Universe
Barrow John David # Why is the world mathematical? The third
Barucca, Jannaccone Scacchi # Forced science
Barzaghi Giuseppe # Compendio di storia della filosofia
Battiston Roberto # La prima alba del cosmo. Dal big bang alla vita nell'universo
Beitman Bernard # Messages of coincidences.
Bellone Enrico # Corpi e cose
Bergson Henri # Essay on the immediate data of consciousness
Berkeley George # Philosophical Works
Bersani-Peres # Proverbial mathematics
Bersani R, Peres E. # Mathematics. Survival course
Berti Enrico # History of metaphysics
Bocchi G, Ceruti M. # Origins of stories

Bodanis David # $E=mc^2$. Biography of the equation that changed the world
Bogdanov Igor # Before the Big Bang. The origin of the universe
Bohm - Khrisnamurti # Where time ends
Bohm - Khrisnamurti # The limits of thought
Bōhm Conrad # The Keys of the Cosmos
Bohm David # Universe Mind Matter
Bojowald Martin # Before the Big Bang. Complete history of the universe
Bonaventura, Colombo, Miluzio # The made-to-measure universe. Journey into the incredible cosmic coincidences that allow us to be here
Boncinelli, Inherited # Everything is transformed. Brief history of energy
Borgna Eugenio # Il tempo e la vita
Brockmn John # That's not true but I believe it
Bruno Giordano # Of the infinite universe and worlds
Bryson Bill # A Brief History of (Almost) Everything
Bui Daniele, LeoniSilvio # Mente, cervello e coscienza. Il vicolo cieco del materialismo nel pensiero di Sir John Eccles
Burgin Luc # Errors of science
Cambray Joseph # Synchronicity. Nature and psyche in an interconnected universe.
Campbell, Joseph # Dee. The mysteries of the divine feminine
Campbell, Joseph # The Inner Reaches of the Cosmos. The metaphor in myth and religion
Cantalupi -Santarcangelo # Psiche e realtà
Cappelletti Valentina # From order to things. Essay on Werner Heisenberg
Capra F. Luisi P.L. # Life and nature. A systemic view.

Goat Fritjof # The turning point
Goat Fritjof # The Tao of Physics.
Goat Fritjof # The science of life
Goat Fritjof # Towards a new wisdom
Carlson W. Bernard#Tesla. The inventor of the electric age
Casati Roberto # La scoperta dell'ombra
Castorina Paolo # La «particella di Dio» e l'origine della massa
Cattabiani Alfredo # Planetarium
Cederquist John # Coincidences don't exist.
Cesati Cassin Marco # Non siamo qui per caso. Il potere delle coincidenze.
Chandrasekhar Sub. # Truth and beauty. The reasons for aesthetics in science.
Chiaberge Riccardo # Il Dio variabile
Chinnici Giorgio # Si dà il caso. Il funzionamento segreto del mondo quantistico
Chopra Deepak # Coincidences.
Ciuffardi, Perissi # La fine della coscienza? Dalla mente bicamerale all'intelligenza artificiale
Clark Michael # Paradoxes A to Z
Close Frank # Theories of everything
Scatti Monica # Buchi neri evanescenti
Coppens Yves # The construction of prehistory
Couliano Joan # The journeys of the soul
Coustè Alberto # Brief history of the devil
Crespi Marco # L'equazione della coscienza
Currivan Jude # The Cosmic Hologram
D'Ancona Vittorino # Greek mythology
Dal Buono Lucio # Dall'atomo all'anima. Tutto quello che devi sapere
Damasio Antonio # Emotion and conscience

Damasio Antonio # Descartes' error. Emotion, reason and the human brain
Dask Mike # Beyond Borders
Davies Paul # How to build a time machine
Davies Paul # God and the new physics
Davies Paul # The last three minutes
Davies Paul # The Mysteries of Time. The universe after Einstein
Davies Paul # The Intelligent Cosmos
Davies Paul # The fleeing universe
Davies Paul # The Mind of God
Davies Paul # Are we alone?
Davies Paul # On the edge of infinity. Naked singularities and distribution of space-time
Dawkins Richard # The Blind Watchmaker
De Agostini # Biology
De Agostini # Large paperbacks. Geographical atlas. Historical. Astronomy
De Crescenzo Luciano # Ordine e disordine
De Crescnzo Luciano # empo e felicità
De Santillana Giorgio, Von Dechend Hertha # Hamlet's mill. Essay on myth and the structure of time.
De Santillana Giorgio #Sirio
Dehaene Stanislas # Brain and consciousness
Della Sala, Dewar # Never trust your mind. N+1 experiments to understand how it deceives us and why
Delmastro Marco # Particelle familiari. Le avventure della fisica e il bosone di Higgs
By Francesco Michele, Marraffa, Tomasetta # Filosofia della mente. Corpo, coscienza, pensiero
Mondadori Dictionary # Dizionario della saggezza orientale
Donà Massimo # Magia e filosofia

Du Sautou Marcus # The perfect mess
Du Sautou Marcus # The Million Dollar Equation
Du Sautou Marcus # The impossible theories. What are the limits of science?
Dumezil Geoges # Archaic Roman religion
Edelmen, Tononi # Un universo di coscienza. Come la materia diventa immaginazione..
Albert Einstein # Albert Einstein. Relativity and new physics
Einstein Albert # The world as I see it
Einstein Albert # Thoughts, ideas, opinions
Einstein, Infeld # The evolution of physics
Ekelan Ivar # Chaos
Ereditato Antonio # Le particelle elementari
Hermes Trismegistus # Poimandres
Fabbro Franco # The biological foundations of philosophy. The symbolic nature of DNA, psyche and language
Facchini Fiorenzo # L'avventura dell'uomo. Caso o progetto?
Facchini Fiorenzo # Origini dell'uomo ed evoluzione culturale
Facchini- Magnani # Myths and rites of prehistory
Faggin Federico # Irriducibile, Conscience, life, computers and our nature
Faggin Federico # Silicon
Falletta Nicholas # The Book of Paradoxes
Federrici Vescovini G. # Magico Medioevo
Ferrini Federico # Onde gravitazionali. Una nuova porta per il cosmo
Ferris Timothy # The Adventure of the Universe. From Aristotle to quantum theory and beyond: a never ending story
Ferrone Vincenzo # Una scienza per l'uomo
Feynman Richard # The meaning of things
Feynman Richard # QED

Feynman Richard # Six Easy Pieces
Albertini Foundation # Prove e indizi dell'aldilà
Andrea Sardos Foundation # Prove e indizi dell'aldilà. Il caso Andrea
Ford Kenneth # The quantum world. Quantum physics for everyone.
Fosar-Bludorf # Hyperconsciousness. Intelligence is hidden in the DNA
Foster Charles # We human beings. 40,000 years of history of consciousness
Franks E.M. # Carl Jung's theory of psychological types
Fraser J. T. # Time: an unknown presence
Frazer James # The golden branch
Friedman Richard # Who Wrote the Bible?
Frova Andrea # Il Cosmo e il Buon Dio. Dialogo su astronomia, evoluzione e mito
Find Andrea # Luce. Una storia da Pitagora ad oggi
Find Andrea # Perché succede quello che succede
Galfard Cristophe # How to understand E=mc2
Galilei Galileo # DDialogo dei principali sistemi
Gallippi Angelo # Federico Faggin. Il padre del microprocessore
Gamow George # Gravity
Gamow George # The Adventures of Mr. Tompkins. Daedalus Editions
Gamow George # New World of mr. Tompkins. Zanichelli
Gamow George # Thirty Years That Shocked Physics
Gasperini Maurizio # L'universo prima del big bang. Cosmologia e teoria delle stringhe
Gazzaniga Michael # Conscience is an instinct. The mysterious link between the brain and the mind
Giacobbo Roberto # Secret cities

Giacobini, d'Errico # The Neanderthal hunters
Giacomelli Giorgio # Dal quark al big bang
Giuliodori Lucio # Sul concetto di sincronicità: Jung tra psicoanalisi e quantismo
Giuliodori Lucio # Tra fisica e metafisica. Alcune implicazioni
Atlanti Giunti # Geografia generale, astronomia e cartografi
Gleick James # Chaos. The birth of a new science
Goldman Jane #Xfiles. The Book of Incredible Facts
Goswami Amit # Quantum Guide to Enlightenment. Mediterranean Editions
GrazianoMichael # Rethinking conscience
Grecchi Vittorio # The brain field lies
Greek Peter # The origin of the universe
Greene Brian # Until the end of time. Mind, matter and the search for meaning in an ancient universe
Greene Brian # The elegant universe. Superstrings. hidden dimensions and the search for the ultimate theory.
Greene Brian # The Elegant Universe
Greene Brian # The Hidden Reality
Greene Brian # The hidden reality - parallel universes and profound laws of the cosmos. Philosophies of sciences
Greene Brian # The plot of the cosmos. Space, reality.
Gribbn John # Encyclopedic Dictionary of Quantum Physics
Guido Paolo # Da Buddha a Einstein
Hack Margherita Ferreri Cossard # La lunga storia delle origini. I grandi miti e le teorie con cui l'umanità ha spiegato l'universo
Hall Nna # Chaos. A science for the real world
Hand David # Chance does not exist. Because the most amazing things happen every day
Harner Michael # The Way of the Shaman

Harrison Edward # The Masks of the Universe
Hawking - Penrose # The nature of space and time
Hawking Heckler # The Grand Design.
Hawking -Mlodinov # From the Big Bang to black holes. Brief history of the universe. Mondadori
Hawking Stephan # Holes nr and newborn universes
Hawking Stephen # The universe in a nutshell. Oscar Saggi Mondadori.
Hawking Stephen # The Great History of Time. Mondadori
Stephen Hawking # The Theory of Everything. Origin and destiny of the universe. Mondadori.
Hawking Stephen # Gazing up at the stars
Heckler Richard # Coincidences
Heidegger, Martin # What is metaphysics?
Heidegger, Martin # The concept of time
Heisenberg Werner # Physics and Philosophy
Hermann Greta # Physics and philosophy
Higfield, Roger # The Science of Henry Potter
Hillman, James # The Soul Code
Hope Murry # The Secret of Sirius
Hopke Robert # Nothing happens by chance. Oscar Mondadori
Hoyle Fred # The Origin of the Universe and the Origin of Religion
Humphrey Nicholas # Soul Dust. The Magic of Consciousness
Hunter Tobias # A new idea of the world
Huxley Aldous # Brave New World. Back to the new world.
Jaffè Aniela # Dreams, prophecies, apparitions
Jaynes Julian # The Breakdown of the Bicameral Mind and the Origin of Consciousness

Johnson Steven # Where great ideas are born. Natural history of innovation
Joseph Frank # The Power of Coincidences. The meeting point.
Jou David # Rewrite Genesis. In search of the mathematical formula of creation
Jung Carl # Animus and anima
Jung Carl # Experience and mystery
Jung Carl # The Red Book. Liber novus.
Jung Carl # Jung speaks Interviews and meetings
Jung Carl # The analysis of dreams. The archetypes of the unconscious. The synchronicity.
Jung Carl # The ego and the unconscious
Jung Carl # Man and his symbols
Jung Carl # The psychic dimension. Collection of writings.
Jung Carl # Psychology of the unconscious
Jung Carl # Memories and reflections.
Jung Carl # Psychological types
Kaku Michio # The future of humanity
Kaku Michio # Hyperspace
Kaku Michio # The divine equation
Kane Gordon # The Garden of Building Blocks. Longanesi
Karsenti Eric # A Brief History of the Origins of Life. From the cell to the human being, the most beautiful story ever told: ours
Kauffman Stuart # Reinventing the sacred
Kinnebriock Werner # Where does the passing of time go. Physics, philosophy and daily life
Kippenhahn Rudolf # Pocket Cosmology. From the big bang to the poetry of the starry sky
Koch Christof ok # The search for conscience
Kornelius Martin #Einstein Light

Kosko Bart # The fuzzy-thinking
Krauss Lawrence # The Dark Heart of the Universe. In search of the «Fifth essence
Krauss Lawrence # The Universe from Nothing
Krauss Lawrence # The Physics of Star Trek
Kumar Manjit # Quantum. From Einstein to Bohr, a new idea of reality.
Kundera Milan # Immortality
Kung Hans # Chinese Christianity and Religiosity. Arnoldo Mondadori editor.
Lalumera Elisabetta # Cosa sono i concetti
Lambert Karel, G. Gordon # Introduction to the philosophy of science
Lanternari Vittorio # Religione, magia e droga
Lanza R. + Herman # Biocentrism
Lanza Robert # The grand biocentric design
Lanza Robert # Beyond biocentrism
Laszlo Erwin # Science and the Akashic Plan
LaszloErvin # The Immortal Mind
Lazzara Salvatore # Vedi alla voce scienza
Lederman-Hill # Quantum Physics for Poets
Ledoux Joseph # The emotional brain
Licata Ignazio # Observing the Sphinx. DiRenzo Publisher.
Lindley David # Einstein's moon
Lipton Bruce # The Biology of Belief
Livio Mario # La sezione aurea. Storia di un numero e di un mistero che dura da tremila anni
Lu Tung-pin # The Secret of the Golden Flower
Luc Georg # Il magico nella cultura antica
Luccio Riccardo # FDall'anima alla mente. Breve storia della psicologia

Lurker Manfrd # Dictionary of Biblical Pictures and Symbols
Marchesi Fabio # Exotropia
Marchi Vittorio # La scienza dell'Uno. Chiave per l'universo nascosto
Marconi Momolina # Prelude to the history of religions
Marletto Chiara # La scienza dell'impossibile. Alla ricerca delle nuove leggi della fisica
Martini Francesco # Persuasive communication 4 books
Massalenti (curator) # Qualcosa di grande. L'infinita bellezza e complessità di tutto ciò che esiste
Massimini Tononi # Nothing greater
Mavaldi Marco # The two heads of the tyrant. Mathematical methods for freedom
Mazzitelli Italo # What if God existed? E se Dio esistesse? I limiti della conoscenza scientifica quando si indaga su Dio e la religione
McTaggart Lynne # The secret force of the universe. The zero point field
McTaggart Lynne # The Bond. The quantum link
Mecacci Luciano # Identikit of the brain
Michell John # Astroarchaeology
Miramonti Reseghetti # Neutrino. La particella fantasma
Mondadori # Dictionary of oriental wisdom
Morowitz Harold # The birth of everything
Mortier Roland # Imposters and gullible people in the Age of Enlightenment
Matteo Motterlini # Mental traps. Rizzoli
Mugnos Sabrina # The universe that thinks
Mullis Kary # They dance naked in the field of mind

Musso Paolo # Science and the idea of reason. Science, philosophy and religion from Galileo to black holes and beyond.
Muzzio Publisher # Caos. Una scienza per il mondo reale
Nagel Thomas # A very short introduction to philosophy
Neumann Erich # History of the origins of consciousness
Nietzsce # Beyond good and evil
Nietzsche Friedrich # Thus Spoke Zarathustra
New Syntheses # Galileo Newton Einstein
O'Keane Veronica # The Bazaar of Memory. How we build memories and how memories build us
O'Regan J. Kevin # Why colors don't play. A new theory of consciousness
Odifreddi Piergiorgio # Una via di fuga. Il grande racconto della geometria moderna
Oldstone Moore # Understanding Taoism
Oliverio Alberto # Dove ci porta la scienza
Oliverio Alberto # L'arte di ricordare. La memoria e i suoi segreti
Oreglio Flavio # Curiosa storia della scienza. Le radici pagane dell'Europa
Osho # Rajneesh's bible
Overbye Dennis # Einstein innamorato. La vita di un genio, tra scoperte scientifiche e passione romantica
Palazzi Pablo # The Great Illusion
Palmarini and others # Musica, luce, colori, nuova energia
PanekRichard # The invisible century
Paolelli Ermanno # Neuro-quantum. The new frontier of neuroscience
Parigi Silvia # Magia e scienza nell'età moderna
Paris Giorgio # In un volo di storni. Le meraviglie dei sistemi complessi

Pauli Wolfgang # Psyche and nature
Pearson Carol S. # The hero within us
Peat David # The Paths of Chance
Peat David # Synchronicity. A union between matter and psyche. Magi Editions
Peiretti Federico # Il matematico si diverte. Duecento giochi e puzzle che hanno fatto la storia della matematica
Pellegrini Massimo # Fisica quantistica per principianti
Penrose Roger # The Universe is still a secret
Penrose Roger # The Emperor's New Mind
Penrose Roger # The road that leads to reality
Perconti Pietro # Conscience. Philosophical lexicon
Pichot André # The birth of science. Mesopotamia, Egypt, Ancient Greece
Pim van Lommel # Consciousness beyond life
Pinotti-Baccarini # Italia esoterica
Pizzuti Marco # From man 2.0 to the universal matrix of ooscience. Unauthorized evolution
Plato # Against Democracy
Plez Ugo # The lost sciences
Poli Eric Francesca # Anatomy of quantum consciousness
Polkinghorne John # Quantum theory
Popper Karl # The ego and its brain. Armando Publisher.
Powell Arthur # The astral body and related phenomena
Prattico Franco # From chaos… to conscience
Privitera Agata # MBT The Myers-Briggs theory and the 16 personalities
Proverb Edward # Archaeoastronomy
Radin Dean # Interconnected Minds. Psychic phenomena explained by quantum physics.
Ramorino Felice # Classic mythology illustrated

Randall Lisa # Curved passes. The mysteries of the hidden dimensions of the universe
Ranucci Stefano # Physics of the other world. When consciousness and quantum physics explain the paranormal
Reda Giuseppe # Energy and its forms of existence
Reeves Hubert # Cosmic Evolution
Regge Tullio # Infinity
Renn Jurgen # The evolution of knowledge
Rey Olivier # Itineraries of bewilderment. What if science were a great metaphysical enterprise?
Rezzolla Luciano # The irresistible attraction of gravity. Journey to the discovery of black holes
Rhine Louisa # Psychokinesis. Mind dominates matter. Golem Books.
Richet Pascal # A natural history of time
Robinson Richard # Why does toast always fall buttered side up?
Robinson Richard # Why does toast always fall buttered side up? The brilliant scientific explanation of Murphy's Laws
Rodriguez Pepe # God was born a woman
Romano Giuliano # Archeoastronomia italiana
Romanus Julian # Orientamenti ad sidera
Rosati Giancarlo # Cosmic consciousness. Path to enlightenment
Rossi Daniela # Matter that dreams
Roth Reme # The Seekers of God
Rovelli Carlo # Heligoland
Rowan Robinon # The nine numbers of the cosmos. The origin and nature of our universe
Rucker Rudy # The Fourth Dimension. A guided journey into higher order universes
Russel Bertrand # Dictionary of physical and moral logic

Russo Lucio # The forgotten revolution. Greek scientific thought
Russo Michele # Is life a “case” of matter?
Essay Isabella # Age, if any
Sale Musio Carla # Communicating with those who no longer have a body
Sarle John # The Mystery of Conscience
Schoch Robert # The voice of the stones. Lost civilizations
Schoepflin Maurice # 100 Philosophers
Schopenhauer Arthur # The art of getting right
Schumacher Ernst # A guide for the perplexed
Searle John # The mind
Sermonti Giuseppe # A science without a soul.
Serra Pietro # From the soul to the conscience. An incursion into the folds of the mind
Severino Emanuele # The anti philosophy
Shapira Haim # Lessons on Infinity
Sheldrake Rupert # The Extended Mind. Hooray.
Sheldrake Rupert # The illusions of science. Hooray.
Siegfried Tom # The Number of Heavens. A story of the multiverse and the quest to understand the cosmos
Sigman Mariano # The Secret Life of the Mind. How our brain works when it thinks, feels, decides
Singer Charles # A Brief History of Scientific Thought
Sissa ISAS laboratories # Chaos and complexity
Smith Michael # Jung and shamanism.
Smolin, Lee # Einstein's Unfinished Revolution. The search for what is there
Sorensen Roy # Philosophical Wonder Room
Sparzani and Panepucci # Jung e Pauli. La corrispondenza originaria:
Stanzani Maserati # Consciousness and meaning

Stapp Henry# Quantum Theory and Free Will. Springer International Publishing.
Stavros Joshua # Shamanism
Stein Murray # The principle of individuation. Towards the development of consciousness
Stenger Victor # Why Science Doesn't Believe in God. Faith's Lost Challenge to Reason
Styer Daniel # Really understanding relativity. Discovering Einstein's theory
Sun-Tzu # The Art of War
Surace Graziano # The Quantum of Challenge
Surprise Kirby # Sincronicità. Comprendere e utilizzare coincidenze significative
Tagliagambe Malinc # Jung e il libro rosso: il sé e il sacrificio dell'ego. Moretti & Vitali.
Malinc Legcutter. # Pauli e Jung. Un confronto tra materia e psiche.
Tagliagambe Silvano # Lo sguardo e l'ombra
Talbot Michael # All is one. Feltrinelli
Teilhard de Chardin # The human phenomenon
Teilhard de Chardin # The future of man
Teillard De Chardin # The place of Man in Nature
Teillard De Chardin # The singularities of the human species
Teodorani Massimo # Bohm. The physics of infinity.
Teodorani Massimo # Entanglement. The entanglement in the quantum world: from particles to consciousness.
Teodorani Massimo # The great celestial numbers
Teodorani Massimo # The atom and the elementary particles. Macro Editions
Teodorani Massimo # The creative mind. From the physical universe to intelligent life. Macro Editions.

Teodorani Massimo # Telling the universe. Popular introduction to astrophysics
Teodorani Massimo # Synchronicity. The link between physics and psyche. From Pauli to Jung to Chopra.
Teodorani Massimo # Teleportation
Teodorani Massimo # Tesla. A brillant idea
Tesla Nicola # My inventions. The autobiography of a genius
Tesla Nikola # On increasing human energy
Frank Tipler # The physics of immortality. Double day.
Tong Ziya # When you look at the world and you don't see it
Toni Paolo # Mathematical sparks. Games and competitions of creativity and logic
Tononi Edelman # A universe of consciousness
Tononi Giuio # PHI A journey from the brain to the soul
De Agostini # Illuminismo
Vaas Rudiger # Hawking. Universe, space, time
Vacca Roberto # You too are a mathematician
Vafa Cumrun # Puzzles to decipher the world
Vassallo Nicola # Philosophies of the sciences
Vidali Paolo # History of the idea of nature. From Greek Thought to Anthropocene Consciousness
Vincenzo Lorenzo # Enlightenment.
Vitebski Piers # Shamans
Von Franz Marie-Louise # Divination and synchronicity. Psychology of significant coincidences
Von Franz Marie-Louise # Fairy tales interpreted
Von Franz Marie-Louise # Psyche and matter
Von Franz Marie-Louise-ok # Psychological typology. The functions of consciousness: thinking and feeling, intuition and sensation
White John # The meeting of science and spirit. Publishing Practices.

Widmann Claudio # Introduction to synchronicity. Magi Editions.
Widmann Claudio # Synchronicities and significant coincidences. Magi Editions.
Wiener Anna # The dark valley
Wigner Eugene # The unreasonable efficacy of mathematics in the natural sciences
Wilber Ken # Quantum Issues
Wilson Edward # Wonderful Harmony
Wolf Fred # Time loops and space twists. How God created the universe. Find out why space, time and matter are closely connected
Wolke Robert # To his barber Einstein told it like this. Daily life and scientific questions
Zeilinger Anton # Einstein's Veil
Zeilinger Anton # The dance of photons
Zichichi Antonino # The irresistible charm of time. From the resurrection of Christ to the subnuclear universe
Zichichi Antonino # Infinity
Zolla Elemire # Archetypes. auras. Secret truths. Wandering Dionysus
Zoppi Giorgi0 # Cosmology with six difficulty levels

Bruno Del Medico, blogger, író, szerkesztő, a társadalmi aktualitásokkal és a tudomány új határaival kapcsolatos kérdések terjesztésére szakosodott. Számos, a közelmúltbeli világjárványhoz kapcsolódó szöveg, valamint egy kvantumfizikára és metafizikára vonatkozó speciális sorozat szerzője.

www.ingramcontent.com/pod-product-compliance
Lightning Source LLC
LaVergne TN
LVHW010647051026
849532LV00001B/198
* 9 7 9 8 2 2 3 3 6 7 4 2 0 *